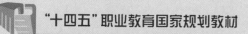

"十四五"职业教育国家规划教材

高等职业教育新形态一体化教材

U0313563

高等应用数学基础

（第二版）

主 编
刘兰明 张 莉 董文雷
副主编
孙 静 李晋芳 梁国歧 朱志鑫

中国教育出版传媒集团
高等教育出版社·北京

内容提要

本书是"十四五"职业教育国家规划教材,高等职业教育数学类新形态一体化教材。本书编者按照教育部最新的有关公共基础课程改革和建设的要求,本着"有趣、有用、有效"的原则,在拓展全国职业院校信息化教学大赛首个高职数学冠军成果后,开发了高职数学课程资源;在全国首次创新开发出图文并茂、喜闻乐见的数学教材和系列数字化新形态新媒体资源;为师生提供了媒体素材丰富、教学设计巧妙、动画制作精良,融趣味性、可视性、时代性于一体的职业教育国家在线精品课程,大大降低了数学课"教与学"的强度和难度。

本书将课程内容整合为九部分,包括函数、极限与连续、导数及其应用、一元函数的积分及其应用、常微分方程初步、空间解析几何与向量代数、多元函数微分学、二重积分及无穷级数。内容设计上引入故事创作理念,由简到难,层次分明,章节设计上按照职业教育的应用理念,从生活中无处不在的数学到新知内容的游学之旅,从拓展服务的数学应用到探秘多彩的数学文化,并将数学实验和数学建模融入各部分的教学之中,体例新颖,特色鲜明,较好地实现了兴趣与学习的统一,原理与应用的结合。

本书具有学生个体学习适应性强、服务专业需要适应性强的特点,因此既可作为高职院校、成人高校及普通高校适用的基础数学应用教材,也可作为相关人员学习应用高等数学的参考书。

本书使用者可通过扫描书中的二维码观看案例、知识点讲解视频。本书配套在线课程可在手机端和计算机端观看,实现学生线上自主学习,满足教师线上教学、管理和评价的需求。本书配套开发有 PPT 等数字化资源,具体获取方式请见书后"郑重声明"页的资源服务提示。

图书在版编目(CIP)数据

高等应用数学基础/刘兰明,张莉,董文雷主编
. --2 版 . --北京:高等教育出版社,2023.9(2024.2 重印)
ISBN 978-7-04-060029-2

Ⅰ. ①高… Ⅱ. ①刘… ②张… ③董… Ⅲ. ①应用数学-高等职业教育-教材 Ⅳ. ①O29

中国国家版本馆 CIP 数据核字(2023)第 036520 号

Gaodeng Yingyong Shuxue Jichu

| 策划编辑 | 马玉珍 | 责任编辑 | 马玉珍 | 封面设计 | 姜 磊 | 版式设计 | 马 云 |
| 责任绘图 | 裴一丹 | 责任校对 | 刘娟娟 | 责任印制 | 刁 毅 | | |

出版发行	高等教育出版社	网 址	http://www.hep.edu.cn
社 址	北京市西城区德外大街 4 号		http://www.hep.com.cn
邮政编码	100120	网上订购	http://www.hepmall.com.cn
印 刷	三河市华润印刷有限公司		http://www.hepmall.com
开 本	787mm×1092mm 1/16		http://www.hepmall.cn
印 张	19.25	版 次	2018 年 8 月第 1 版
			2023 年 9 月第 2 版
字 数	450 千字		
购书热线	010-58581118	印 次	2024 年 2 月第 2 次印刷
咨询电话	400-810-0598	定 价	45.80 元

"智慧职教"服务指南

"智慧职教"（www.icve.com.cn）是由高等教育出版社建设和运营的职业教育数字教学资源共建共享平台和在线课程教学服务平台，与教材配套课程相关的部分包括资源库平台、职教云平台和 App 等。用户通过平台注册，登录即可使用该平台。

- 资源库平台：为学习者提供本教材配套课程及资源的浏览服务。

登录"智慧职教"平台，在首页搜索框中搜索"高等应用数学基础"，找到对应作者主持的课程，加入课程参加学习，即可浏览课程资源。

- 职教云平台：帮助任课教师对本教材配套课程进行引用、修改，再发布为个性化课程（SPOC）。

1. 登录职教云平台，在首页单击"新增课程"按钮，根据提示设置要构建的个性化课程的基本信息。

2. 进入课程编辑页面设置教学班级后，在"教学管理"的"教学设计"中"导入"教材配套课程，可根据教学需要进行修改，再发布为个性化课程。

- App：帮助任课教师和学生基于新构建的个性化课程开展线上线下混合式、智能化教与学。

1. 在应用市场搜索"智慧职教 icve"App，下载安装。

2. 登录 App，任课教师指导学生加入个性化课程，并利用 App 提供的各类功能，开展课前、课中、课后的教学互动，构建智慧课堂。

"智慧职教"使用帮助及常见问题解答请访问 help.icve.com.cn。

第二版前言

　　《高等应用数学基础》出版已近五年了，教材获评为"十四五"职业教育国家规划教材。五年来，教材凭借创新性的设计理念，数字化的教学资源，影响力逐年提升，应用范围越来越广，得到了全国各地师生的喜爱和信赖。本教材首创的整合式目录结构和微动画应用案例，融入了数学思想方法和数学建模应用等育人元素，彰显其特色，在教师教学实践和人才培养实践中发挥了重要作用，受到了师生的广泛赞扬和肯定。

　　第二版修订前我们做了大量的调研工作，认真学习我国高职教育以及教材管理的相关政策文件，总结提炼了近年来课程思政和在线精品课程建设的改革成果，注重落实立德树人根本任务，深入挖掘数学课程德技并修的育人价值，关注学生数学核心素养的培养，从而强化高职教育特色、提高人才培养质量。第二版教材在第一版的基础上，继承了其精华，补充和完善了一元微积分后续的知识内容和学力训练，增加了课程思政专题，不断强化、深化和优化教材结构和内容，以满足不同层次的需求。第二版教材的主要特色有：

一、深度融入数学思想和数学应用，突出立德树人

　　高职教育是既重视教会学生做事，又重视教学生做人的教育。数学既要体现为专业学习服务的显性工具性价值，也要体现能提高学生科学素养、助力学生发展后劲的隐形人本性价值。教材将主要育人目标列在每一章开头，通过"无处不在的数学"中的实际问题引出了核心理论，让学生感悟知识的起源以及数学的各类应用场景，激发学习兴趣与好奇心，增加教材的趣味性和可读性。教材融入党的二十大精神，设置了数学文化专题和思政专题，通过"微入人心，积行千里"将数学知识和大国故事案例结合起来，引导学生了解各知识点所蕴含的数学思想和科技发展中的数学应用，体现数学独特的育人价值与功能，提升学生的逻辑思维能力和严谨的科学精神，激发学生的学习能动性与民族自豪感，发挥教材在落实立德树人根本任务中的素质教育功能。

二、创新设计数学与专业融通的教学结构，突出能力养成

　　在知识体系上，教材以案例驱动理念设计，整合章节内容，以"导—学—练—拓—悟"的主线编排，每章都按照"实例破冰→知识纵横→学力训练→服务驿站→数学文化→思政专题"的逻辑顺序组织教学单元，通过不同场景的案例引出本章的核心知识问题，按照整合后的内容框架展开学习，依托不同层次的学习能力训练检验效果，借助服务驿站中的知识总结、数学实验和建模等拓展应用能力，最后围绕专题学习，引导学生感悟数学思想和数学应用中的育人元素。整体设计力求打破传统数学教材开发定势，深入挖掘相关知识案例，由浅

入深,并制作精美的微课动画,在突出创新的同时又增强了趣味性;扩充教学内容和学时后,可满足多元化的教学需求。

三、优化建设一体化的职业教育国家在线精品课程,突出教育功能

为专业学习服务的工具性是高职数学的重要功能之一。高职数学的前导课程是初等数学,在高职不同专业中有不同的后继课程,高职数学可为后继专业课程提供必不可少的数学基础知识和常用的数学方法。教材编写团队结合学科内容和专业所需,按照教材体系进行一体化设计,精心打造和建设了一系列信息化教学资源,开发出适应线上线下学习需要的立体化数字化的数学资源,形成了职业教育国家在线精品课程。学习者可通过二维码随扫随学相关资源,可在"学银在线"和"智慧职教"平台上进行线上学习。本教材体现了以学生为主体、教学做一体化及沟通表达、团队合作的职业素养的养成教育,有利于混合式教学模式的展开。

第二版教材内容包括:函数、极限与连续、导数及其应用、一元函数的积分及其应用、常微分方程初步、空间解析几何与向量代数、多元函数微分学、二重积分、无穷级数。教材修订由刘兰明教授主持,在广泛征询教材使用院校师生、相关专家和编辑的宝贵意见的基础上,经过大量的调研工作,刘兰明教授组织了来自北京工业职业技术学院的张莉、孙静、李晋芳老师,石家庄铁路职业技术学院的董文雷老师,鄂尔多斯职业学院的朱志鑫老师,吉林工业职业技术学院的梁国岐老师完成了此次修订工作。尽管我们最大限度地注重了针对性和适应性的统一,但难免有不当之处,也希望数学战线各位同仁能随时交流探讨,以期协同分享,合作共赢,共同推进高职数学课程的改革和建设,彰显数学教育在高职人才培养中的价值!

在此,我们对热情关心和指导教材修订的领导、专家、同行和编辑致以最诚挚的感谢!同时感谢教育部职业院校教育类专业教学指导委员会专家同仁的指导帮助!

编 者

2023 年 5 月

第一版前言

中共中央办公厅、国务院办公厅印发的《关于深化教育体制机制改革的意见》，教育部《关于职业院校专业人才培养方案制订与实施工作的指导意见》、教育部办公厅《关于做好〈高等职业学校专业教学标准〉修（制）订工作的通知》，都要求加强和改进公共基础课教学，严格教学管理。公共基础课总学时一般不少于总学时的25%，各学校必须保证学生修完公共基础必修课程的内容和总学时数。高职院校应按照教育部相关要求，充分发挥公共基础课的教育功能，规范公共基础课课程设置和教学实施，为学生实现更高质量的就业和更好的职业生涯发展奠定基础。

高职数学课程对于学生认识数学与自然界、数学与人类社会的关系，认识数学的科学价值、文化价值，提高提出问题、分析和解决问题的能力，形成理性思维，发展智力和创新意识具有基础性的作用。该课程有助于学生认识数学的应用价值，增强应用数学意识，形成解决实际问题的能力。

高职数学作为高等职业教育一门重要的公共基础课程，是一门令人"又爱又恨"的课程，可以说有以下"四大之最"：

一是学生最难学的课程。由于生源素质的逐年变化及生源水平的参差不齐，导致有些学生认为数学是最难学的课程。

二是教师最难教的课程。由于数学教学需要培养学生的逻辑思维能力和空间想象力，教学难度相对较高。受学时限制和线上线下资源匮乏影响，老师担心内容讲少了发挥作用不够，讲多了时间不允许，又恐学生跟不上、学不会，因而有时会使教师感到无所适从、流于形式，甚至得过且过。

三是课改最艰难的课程。最近十年，高职教育教学改革整体走在普通高等教育和职业教育的前列。在培养模式、教学模式、课程模式、专业建设等方面都探索并形成许多成果，强化了高职教育特色、提高了人才培养质量。比较而言，教学理念相对滞后、教学资源开发不足、教学方法改革欠佳，影响了对数学课程的认知和运用。

四是现实最需要的课程。设置高职数学课程是培养学生科学素养的需要，是学生高质量完成专业课程学习的需要，是实现学生全面发展和可持续发展的需要。不少高职院校技能至上的工具主义论调甚嚣尘上，导致学生在校期间缺少必要的理性思维的训练。数学可让学生认识到"有因为，才有所以"，这对学生学会做事和学会做人都有益处。

针对以上"四最"情况，我们开发了现代、全面、实用的开放式《高等应用数学基础》课程资源，其中重要资源之一就是创新性的数字化新形态新媒体教材。这些资源为在线学习者提供了媒体素材丰富、教学设计巧妙、动画制作精良，有很强趣味性、时代性的在线课程，力争做到"有趣、有用、有效"。本教材可以满足学生线上独立学习或学校线上线下混合式教学模式开展的需求。

该资源(教材)有如下特点:

一是明确理念。高职教育是既重视教会学生做事,又重视教会学生做人的教育。数学既要体现为专业学习服务的显性工具性价值,也要体现能提高学生科学素养、助力学生发展后劲的隐形人本性价值。数学课程无论在教材等教学资源开发,还是在课堂教学组织管理方面,都应注重提升学生综合素养。

二是突出创新。在数学教材及资源开发中,力求打破传统数学教材开发定式,开发出适应线上线下学习需要的立体化数字化数学资源。教材体现以学生为主体、教学做一体及沟通表达、团队精神的职业素养的养成教育。

三是增强趣味。兴趣是学生最好的老师,兴趣能提升学生学习自信心,也能降低教师的教学难度。为此,书中引入故事创作理念,创设了导游(教师)、游客(学生)、解说员(导向鸟)等人物。每章通过设立"无处不在 ××、×× 之旅、拓展服务区、数学文化 show"四个模块展开具体教学内容,体现数学从生活中来、到生活中去的特点,打破数学的神秘感,拉近与学习者的距离。在 ×× 之旅相对抽象的内容中,把原来不同章节的学习内容当成一个个景点,通过游客、导游的角色互动开展学习。

四是强化功能。为专业学习服务的工具性是高职数学的重要功能。"高等应用数学基础"的前导课程是初等数学,在高职不同专业中有不同的后继课程,高职数学可为后继专业课程提供必不可少的数学基础知识和常用的数学方法。本书按照将复杂问题简单化目标开发了注重培养高职相关专业学生数学能力及数学素养的数学资源公共平台。

该教材是教育理念创新、数学教学创新、信息技术创新和师生协同创新的产物,旨在为师生提供适应"互联网+"时代特点、适应千禧后学生需要的新形态一体化教材。尽管我们最大限度地注重了针对性和适应性的统一,但难免有不当之处,也希望数学战线各位同仁能随时交流探讨,以期协同分享、合作共赢,共同推进数学课程改革和建设,彰显数学教育在人才培养中的价值!

感谢教育部职业院校教育类专业教学指导委员会专家同仁的指导帮助!

刘兰明

2018 年 6 月

联系方式

目 录

第3章 导数及其应用 // 64

第4章 一元函数的积分及其应用 // 106

第5章　常微分方程初步 // 140

第 8 章　二重积分　// 241

第 9 章　无穷级数　// 263

第 1 章

函数

本章介绍

1.1 单元导读

本章简介: ▶▶

　　函数是刻画现实世界中变量与变量关系的数学模型,也是微积分研究的主要对象,微积分的很多运算都是针对函数进行的,而建立函数关系又是我们利用微积分知识解决实际问题的基础,微积分就是利用极限方法研究函数性质的数学分支.在学习微积分之前,本章将在中学数学已有的函数知识的基础上,帮助学习者进一步深入理解函数的概念,掌握函数的性质,学会建立函数模型,为学习微积分打下基础.

　　本章首先以视频方式导入比萨店里的故事,让学习者了解生活中无处不在的函数;然后详细讲解函数的概念,并介绍函数的基本性质和常见的初等函数;最后介绍函数模型的案例.

本章知识结构图(图1-1)：

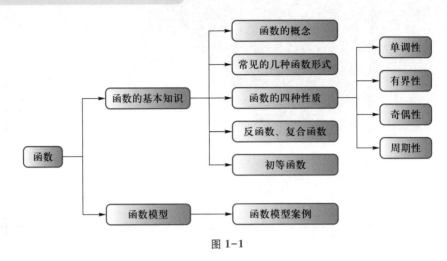

图 1-1

本章教学目标：

1. 理解函数的定义,掌握函数值域和函数定义域的求法.
2. 理解和掌握函数的四种性质.
3. 熟练掌握基本初等函数的概念、性质和图像.
4. 理解和掌握复合函数的概念和运算.
5. 理解和掌握初等函数的概念.
6. 会建立一些实际问题的函数模型.

本章重点：

一是掌握函数的概念及定义域、函数值的求取;二是掌握常见的五种基本初等函数的表达式、图像及其性质;三是掌握复合函数的定义及复合过程;四是会建立实际问题中的函数模型.

本章难点：

分段函数的概念及其应用;复合函数的概念及复合过程;实际问题中的函数模型的建立.

学习建议：

本章的内容是微积分学最基础的知识,微积分的许多运算都是针对函数进行的,而建立函数关系又是我们利用微积分知识解决实际问题的基础.本章概念多,要记忆的知识点多,所以在学习中要勤复习,做好课前准备,平时需做一定的练习巩固和强化知识,处理好初等数学与高等数学的衔接.

视频导入：比萨店里的故事

　　函数在生活中是无处不在的，有一群小伙伴去吃比萨，就遇到了一个小问题，看看大家会怎么处理呢（图 1-2）？

本章导入

6寸　　9寸　　12寸

图 1-2

1.2　函数与生活

1.2.1　无处不在的函数

　　从细胞分裂的现象中能抽象出什么样的函数模型？纸飞机的飞行路线是什么函数的图像？去银行存钱如果想获得最大收益需要用到哪些数学知识？心电图又是什么函数的图像？生活中到处都有着函数存在.

一、细胞分裂

　　某种细胞分裂时，由 1 个分裂成 2 个，2 个分裂成 4 个……1 个这样的细胞分裂 x 次后，得到的细胞的个数 y 与 x 之间的关系是什么（图 1-3）？

分裂次数	细胞个数
1	2
2	$2 \times 2 = 2^2$
3	$2 \times 2 \times 2 = 2^3$
$\vdots$	$\vdots$
x	$2 \times 2 \times \cdots \times 2 = 2^x$

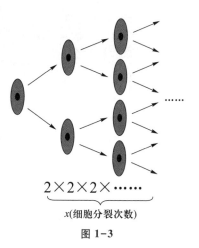

$2 \times 2 \times 2 \times \cdots\cdots$

x（细胞分裂次数）

图 1-3

　　根据以上的数据可以得到细胞的分裂次数 x 与细胞个数 y 之间的函数关系式：

$$y = 2^x.$$

二、纸飞机的飞行路线

小时候玩过的纸飞机,能勾起多少人儿时的回忆呀! 我们是否观察过纸飞机的飞行路线呢(图 1-4)?

请大家分析一下,这种飞行路线产生的原理.

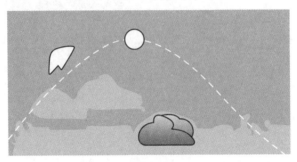

图 1-4

三、股票的走势曲线

投资者在股市进行股票交易时,常常通过看大盘即时走势图和个股即时走势图来了解行情(图 1-5),所以了解主要图形及指标含义对投资者非常重要.

图 1-5

K 线图可以预测股市走向,为投资者提供重要参考. K 线图是通过一定时期内最高价与最低价之差以及当天收盘价之间的关系计算出来成熟的随机值,再将这些随机值进行平滑处理,就得到 K 值,连续计算出 K 值画在坐标纸上就得到了 K 线图.

虽然影响股价的因素十分复杂,但是每只股票的价格可以用数学模型来大致预测,比如可以根据前期的数据进行多项式拟合或三角函数拟合.

四、银行里的存钱策略

某银行的整存整取年利率假设如下：

一年期	二年期	三年期	五年期
1.95%	2.52%	3.15%	3.60%

假设你刚刚毕业,工作两个月攒下 1 万元,准备 6 年后使用,若此期间利率不变,问用怎样的存款方案,可使 6 年所获收益最大？ 最大收益是多少？

收益

$$P=x_0(1+r_1)^{k_1}(1+2r_2)^{k_2}(1+3r_3)^{k_3}(1+5r_5)^{k_5}-x_0,$$

其中,x_0 为本金,r_i 为 i 年期利率,$i=1,2,3,5$,k_i 为 i 年期利率出现的次数. 分别代入各参数得出结果见表 1-1,比较所得结果,可知 1 年期和 5 年期各存一次时,收益最大,为 2 030.10 元.

表 1-1

	一年期次数 k_1	二年期次数 k_2	三年期次数 k_3	五年期次数 k_5	收益
	0	0	2	0	1 979.30
	6	0	0	0	1 228.54
	1	0	0	1	2 030.10
存款方式	1	1	1	0	1 720.81
	2	2	0	0	1 467.90
	3	0	1	0	1 597.85
	4	1	0	0	1 347.59
	0	3	0	0	1 589.49

五、读懂自己的心电图

我们总希望自己能看明白各种化验单据、报告,从而可以有针对性地进行研究、分析. 在每次体检中,大家应该都记得"心电图"吧(图 1-6)？心电图上没有任何文字说明,只有一群看似相同又存在不同的曲线,那么这些曲线有什么规律呢,我们怎么才能看懂呢？

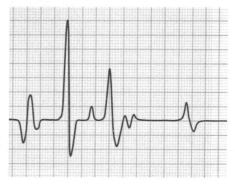

图 1-6

六、消费者的理想选择：手机资费的计算

目前手机套餐有许多种,究竟选择哪种套餐划算？ 如何计算套餐资费？ 我们试着分析下面的这款手机套餐的资费.

移动 5G 飞享套餐:月租 18 元,含 30 分钟本地主叫国内时长,超出后国内主叫 0.19 元/分钟(不含港澳台、国际电话),国内接听免费. 在数据处理过程中,计费情况考虑的变量为本地通话时间,不考虑短信使用费、流量费等. 设手机每月的使用时间是 t(分钟),每月的通话费用为 y(元),

$$y = \begin{cases} 18, & 0 \leq t \leq 30, \\ 0.19t + 18, & t > 30. \end{cases}$$

注:通话时间 t 是整数(不足 1 分钟按 1 分钟计).

这样的问题在解决的过程中都需要用到函数的思想和方法!思考一下如何解释下面这些实际问题(图 1-7).

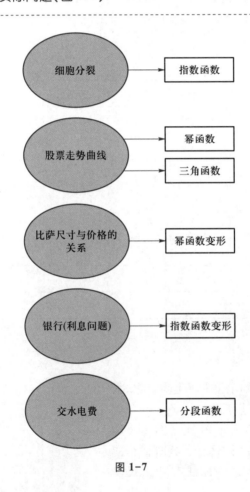

图 1-7

知识记忆区

基本初等函数:
幂函数、指数函数、对数函数、三角函数、反三角函数

1.2.2 揭秘生活中的函数

一、看看比萨店里的故事吧

情境:有一天你去比萨店点了一个 12 寸的比萨,服务员告诉你 12 寸的比萨没有了,询问你可否同意用一个 6 寸和一个 9 寸的比萨换一个 12 寸的比萨,你的决定是什么?

比萨烤盘的对比图(图 1-8):6 寸、7 寸、8 寸、9 寸、10 寸.

可能结果 1:你美滋滋地同意更换,毕竟 6 + 9 = 15 > 12,一个变成两个,我赚到了,换!

可能结果 2:你拿出笔和纸开始计算,9 寸的圆面积的数值为 20.25π,6 寸的圆面积的数值为 9π,12 寸的圆面积的数值为 36π,而 $20.25\pi + 9\pi = 29.25\pi < 36\pi$. 我亏了,不换!

图 1-8

可能结果 3:如果你是一个考虑问题较周全的人,那可能就要多方面考虑,只考虑面积是不行的,关键要考虑比萨饼胚的重量,那就要计算比萨的体积了. 另外你知道还有一个因素要考虑,那就是比萨上放的馅料的差别,如何计算? 换还是不换?

别着急,慢慢思考,仔细计算吧.

二、一起揭开"函数"神秘的面纱

生活中无处不在的数学既让人头疼,又让人欢喜. 头疼是因为它太难了,无数的符号、公式让人望而却步. 但有时候它又让人念念不忘,有了它,可以摆脱窘境,获得利益. 所以我们应该掌握一些数学知识.

当我们购物时,经营者为达到宣传、促销或其他目的,往往会为我们提供多种付款方案或优惠办法. 这时我们应三思而行,充分利用头脑中的数学知识—— 函数,建立函数模型,求出各种方案下对应的函数值,进行比较后做出明智的选择. 我们切不可盲目选择,以免中了商家设下的小圈套,吃了眼前亏.

当一个企业进行养殖、产品制造及其他大规模生产时,其利润随投资的变化关系一般可用幂函数、指数函数、三角函数等表示. 根据实际情况建立合理的数学模型,企业经营者可以依据对应函数的性质、图像特点等来预测企业发展和项目开发的前景.

函数从不同角度反映了自然界中变量与变量间的依存关系,因此函数知识是与生产实践及生活实际密切相关的. 要掌握细胞的分裂情况,看懂股票的走势图,计算银行存款的利息,正确选取手机费用的套餐,这些问题都涉及一些重要的函数:幂函数、指数函数、三角函数、分段函数等. 所以我们要来认真学习这些函数,掌握它们的概念、图像、性质和运算.

> 我们要来认真学一学函数知识,学完本章后,你也可以炫耀一下自己的本领,和朋友们一起聚会吃比萨吧!

现在我们就进入函数世界里一探究竟吧.

在本章中我们将学习函数的概念,基本初等函数的概念、性质、图像及运算,复合函数的概念和运算,利用函数解决实际问题.

1.3　知识纵横——函数之旅

1.3.1　函数初识

函数初识

我们现在就来学习函数的概念.

一、一起来看看函数是如何定义的吧

函数的定义　如果当变量 x 在其变化范围内任意取定一个数值时,变量 y 按照一定的对应法则 f 总有唯一确定的数值与它对应,则称 y 是 x 的函数.通常 x 叫作自变量,y 叫作函数值(或因变量),变量 x 的变化范围叫作这个函数的定义域,变量 y 的变化范围叫作这个函数的值域.

注:为了表明 y 是 x 的函数,我们用记号 $y=f(x)$,$y=g(x)$ 等来表示.

二、思考一下有没有相等的函数呢

由函数的定义可知,一个函数的构成要素为:定义域、对应法则和值域;同时,值域又是由定义域和对应法则决定的,因此有

判断法则　两个函数相等,当且仅当其定义域和对应法则完全一致.

例 1　下列哪个函数与 $y=x$ 相等?(　　)

A. $y=|x|$　　　　B. $y=\sqrt{x^2}$　　　　C. $y=(\sqrt{x})^2$　　　　D. $y=t$

分析　考虑四个函数的定义域和对应法则:

A. 对应法则不一致;定义域一致,为 **R**(实数集)

B. 对应法则不一致;定义域一致,为 **R**(实数集)

C. 对应法则一致;定义域不一致

D. 对应法则一致;定义域一致

变式 1　下列哪个函数与函数 $y=\sqrt{-2x^3}$ 相等?(　　)

A. $y=x\sqrt{-2x}$　　　　　　　　B. $y=-x\sqrt{-2x}$

C. $y=-x\sqrt{-2x^3}$　　　　　　D. $y=x^2\sqrt{\dfrac{-2}{x}}$

变式 2　下列各组函数表示相等函数的是(　　).

A. $y=\dfrac{x^2-9}{x-3}$ 与 $y=x+3$　　　　　　B. $y=\sqrt{x^2}-1$ 与 $y=|x|-1$

三、你知道分段函数吗

两个变量之间的函数关系有时要用两个或多于两个的数学式子来表达,即对于一个函数,在其自变量的不同变化范围中用不同的数学式子来表达,这样的函数称为**分段函数**.

如:

$$f(x)=\begin{cases}2\sqrt{x}, & 0\leqslant x\leqslant 1,\\ 1+x, & x>1;\end{cases}$$

还有绝对值函数

$$y=|x|=\begin{cases}-x, & x<0,\\ x, & x\geqslant 0;\end{cases}$$

符号函数

$$y=\operatorname{sgn}x=\begin{cases}-1, & x<0,\\ 0, & x=0,\\ 1, & x>0.\end{cases}$$

这些都是分段函数.

分段函数的定义域:不同自变量取值范围的并集.

例 2　设 $f(x)=\begin{cases}1, & x>0,\\ 0, & x=0,\\ -1, & x<0.\end{cases}$ 求 $f(2),f(0)$ 和 $f(-2)$.

分析　求分段函数的函数值时,应先确定自变量取值的所在范围,再按照其对应的式子进行计算.

解　$f(2)=1,f(0)=0,f(-2)=-1.$

分段函数的应用非常广泛,如个人纳税问题、手机资费问题、出租车计价问题等,掌握好分段函数是非常有用的.

四、一起看看函数的实用性吧

函数是研究现实世界变化规律的一个重要模型,它是中学阶段数学学习的重要内容,而且它的应用非常广泛.学好函数可以帮助人们解决许多实际问题,所以学习函数的意义非常重大.例如,函数的单调性可以用来分析图形的走势.

活动操练-1

1. 求下列函数的定义域:

(1) $y=x^2+\dfrac{1}{x-1}$;　　　　　　　　(2) $y=\sqrt{x^2-4}+\sqrt[3]{x}$;

（3）$y=\ln x+\sqrt{1-x^2}$；

（4）$y=\dfrac{1}{x^2-4x+3}+\sqrt{2x+1}$．

2．判断下列函数是否是同一个函数？并说明理由．

（1）$f(x)=\lg x$，$g(x)=\dfrac{1}{2}\lg x^2$；

（2）$f(x)=\sin(3x+1)$，$g(t)=\sin(3t+1)$；

（3）$f(x)=1$，$g(x)=\dfrac{x}{x}$；

（4）$f(x)=\sqrt{x^2}$，$g(x)=|x|$；

（5）$f(x)=\sqrt[3]{x^3}$，$g(x)=x$；

（6）$f(x)=\sqrt{(x-1)(x+1)}$，$g(x)=\sqrt{x-1}\cdot\sqrt{x+1}$．

3．若函数 $f(x)$ 的定义域是 $[-1,1]$，则函数 $f(x+1)$ 的定义域是＿＿＿＿＿＿．

4．函数 $y=\begin{cases}x^2+1,&x<0,\\ e^x,&x\geqslant 0\end{cases}$ 的定义域是＿＿＿＿＿＿＿＿，值域是＿＿＿＿＿＿．

5．若函数 $f(x)=x^2+2x-3$，求 $f(0)$，$f(2)$，$f(-3)$．

6．设函数 $f(x)=\begin{cases}2x-1,&-3\leqslant x<0,\\ x+1,&0\leqslant x\leqslant 2.\end{cases}$ 求 $f(-2)$，$f(0)$，$f(1)$．

攻略驿站

函数是将实际问题转化为数学问题的基础工具．

1.3.2　巧归类，识变形

下面我们来了解函数的有界性、单调性、周期性等性质（图 1-9）.

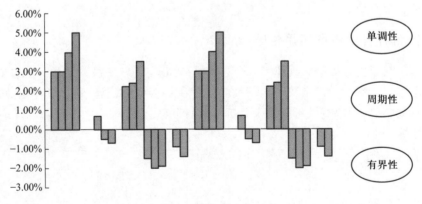

图 1-9

一、基本性质

（一）函数的有界性

如果对属于某一区间 I 上的所有 x 值总有 $|f(x)| \leq M$ 成立，其中 M 是一个与 x 无关的正数，那么我们就称 $f(x)$ 在区间 I 上有界，否则便称无界.

注：一个函数如果在其整个定义域内有界，则称为有界函数.

例 3 函数 $f(x) = \cos x$ 在 $(-\infty, +\infty)$ 内是有界的.

是否有界是判断定义域还是值域呢？

（二）函数的单调性

如果函数 $f(x)$ 在区间 (a,b) 内随着 x 增大而增大，即对于 (a,b) 内任意两点 x_1 及 x_2，当 $x_1 < x_2$ 时，恒有 $f(x_1) < f(x_2)$，则称函数 $f(x)$ 在区间 (a,b) 内是**单调增加**的. 如果函数 $f(x)$ 在区间 (a,b) 内随着 x 增大而减小，即对于 (a,b) 内任意两点 x_1 及 x_2，当 $x_1 < x_2$ 时，恒有 $f(x_1) > f(x_2)$，则称函数 $f(x)$ 在区间 (a,b) 内是**单调减少**的.

例 4 函数 $f(x) = x^2$ 在区间 $(-\infty, 0]$ 上是单调减少的，在区间 $[0, +\infty)$ 上是单调增加的.

（三）函数的奇偶性

给定函数 $y = f(x)$，其定义域关于原点对称，如果函数 $f(x)$ 对于定义域内的任意 x 都满足 $f(-x) = f(x)$，则称 $f(x)$ 为偶函数；如果函数 $f(x)$ 对于定义域内的任意 x 都满足 $f(-x) = -f(x)$，则称 $f(x)$ 为奇函数.

函数的单调性

注：偶函数的图形关于 y 轴对称，奇函数的图形关于原点对称.

怎么样，了解奇偶性了吧！对比一下奇函数和偶函数的区别和联系吧！

（四）函数的周期性

对于函数 $f(x)$，若存在一个不为零的数 l，对于定义域内任何 x 值，有 $x+l$ 也在定义域中，且 $f(x+l) = f(x)$，则称 $f(x)$ 为**周期函数**，l 称为 $f(x)$ 的周期.

注：由上面可以推出，若 l 是周期，则 l 的非零整数倍，如 $2l, 3l, -l, -2l, \cdots$ 也都是周期. 一般我们说的周期函数的周期是指最小正周期.

例 5 正弦函数 $\sin x$，余弦函数 $\cos x$ 是以 2π 为周期的周期函数；正切函数 $\tan x$ 是以 π 为周期的周期函数.

怎么样，明白了吗？让我们通过下面的漫画图示（图 1-10）再加深一下印象吧！试想一下，我们要在体育场进行 1 500 m 赛跑，一共需要跑 5 圈，那所谓的周期是什么呢？

二、形式延伸

我们学习了函数的重要性质：有界性、单调性、奇偶性和周期性，下面来学习反函数与复合函数.

我们要在体育场进行 1 500 m 赛跑，一共需要跑 5 圈，那所谓的周期是什么呢?

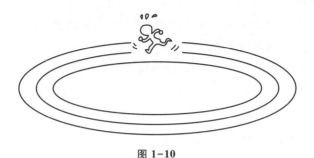

函数性质——
典型例题

图 1-10

（一）反函数

反函数的定义   设有函数 $y=f(x)$，若变量 y 在函数的值域内任取一值 y_0 时，变量 x 在函数的定义域内必有唯一值 x_0 与之对应，即 $f(x_0)=y_0$，那么变量 x 是变量 y 的函数. 这个函数用 $x=\varphi(y)$ 来表示，称为函数 $y=f(x)$ 的反函数.

注：由此定义可知，函数 $y=f(x)$ 也是函数 $x=\varphi(y)$ 的反函数.

反函数定理   若函数 $y=f(x)$ 在 (a,b) 内严格增（减），其值域为 **R**，则它的反函数必然在 **R** 上确定，且严格增（减）.

注：严格增（减）即单调增（减）.

例如：$y=x^2$，其定义域为 $(-\infty,+\infty)$，值域为 $[0,+\infty)$. 对于 y 取定的非负值，可求得 $x=\pm\sqrt{y}$. 若我们不加条件，由 y 的值就不能唯一确定 x 的值，也就是在区间 $(-\infty,+\infty)$ 内，函数不是严格增（减），故其没有反函数. 如果我们加上条件，要求 $x\geqslant 0$，则对 $y\geqslant 0$，$x=\sqrt{y}$ 就是 $y=x^2$ 在要求 $x\geqslant 0$ 时的反函数. 即函数在此要求下严格增（减）.

反函数的性质   在同一坐标平面内，$y=f(x)$ 与 $x=\varphi(y)$ 的图形是关于直线 $y=x$ 对称的.

例 6   函数 $y=2^x$ 与函数 $y=\log_2 x$ 互为反函数，则它们的图形在同一直角坐标系中是关于直线 $y=x$ 对称的. 如图 1-11 所示.

（二）复合函数

复合函数的定义   若 y 是 u 的函数：$y=f(u)$，而 u 又是 x 的函数：$u=\varphi(x)$，且 $u=\varphi(x)$ 的值域包含在 $f(u)$ 的定义域内，那么，y 通过 u 的联系成为 x 的函数，我们称这样的函数是由函数 $y=f(u)$ 及 $u=\varphi(x)$ 复合而成的函数，称为复合函数，记作 $y=f[\varphi(x)]$，其中 u 叫作中间变量（图 1-12）.

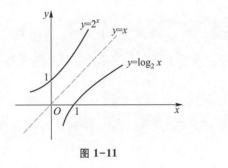

图 1-11

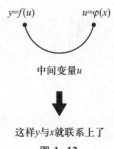

中间变量 u

这样 y 与 x 就联系上了

图 1-12

注:(1) 并不是任意两个函数都能复合;(2) 复合函数不仅可由两个函数,还可以由多个函数复合而成.

例 7　证明函数 $y = \arcsin u$ 与函数 $u = 2 + x^2$ 不能构成复合函数.

证　因为 $u = 2 + x^2$ 的值域为 $[2, +\infty)$,不包含在 $y = \arcsin u$ 的定义域 $[-1,1]$ 中,所以不能构成复合函数.

三、初等函数

我们最常用的有五类基本初等函数,分别是:**指数函数、对数函数、幂函数、三角函数及反三角函数**. 接下来,请大家分别从表达式、图像、性质等方面回忆一下你所记得的函数吧(表 1-2)!

表 1-2

函数名称	函数表达式	函数的图像	函数的性质
指数函数	$y = a^x\ (a > 0, a \neq 1)$		① 不论 x 为何值,y 总为正数 ② 当 $x = 0$ 时,$y = 1$
对数函数	$y = \log_a x\ (a > 0, a \neq 1)$		① 其图形总位于 y 轴右侧,并过点 $(1,0)$ ② 当 $a > 1$ 时,函数在区间 $(0,1)$ 的值为负,在区间 $(1, +\infty)$ 的值为正;在定义域内单调增加 ③ 当 $0 < a < 1$ 时,函数在区间 $(0,1)$ 的值为正,在区间 $(1, +\infty)$ 的值为负;在定义域内单调减少
幂函数	$y = x^\mu\ (\mu \in \mathbf{R})$	 这里只给出部分函数图形的一部分	令 $\mu = m/n$ ① 当 m 为偶数 n 为奇数时,y 是偶函数 ② 当 m, n 都是奇数时,y 是奇函数 ③ 当 m 奇 n 偶时,y 在 $(-\infty, 0)$ 内无意义
三角函数	$y = \sin x$（正弦函数） 这里仅给出了正弦函数		① 以 2π 为周期的周期函数 ② 奇函数 ③ 有界:$\lvert \sin x \rvert \leqslant 1$

续表

函数名称	函数表达式	函数的图像	函数的性质
反三角函数	$y = \arcsin x$ （反正弦函数） 这里仅给出了反正弦函数	$y=\arcsin x$ 的图像	① 奇函数 ② 单调增加 ③ 有界

常见的基本初等函数中还有一些函数需要大家了解,下面简单介绍一下.

（1）三角函数中的正割函数、余割函数：$y = \sec x$，$y = \csc x$

正割函数　　$y = \sec x = \dfrac{1}{\cos x}$；

余割函数　　$y = \csc x = \dfrac{1}{\sin x}$.

（2）反三角函数：$y = \arcsin x$，$y = \arccos x$，$y = \arctan x$，$y = \operatorname{arccot} x$.

① 反正弦函数 $y = \arcsin x$ 是正弦函数 $y = \sin x$ 在区间 $\left[-\dfrac{\pi}{2}, \dfrac{\pi}{2}\right]$ 上的反函数．其定义域是 $[-1, 1]$，值域是 $\left[-\dfrac{\pi}{2}, \dfrac{\pi}{2}\right]$，它在闭区间 $[-1, 1]$ 上是单调增加函数.

② 反余弦函数 $y = \arccos x$ 是余弦函数 $y = \cos x$ 在区间 $[0, \pi]$ 上的反函数．其定义域是 $[-1, 1]$，值域是 $[0, \pi]$，它在闭区间 $[-1, 1]$ 上是单调减少函数.

③ 反正切函数 $y = \arctan x$ 是正切函数 $y = \tan x$ 在区间 $\left(-\dfrac{\pi}{2}, \dfrac{\pi}{2}\right)$ 内的反函数．其定义域是 $(-\infty, +\infty)$，值域是 $\left(-\dfrac{\pi}{2}, \dfrac{\pi}{2}\right)$，它在区间 $(-\infty, +\infty)$ 内是单调增加函数.

④ 反余切函数 $y = \operatorname{arccot} x$ 是余切函数 $y = \cot x$ 在区间 $(0, \pi)$ 内的反函数．其定义域是 $(-\infty, +\infty)$，值域是 $(0, \pi)$，它在区间 $(-\infty, +\infty)$ 内是单调减少函数.

反三角函数的图像如图 1-13 所示（反正弦函数的图像表 1-2 已给出）.

基本初等函数小结

生活中我们会遇到和函数相关的问题,如何解决?

接下来我们一起看看经典的几种题目类型吧!

经典类型（1）：函数定义域是解决很多问题的基础,那么怎么求解呢?

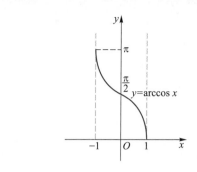

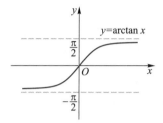 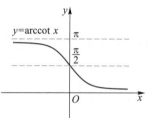

图 1-13

求函数的定义域

① 当 $f(x)$ 是整式时,定义域为 **R**.

② 当 $f(x)$ 是分式时,定义域是使分母不为 0 的 x 取值集合.

③ 当 $f(x)$ 是偶次根式时,定义域是使被开方式取非负值的 x 取值集合.

例 8　函数 $y=\sqrt{1-x^2}+\sqrt{x^2-1}$ 的定义域是(　　).

A. $\{-1,1\}$　　　B. $(-1,1)$　　　C. $[-1,1]$　　　D. $(-\infty,-1)\cup(1,+\infty)$

解　$\begin{cases}1-x^2\geqslant 0,\\ x^2-1\geqslant 0\end{cases}\Rightarrow\begin{cases}-1\leqslant x\leqslant 1,\\ x\geqslant 1 \text{ 或 } x\leqslant -1\end{cases}\Rightarrow x\in\{-1,1\}$. 故选 A.

例 9　求函数 $y=\sqrt{\log_{0.5}(4x^2-3x)}$ 的定义域.

解　$\begin{cases}4x^2-3x>0,\\ 4x^2-3x\leqslant 1\end{cases}\Rightarrow\begin{cases}x<0 \text{ 或 } x>\dfrac{3}{4},\\[2mm] -\dfrac{1}{4}\leqslant x\leqslant 1\end{cases}\Rightarrow x\in\left[-\dfrac{1}{4},0\right)\cup\left(\dfrac{3}{4},1\right]$.

变式 1　求函数 $y=\sqrt{2x+3}-\dfrac{1}{\sqrt{2-x}}+\dfrac{1}{x}$ 的定义域.

变式 2　求下列函数的定义域.

(1) $y=\dfrac{1}{\sqrt{1-e^x}}$.　　　　　　　(2) $y=\dfrac{3x^2}{\sqrt{1-x}}+\lg(3x+1)$.

经典类型(2):函数对应关系的一种常见表达形式是函数的解析式,是进一步计算的重要依据,那么怎么求解呢?

例 10　已知 $f(x)=x^2-2x$,求 $f(x-1)$ 的解析式.

解 $f(x-1)=(x-1)^2-2(x-1)=x^2-2x+1-2x+2=x^2-4x+3$.

变式 1 已知 $f(x)=2x-1$，求 $f(x^2)$ 的解析式.

变式 2 已知 $f(x+1)=x^2+2x+3$，求 $f(x)$ 的解析式.

经典类型 (3)：函数值域随着定义域和对应法则的变化而变化，那么函数值怎么求呢？

例 11 已知函数 $f(x)=2x^3+x$，求 $f(2)$ 和 $f(a)+f(-a)$.

解 $f(2)=2\cdot2^3+2=16+2=18$.

$f(a)+f(-a)=2a^3+a-2a^3-a=0$.

变式 已知 $f(2x)=\dfrac{1+x^2}{x}$，求 $f(2)$.

例 12 已知函数 $f(x)=\begin{cases}5x+1, & x\geqslant0, \\ -3x+2, & x<0,\end{cases}$ 求 $f(1)+f(-1)$.

解 $f(1)=5\times1+1=6$.

$f(-1)=-3\times(-1)+2=5$.

$f(-1)+f(1)=5+6=11$.

变式 已知函数 $f(x)=\begin{cases}f(x+2), & x\leqslant-1, \\ 2x+2, & -1<x<1, \\ 2x-4, & x\geqslant1,\end{cases}$ 求 $f[f(-4)]$.

活动操练-2

---

1. 求下列函数的定义域.

（1）$y=\sqrt{x+3}+\arcsin(2-x)$；　　　　　（2）$y=\sqrt{x^2-4}+\ln(x+3)$；

（3）$y=\sqrt{\sin x}+\sqrt{16-x^2}$；　　　　　（4）$y=\dfrac{1}{x^2-3x-4}+\arccos(2x+1)$.

2. 指出下列各组函数能否复合；如果可以，写出它们的复合函数.

（1）$y=\sqrt{u}$，$u=2x-5$；　　　　　（2）$y=2^u$，$u=x+1$；

（3）$y=\ln u$，$u=-x^2-1$；　　　　　（4）$y=\arctan u$，$u=2+x^2$.

3. 指出下列函数的复合过程.

（1）$y=\sin3x$；　　　　　（2）$y=\ln^2x$；

（3）$y=e^{\cos2x}$；　　　　　（4）$y=\tan^2(2x+1)$.

4. 设 $f(x)=\lg x$，$g(x)=10^x$，则 $f[g(x)]=$ _____，$g[f(x)]=$ _____.

5. 若函数 $f(x)$ 的定义域是 $[-1,1]$，则函数 $f(\ln x)$ 的定义域是 _____.

6. 函数 $y=3\sin\left(2x+\dfrac{\pi}{4}\right)$ 的值域是 _____，周期是 _____.

7. 已知幂函数 $f(x)$ 过点 $\left(2,\dfrac{\sqrt{2}}{2}\right)$，则 $f(4)=$ _____.

8. 已知函数 $f(\sin x)=3\sin x-\cos^2x+2$，求 $f(x)$ 的解析式.

9. 已知函数 $f(x)$ 满足关系式 $f(-x)=3f(x)-2x$，求 $f(x)$ 的解析式.

10. 设函数 $f(x) = \begin{cases} x-1, & x<0, \\ x+1, & 0 \leqslant x \leqslant 2, \end{cases}$ 求 $f(-2)$，$f(1)$，$f(x-1)$.

攻略驿站

1. 如果已知函数图像，就能直接判断其相应的性质；如果已知函数表达式，则可以通过某些性质和取点作图法，描绘出函数简图，再进一步分析函数的其他性质.

2. 关于反函数和复合函数，一定要注意定义域和值域的转换关系，不是所有函数都有反函数，同样，不是任意几个函数都能构成复合函数.

1.3.3 拨开云雾见函数

例 13 小刚在某次投篮中，球的运动路线是抛物线 $y = -0.2x^2 + 3.5$ 的一部分（图 1-14），若命中篮圈中心，则他与篮底的距离 l 是多少米？

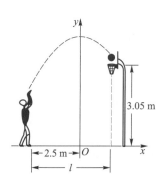

图 1-14

解 $y = -0.2x^2 + 3.5$，因为按照图 1-14，$y = 3.05$ 时，$x = 1.5$，所以

$$l = 2.5 + 1.5 = 4 \text{(m)}.$$

例 14 为了改善小区环境，某小区决定要在一块一边靠墙（墙长 25 m）的空地上修建一个矩形绿化带 $ABCD$，绿化带一边靠墙，另三边用总长为 40 m 的栅栏围住（图 1-15）.若设绿化带的 BC 边长为 x m，绿化带的面积为 y m^2.

（1）求 y 与 x 之间的函数关系式，并写出自变量 x 的取值范围.

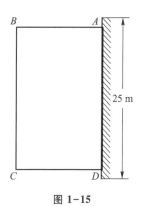

图 1-15

（2）当 x 为何值时,满足条件的绿化带的面积最大?

解　（1）$y = x \cdot \dfrac{40-x}{2} = -\dfrac{1}{2}x^2 + 20x$,自变量 x 的取值范围是 $0 < x \le 25$.

（2）$y = -\dfrac{1}{2}x^2 + 20x = -\dfrac{1}{2}(x-20)^2 + 200$,因为 $20 < 25$,所以当 $x = 20$ 时,y 有最大值 200. 即当 $x = 20$ 时,满足条件的绿化带的面积最大.

例 15　图 1-16 是永州八景之一的愚溪桥,桥身横跨愚溪,面临潇水,桥下冬暖夏凉,常有渔船停泊桥下避晒纳凉.已知主桥拱为抛物线型,在正常水位下测得主拱宽 24 m,最高点离水面 8 m,以水平线 A,B 为 x 轴,以 A,B 的中点为原点建立坐标系(图 1-17).

（1）求此桥拱线所在抛物线的解析式.

（2）桥边有一浮在水面部分高 4 m,顶部最宽处 18 m 的河鱼餐船,试探索此船能否开到桥下? 说明理由.

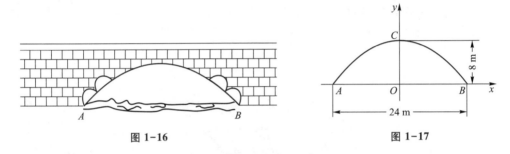

图 1-16　　　　　　　　　　　图 1-17

解　（1）已知三点坐标分别为:$A(-12,0)$,$B(12,0)$,$C(0,8)$.

设抛物线为 $y = ax^2 + bx + c$,将 C 点坐标代入得 $c = 8$. A,B 点坐标代入得

$$\begin{cases} 144a - 12b + 8 = 0, \\ 144a + 12b + 8 = 0, \end{cases} \Rightarrow \begin{cases} a = -\dfrac{1}{18}, \\ b = 0. \end{cases}$$

所以得到抛物线方程为 $y = -\dfrac{1}{18}x^2 + 8$.

（2）当 $y = 4$ 时,计算得 $-\dfrac{x^2}{18} + 8 = 4$,所以 $x = \pm 6\sqrt{2}$,拱宽为 $2 \times 6\sqrt{2} = 12\sqrt{2}$,

所以高出水面 4 m 处,拱宽 $12\sqrt{2}$ m < 船宽 18 m,所以此船在正常水位时不可以开到桥下.

建模-个人所得税

活动操练-3

1. 某林场计划第一年造林 10 000 亩,以后每年比前一年多造林 20%,则第 10 年造林多少亩(1 亩 $= 666.\dot{6}$ m^2)?

2. 某商店进货单价为 40 元,若销售价为 50 元时,可卖出 50 个,如果销售单价每涨 1 元,销售量就减少 1 个,那么为获得最大利润,此商品的最佳售价为多少?

3. 某运输公司规定的货物运价为:在 a 千米以内的,每千米每吨 k 元;超过 a 千米的,超过部分每千米每吨 $\dfrac{4}{5}k$ 元. 求运价 m 和里程 s 之间的函数关系.

攻略驿站

如何用函数解决实际问题:
1. 设定适当未知数.
2. 分析数量关系.

1.4 学力训练

1.4.1 基础过关检测

一、判断题

1. $f(x)=x+1$ 与 $g(x)=\sqrt{x^2}+1$ 是同一个函数.   (　　)

2. $f(x)=5-x$ 与 $g(x)=\dfrac{25-x^2}{5+x}$ 是同一个函数.   (　　)

3. 已知 $y=f(x)$ 是偶函数,$x=\varphi(t)$ 是奇函数,那么 $y=f[\varphi(t)]$ 必是奇函数.   (　　)

4. $f(x)=\dfrac{1}{x}$ 不是单调函数.   (　　)

5. 已知 $f(x)$ 是单调增加函数,则 $f[f(x)]$ 也是单调增加函数.   (　　)

二、填空题

1. 函数 $f(x)=\sqrt{x^2-x-6}+\arcsin\dfrac{2x-1}{7}$ 的定义域是_____.

2. 函数 $f(x)=\dfrac{1}{\ln(x-5)}$ 的定义域是_____.

3. 若 $f(x)=\dfrac{x}{1-x}$,则 $f\left(\dfrac{1}{x}\right)=$_____.

4. 设 $f(x)=\begin{cases}1-x, & x<1,\\ 0, & x=1,\\ x-1, & x>1,\end{cases}$ 则 $f(0)+f(1)+f(2)=$_____.

5. 设 $f(x)=\begin{cases}x+1, & x>0,\\ \pi, & x=0,\\ 0, & x<0,\end{cases}$ 则 $f\{f[f(-1)]\}=$_____.

6. 函数 $f(x) = \left[\arcsin(3x^5 - 1)\right]^2$ 的复合过程是＿＿＿＿＿＿＿.

7. 设函数 $f(x) = \ln x, g(x) = \sin x$,则 $f[g(x)] = $＿＿＿＿＿,$g[f(x)] = $＿＿＿＿＿.

8. 若 $f(x) = \dfrac{1}{x}$,则 $f[f(x)] = $＿＿＿＿＿.

三、单项选择题

1. 下列各对函数中,表示同一个函数的是(　　　).

A. $f(x) = x, g(x) = \sqrt{x^2}$　　　　　　　B. $f(x) = \sqrt{x^2}, g(x) = |x|$

C. $f(x) = 1, g(x) = \dfrac{x}{|x|}$　　　　　　　D. $f(x) = \ln x^2, g(x) = 2\ln x$

2. 函数 $f(x) = \begin{cases} \sqrt{9-x^2}, & |x| \leqslant 3, \\ x^2 - 4, & 3 < x < 4 \end{cases}$ 的定义域是(　　　).

A. $[-3, 4)$　　　　B. $(-3, 4)$　　　　C. $[-4, 4)$　　　　D. $(-4, 4)$

3. 下列函数中定义域为 $[-1, 1]$ 的是(　　　).

A. $y = \ln(1 - x^2)$　　　　　　　　B. $y = e^{\sin x}$

C. $y = \sqrt{2 - x^2} + \arcsin x$　　　　D. $y = (1 - x^2)^{-\frac{1}{2}}$

4. 设 $f(x) = \cos^3 x$,则 $f(-x) = $(　　　).

A. $-f(-x)$　　　　B. $f(x)$　　　　C. $\dfrac{1}{f(x)}$　　　　D. $-f(x)$

5. 下列函数中是偶函数且在 $(0, +\infty)$ 内单调增加的是(　　　).

A. $f(x) = \cos x$　　B. $f(x) = |x|$　　C. $f(x) = 2^x$　　D. $f(x) = x^3$

6. 函数 $y = |\sin x|$ 是(　　　).

A. 以 2π 为周期的奇函数　　　　B. 以 2π 为周期的偶函数

C. 以 π 为周期的奇函数　　　　　D. 以 π 为周期的偶函数

7. 函数 $y = -\sqrt{x-1}$ 的反函数是(　　　).

A. $y = x^2 + 1$　　　　　　　　　B. $y = x^2 + 1 \ (x \leqslant 0)$

C. $y = x^2 + 1 (x \geqslant 0)$　　　　D. 不存在

8. 已知 $f(x) = \ln x + 1, g(x) = \sqrt{x} + 1$,则 $f[g(x)] = $(　　　).

A. $\ln(\sqrt{x} + 1) + 1$　　　　　B. $\ln\sqrt{x} + 2$

C. $\sqrt{\ln(x+1)} + 1$　　　　　　D. $\ln\sqrt{x} + 1$

9. 下列 y 能成为 x 的复合函数的是(　　　).

A. $y = \ln u, u = -x^2$　　　　　　B. $y = \dfrac{1}{\sqrt{u}}, u = -x^2 + 2x - 1$

C. $y = \sin u, u = -x^2$　　　　　　D. $y = \arccos u, u = 3 + x^2$

10. 设 $f(\sin x) = \cos 2x$,则 $f(x) = $(　　　).

A. $1 - x^2$　　　　　　　　　　　B. $1 - 2x^2$

C. $1 + 2x^2$　　　　　　　　　　　D. $2x^2 - 1$

四、计算题

1. 求下列函数的定义域.

（1）$y = \dfrac{2}{x^2 - 3x + 2}$；

（2）$y = \lg \dfrac{1+x}{1-x}$；

（3）$y = \sqrt{x^2 - 9}$；

（4）$y = \dfrac{1}{\ln(2-x)} + \sqrt{100 - x^2}$；

（5）$y = \arcsin(x-3)$；

（6）$y = \sqrt{3-x} + \arctan \dfrac{1}{x}$.

2. 分解下列复合函数.

（1）$y = \sqrt[3]{3+2x}$；

（2）$y = e^{\sin^2 x}$；

（3）$y = (3 + x + 2x^2)^3$；

（4）$y = \ln \arcsin(x + e^x)$；

（5）$y = \dfrac{1}{x + \tan x}$；

（6）$y = \arctan \sqrt{x^2 + 1}$.

3. 下列函数中哪些是偶函数，哪些是奇函数，哪些既非偶函数又非奇函数？

（1）$y = x^2(1 - x^2)$；

（2）$y = \sin x - \cos x + 1$；

（3）$y = \dfrac{a^x + a^{-x}}{2}$；

（4）$y = x(x-1)(x+1)$；

（5）$y = x^2 \cos x$；

（6）$y = \ln\left(x + \sqrt{1 + x^2}\right)$.

4. 下列函数中哪些是周期函数？对于周期函数，指出其周期.

（1）$y = 1 + \tan x$；

（2）$y = \cos 4x$；

（3）$y = 2 \sin 3x$；

（4）$y = \sin^2 x$；

（5）$y = x \sin 2x$；

（6）$y = \sin x + \cos x$.

1.4.2 拓展探究练习

1. 设有一火车从甲站出发，以 0.5 km/min² 匀加速行驶，经过 2 min 后开始匀速行驶，再经过 7 min 后以 0.5 km/min² 匀减速行驶，遂到达乙站，试建立该列火车在甲乙两站间运行的路程函数模型.

2. 已知某城市 2015 年底的人口总数为 200 万，假设此后该城市人口的年增长率为 1%（不考虑其他因素）.

（1）若经过 x 年该城市人口总数为 y 万，试写出 y 关于 x 的函数关系式；

（2）如果该城市人口总数达到 210 万，那么至少需要经过多少年（精确到 1 年）？

3. 某工厂生产某产品的年产量为 x 台，每台售价 500 元，当年产量超过 800 台时，超过部分只能按 9 折出售，这样可多售出 200 台，如果再多生产，本年就销售不出去了，求本年该产品的收益函数.

4. 小王大学毕业后决定利用所学专业进行自主创业. 经过市场调研，生产某小型电子产品需投入年固定成本 2 万元，每生产 x 万件，需另投入流动成本 $W(x)$ 万元，在年产量不足

8 万件时,$W(x) = \dfrac{1}{3}x^2 + 2x$. 在年产量不小于 8 万件时,$W(x) = 7x + \dfrac{100}{x} - 37$. 每件产品售价 6 元. 通过市场分析,小王生产的商品能当年全部售完.

（1）写出年利润 $P(x)$（万元）关于年产量 x（万件）的函数关系式（注:年利润=年销售收入-固定成本-流动成本）；

（2）年产量为多少万件时,小王在这一商品的生产中所获利润最大？最大利润是多少？

5. 某医药机构测定,人体在服用某种药品后每毫升血液中的含药量 y（单位:μg）与时间 t（单位:h）之间近似满足如图 1-18 所示的曲线.

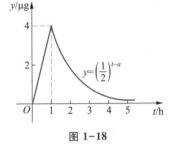

图 1-18

（1）写出服用药品后 y 与 t 之间的函数关系式；

（2）据进一步测定,每毫升血液中含药量不少于 0.50 μg 时治疗有效,求服用药品后的有效时间.

6. 某港口 O 要将一件重要物品用小艇送到一艘正在航行的轮船上,在小艇出发时,轮船位于港口 O 的北偏西30°且与该港口相距 20 n mile[①] 的 A 处,并正以 30 n mile/h 的航行速度沿正东方向匀速行驶. 假设该小艇沿直线方向以 v n mile/h 的航行速度匀速行驶,经过 t 小时与轮船相遇.

（1）若希望相遇时小艇的航行距离最小,则小艇航行时间应为多少小时？

（2）为保证小艇在 30 min 内（含 30 min）能与轮船相遇,试确定小艇航行速度的最小值.

1.5 服务驿站

1.5.1 软件服务

一、实验目的

（1）熟练掌握在 MATLAB 环境下常见函数的定义方法；

（2）能够正确调用 MATLAB 内部函数或者自己定义的函数进行相关计算；

（3）能够借助 MATLAB 命令,绘制函数图像.

二、实验过程

（1）学一学:MATLAB 内部函数的直接调用

MATLAB 提供了很多内部函数,可以直接调用计算,常用函数命令见表 1-3.

---

① 1 n mile ≈ 1.852 km.

表 1-3

函数	名称	函数	名称
$\sin(x)$	正弦函数	$\operatorname{asin}(x)$	反正弦函数
$\cos(x)$	余弦函数	$\operatorname{acos}(x)$	反余弦函数
$\tan(x)$	正切函数	$\operatorname{atan}(x)$	反正切函数
$\operatorname{abs}(x)$	绝对值	$\max(x)$	最大值
$\min(x)$	最小值	$\operatorname{sum}(x)$	元素的总和
$\operatorname{sqrt}(x)$	开平方	$\exp(x)$	以 e 为底的指数
$\log(x)$	自然对数	$\lg 10(x)$	以 10 为底的对数
$\operatorname{sgn}(x)$	符号函数	$\operatorname{fix}(x)$	取整

（2）动一动：实际操练

例 16　计算 $\sin\dfrac{\pi}{6}$，$\ln 1$，$\max\{-2,-1,5,-3,0\}$.

实验操作：

```
sin(pi/6)
ans =              %显示结果
    1/2
log(1)
ans =
    0
max([-2,-1,5,-3,0])
ans =
    5
```

例 17　定义函数 $f(x,y)=x+y$，并计算 $f(2,3)$.

实验操作：

```
f = 'x+y';          %定义函数
x = 2;y = 3;         %给变量赋值
subs(f)             %代入计算
ans =               %显示结果
    5
```

注：自定义函数及其调用.

MATLAB 的内部函数是有限的，如果所研究的函数不是内部函数，则需要自己重新定义，常见的方式有两种，分别是直接定义函数和编写函数文件.

例 18　定义分段函数 $f(x)=\begin{cases} x^2+1, & x<0, \\ 2x, & x=0, \\ 5-2x^2, & x>0, \end{cases}$ 并计算 $f(-1)$，$f(0)$，$f(1)$.

实验操作：

Step1:先定义 m 文件 f. m 如下:

```
function   f(x)
if   x<0
   y=x^2+1;
else if   x==0
      y=2*x;
   else
       y=5-2*x^2;
   end
end
```

Step2:在主界面调用函数 f. m 进行计算

```
f(-1)
ans=                 %显示结果
    2
f(0)
ans=                 %显示结果
    0
f(1)
ans=                 %显示结果
    3
```

例 19   在 $[0,2\pi]$ 内用实线画 $\sin x$,用小圆圈画 $\cos x$.

实验操作(图 1-19):

```
x=linspace(0,2*pi,30);   %在[0,2π]内等间隔地选取 30 个自变量
y=sin(x);
z=cos(x);
plot(x,y,'r',x,z,'bo')         % 'r' 代表红色线,'bo' 代表蓝色圈
```

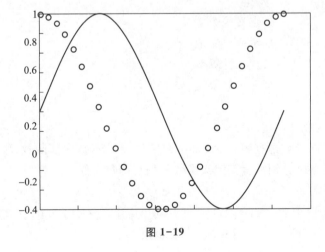

图 1-19

三、实验任务

（1）分别计算 $\cos\dfrac{\pi}{6}$，abs(-10)，$\min\{-2,-1.5,-3,0\}$．

（2）定义函数 $f(x,y)=2x-3y$，并计算 $f(2,3)$．

（3）定义分段函数 $f(x)=\begin{cases} x^2-1, & x<1, \\ x+2, & x=1,\\ -2x^2+10, & x>1, \end{cases}$ 并计算 $f(-2)$，$f(1)$，$f(2)$．

（4）在 $[-3,3]$ 内用红线画 $y=x$，用绿圈画 $y=x^2$．

1.5.2 建模体验

如何建立函数模型？其过程和步骤如何（图 1-20）？

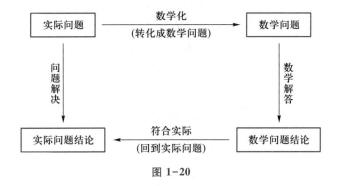

图 1-20

案例 1（零件自动设计） 要求确定零件轮廓线与扫过的面积的函数关系．已知零件轮廓下部分为长 $\sqrt{2}\,a$，宽 $\dfrac{\sqrt{2}}{2}a$ 的矩形 $ABCD$，上部分为 CD 圆弧，其圆心在 AB 中点 O．见图 1-21，M 点从 B 点出发，在 BC,CD,DA 上移动，终点为 A 点．设 M 点移动的路径长度为 x，OM 扫过的面积 OBM（或 $OBCM$ 或 $OBCDM$）为 y，试求 $y=f(x)$ 的函数表达式．

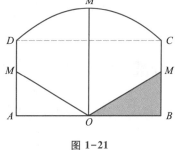

图 1-21

解　$y=f(x)=\begin{cases} \dfrac{\sqrt{2}}{4}ax, & 0\leqslant x\leqslant\dfrac{\sqrt{2}}{2}a, \\[2mm] \dfrac{1-\sqrt{2}}{4}a^2+\dfrac{ax}{2}, & \dfrac{\sqrt{2}}{2}a<x\leqslant\dfrac{\pi+\sqrt{2}}{2}a, \\[2mm] \dfrac{2-\sqrt{2}}{8}\pi a^2+\dfrac{\sqrt{2}}{4}ax, & \dfrac{\pi+\sqrt{2}}{2}a<x\leqslant\dfrac{\pi+2\sqrt{2}}{2}a. \end{cases}$

案例 2（人口增长模型）　$y=y_0\mathrm{e}^{rt}$．

模型中的 t 表示经过的时间，y_0 表示 $t=0$ 时的人口数，r 表示人口的年平均增长率．表 1-4 是 1950—1959 年我国的人口数据资料：

表 1-4

年份	1950	1951	1952	1953	1954	1955	1956	1957	1958	1959
人数/万人	55 196	56 300	57 482	58 796	60 266	61 456	62 828	64 563	65 994	67 207

（1）如果以各年人口增长率的平均值作为我国这一时期的人口增长率（精确到 0.000 1），用马尔萨斯人口增长模型建立我国在这一时期的具体人口增长模型，并检验所得模型与实际人口数据是否相符.

（2）如果按表 1-4 的增长趋势，大约在哪一年我国的人口达到 13 亿?

解　（1）设 1951—1959 年的人口增长率分别为 $r_1, r_2, \cdots, r_9$.

由 $55\,196(1+r_1) = 56\,300$，可得 1951 年的人口增长率

$$r_1 \approx 0.020\,0, \quad r_2 \approx 0.021\,0, \quad r_3 \approx 0.022\,9, \quad r_4 \approx 0.025\,0, \quad r_5 \approx 0.019\,7,$$

$$r_6 \approx 0.022\,3, \quad r_7 \approx 0.027\,6, \quad r_8 \approx 0.022\,2, \quad r_9 \approx 0.018\,4.$$

于是，1951—1959 年期间，我国人口的年平均增长率为

$$r = (r_1 + r_2 + \cdots + r_9) \div 9 \approx 0.022\,1.$$

令 $y_0 = 55\,196$，则我国在 1951—1959 年期间的人口增长模型为

$$y = 55\,196\mathrm{e}^{0.022\,1t}, \quad t \in \mathbf{N}.$$

根据表 1-4 的数据作出散点图，并作出函数 $y = 55\,196\mathrm{e}^{0.022\,1t}(t \in \mathbf{N})$ 的图像（图 1-22）.

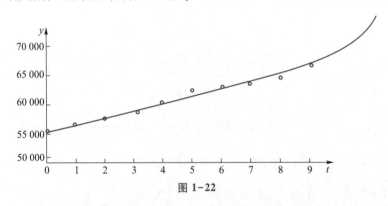

图 1-22

由图 1-22 可以看出，所得模型与 1950—1959 年的实际人口数据基本吻合.

（2）将 $y = 130\,000$ 代入 $y = 55\,196\mathrm{e}^{0.022\,1t}$，解得 $t \approx 38.76$. 所以如果按表 1-4 的增长趋势，大约在 1950 年后的 39 年（即 1989 年），我国的人口就已达到 13 亿.

1.5.3　重要技能备忘录

一、基本初等函数

我们最常用的有五种基本初等函数，分别是：指数函数、对数函数、幂函数、三角函数及反三角函数（详见表 1-2）.

二、求定义域的几种情况

（1）若 $f(x)$ 是整式，则函数的定义域是实数集 **R**.

（2）若 $f(x)$ 是分式，则函数的定义域是使分母不等于 0 的实数集.

（3）若 $f(x)$ 是二次根式，则函数的定义域是使根号内的式子大于或等于 0 的实数集合.

（4）若 $f(x)$ 是对数函数，真数应大于零.

（5）因为零的零次幂没有意义，所以幂函数的底数和指数不能同时为 0.

（6）若 $f(x)$ 是由几个部分的数学式子构成的，则函数的定义域是使各部分式子都有意义的实数集合.

（7）若 $f(x)$ 是由实际问题抽象出来的函数，则函数的定义域应符合实际问题的需要.

1.5.4　"E"随行

自主检测

一、单项选择题

请扫描二维码进行自测.

单项选择题

二、填空题

（1）已知函数 $f(x)=x^2+x+1$，则 $f(2x)$ 的解析式为_____.

（2）已知函数 $f(x)$ 的定义域为 $[0,1]$，函数 $f(x^2)$ 的定义域为_____.

（3）已知 $\sin\alpha=\dfrac{1}{3}$，α 是第 Ⅱ 象限角，则 $\cos\alpha=$_____.

（4）已知 $\tan\alpha=2$，则 $\dfrac{\sin\alpha+\cos\alpha}{\sin\alpha-\cos\alpha}=$_____.

（5）建造一个容积为 $8\ \mathrm{m}^3$，深为 $2\ \mathrm{m}$ 的长方体无盖水池，如果池底和池壁的造价分别为 120 元 $/\mathrm{m}^2$ 和 80 元 $/\mathrm{m}^2$，则总造价 y 关于底面一边长 x 的函数关系式为_____.

三、简答题

（1）判断下列各组两个函数是否相同，并说明理由.

① $y=\sin^2 x+\cos^2 x$ 与 $y=1$.　　② $y=\ln x^2$ 和 $y=2\ln x$.

（2）确定下列函数的定义域.

① $y=\sqrt{25-x^2}$.　　　　　　② $y=\ln(4x-5)$.

③ $y=\sqrt{x-1}+(x-3)^0$.　　④ $y=\dfrac{\sqrt{9-x^2}}{x+2}$.

⑤ $y=\sqrt{1-x}+\dfrac{3}{\lg x}$.　　⑥ $y=\sqrt{x+2}-\ln\dfrac{2}{1-x}$.

（3）设函数 $f(x)=2x^2+1$，求 $f\left(\dfrac{1}{2}\right)$，$f(x+\Delta x)-f(x)$.

（4）设函数 $f(x)=\begin{cases}\sqrt{1-x^2}, & |x|\leqslant 1,\\ x^2-1, & 1<|x|<2,\end{cases}$ 求 $f\left(\dfrac{1}{2}\right)$，$f(-\sqrt{2})$ 及函数的定义域.

（5）求函数 $y=2^x+1$ 的反函数.

（6）指出下列函数是由哪些函数复合而成的.

① $y=(2x-3)^7$.　　② $y=\sqrt{\ln(x+1)}$.　　③ $y=\mathrm{e}^{\arcsin x^2}$.

（7）2018 年 8 月 31 日，第十三届全国人大常委会第五次会议表决通过了《全国人民代表大会常务委员会关于修改〈中华人民共和国个人所得税法〉的决定》，此次修订后的个人所得税法开启了个税领域分类与综合相结合的新税制，并对税法进行了多方面的完善. 表 1-5 为个人综合所得年度税率和速算扣除数表（适用于年度计算）.

表 1-5

级数	全年应纳税所得额	税率（%）	速算扣除数
1	不超过 36 000 元的	3	0
2	超过 36 000 元至 144 000 元的部分	10	2 520
3	超过 144 000 元至 300 000 元的部分	20	16 920
4	超过 300 000 元至 420 000 元的部分	25	31 920
5	超过 420 000 元至 660 000 元的部分	30	52 920
6	超过 660 000 元至 960 000 元的部分	35	85 920
7	超过 960 000 元的部分	45	181 920

个人所得税的计算方法为

个人所得税应纳税额 = 应纳税所得额 × 适用税率 - 速算扣除数.

请写出应纳税额与应纳税所得额之间的函数关系.

1.6　数学文化

把"function"翻译成函数的中国数学家李善兰

现行数学书上使用的"函数"一词是转译词. 我国清代数学家李善兰在翻译《代数学》（1859 年）一书时，把"function"翻译成函数.

中国古代"函"字与"含"字通用，都有"包含"的意思，李善兰给出的定义是："凡式中含天，为天之函数."中国古代用天、地、人、物 4 个字来表示 4 个不同的未知数或变量. 这个定义的含义是："凡是公式中含有变量 x，则该式子叫做 x 的函数."所以"函数"是指公式里含有变量的意思.

李善兰，字竟芳，号秋纫，浙江海宁人，出生于书香门第，少年时代便喜欢数学. 9 岁那年，李善兰在读家塾时，从书架上"窃取"中国古代数学名著——《九章算术》"阅之"，仅靠书中的注解，竟将全书 246 个数字应用题全部解出，自此，李善兰对数学的兴趣更为浓厚. 14 岁时，李善兰迷上了徐光启、利玛窦合译的《几何原本》，尽通其义，可惜徐、利二人没有译出后面更艰深的几卷，李善兰深以为憾，常幻想有"好事者或航海译归"，使自己得窥全豹. 咸丰二年，他到了上海，结识了英国传教士伟烈亚力与艾约瑟，他们对李善兰的才能颇为欣赏，遂邀请他到墨海书院共译西方格致之书. 墨海书院为英国传教士麦都斯所创立. 此书馆原为传教而设，其后译书工作从宗教书刊扩张到西方科技领域，李善兰到墨海书院之后，率先与伟烈亚力合作，翻译《几何原本》后九卷，以续成徐光启、利玛窦的未尽之业.

在中国近代史上，李善兰以卓越的数学研究引人瞩目. 李善兰数学造诣颇深，"其精到之处自谓不让西人，抑且近代罕匹". 他编辑刊刻的《则古昔斋算学》中包括数学著作 13 种. 李善兰早期研究的数学课题，主要是我国明清以来的传统数学. 比较突出的是他对"尖锥术"的独立研究. 他在中国传统数学垛积术的极限方法基础上，发明了尖锥术，创立了各种三角函数和对数函数的幂级数展开式，以及几个重要积分公式的雏形，李善兰在创造"尖锥术"的时候，还没有接触微积分，但他实际上具有解析几何思想和微积分思想，"则以一端，即可闻名于世". 由此可见，即使没有西方传入的微积分，中国数学也将会通过自己的特殊途径，运用独特的思想方式到达微积分，从而完成由初等数学到高等数学的转变.

1.7　专题：“微”入人心，“积”行千里

用函数解锁“中国航模”的销售情况

北京时间 2021 年 10 月 16 日 0 时 23 分，搭载神舟十三号载人飞船的长征二号 F 遥十三运载火箭在酒泉卫星发射中心精准发射，约 582 秒后，飞船与火箭成功分离，进入预定轨道，发射取得圆满成功，这是我国载人航天工程立项实施以来的第 21 次飞行任务，也是空间站阶段的第 2 次载人飞行任务. 航天工程对人们的生活产生方方面面的影响. 有关部门对某航模专卖店的商品销售情况进行调查发现：该商品在过去的一个月内（以 30 天计）的日销售价格 $P(x)$（元）与时间 x（天）的函数关系近似满足 $P(x)=2+\dfrac{k}{\sqrt{x-1}}$（常数 $k>0$），该商品的日销售量 $Q(x)$（个）与时间 x（天）的部分数据如表 1-6 所示：

表 1-6

x/天	5	10	17	26
$Q(x)$/个	400	500	600	700

已知第 10 天该商品的日销售收入为 3 500 元.

（1）求常数 k 的值；

（2）给出以下三种函数模型：① $Q(x)=px+q$，② $Q(x)=a|x-18|+b$，③ $Q(x)=m\sqrt{x-1}+n$，请你依据表 1-6 中的数据，从以上三种函数模型中，选择你认为最合适的一种函数模型，来描述该商品的日销售量 $Q(x)$ 与时间 x 的关系，并说明你选择的理由. 借助你选择的模型，预估该商品的日销售收入 $f(x)$（$1\leqslant x\leqslant30,x\in\mathbf{N}_+$）在哪一天达到最低？

通过本章内容的学习和查阅拓展资料，类似这样的现实情境问题就迎刃而解了.

第 2 章

极限与连续

本章介绍

2.1　单元导读

 **本章简介：▶**

　　极限是微积分学中最重要的概念之一,是研究微积分学的理论基础和基本方法,是现实世界中各种变量的"变化趋势"的概括. 掌握极限的概念与计算也为后续导数与积分的学习奠定良好的基础. 本章主要讨论数列极限、函数极限的定义,介绍计算函数极限的法则,函数的连续性以及利用数学软件计算极限的方法.

本章知识结构图（图2-1）：

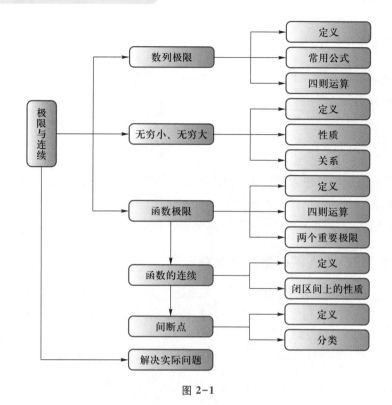

图 2-1

 本章教学目标：

1. 理解数列极限、函数极限的概念，会求函数在一点处的左右极限，掌握函数极限存在的充分必要条件．

2. 理解无穷小量、无穷大量的概念，熟练掌握无穷小的性质，掌握无穷小量与无穷大量的关系．

3. 熟练掌握极限的四则运算法则．

4. 熟练掌握用两个重要极限求极限的方法．

5. 理解函数连续、间断点的概念，掌握初等函数的连续性，了解闭区间上连续函数的性质．

6. 能利用极限知识解决实际问题．

本章重点：

极限思维的建立、极限求法与函数连续性的判定是本章的学习重点．极限是贯穿整个高等数学课程的核心概念之一，可以说，能否正确地理解极限概念、建立极限思维，将极大地影响对本课程后续知识的学习．求函数极限的方法有多种，针对不同的函数形式，要正确选择适当的方法，必要时，要先对已知函数作适当的变形．而对于判定函数的连续性，如果已知函数为初等函数,则求其定义区间即可;如果已知函数为分段函数,则主要利用函数在一点处连续的定义,判定已知分段函数在分界点处的连续性.

本章难点: ▶▶

1. 理解极限的概念和掌握一些求极限的基本方法,这是重点也是难点.
2. 判定分段函数在分界点处的连续性.

学习建议: ▶▶

同学们要从极限的思想起源开始,仔细分析并总结数学抽象的一般思路,理解并熟练掌握极限和连续的概念、性质、计算和应用问题;依托线上线下混合式的学习模式,利用好碎片化的时间,梳理好学习内容,为后续导数定义的学习奠定扎实的基础.

视频导入:古人的智慧——圆的面积

圆面积公式是古人最伟大的发现之一,从直到曲经历了很复杂的过程,我们一起看看为了求解圆的面积,古人是如何大费周折的吧(图 2-2、图 2-3)!

本章导入

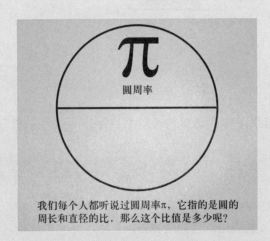

图 2-2

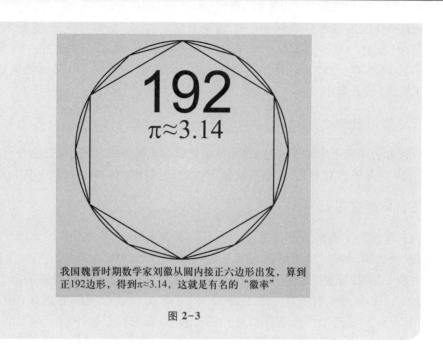

我国魏晋时期数学家刘徽从圆内接正六边形出发，算到正192边形，得到π≈3.14，这就是有名的"徽率"

图 2-3

2.2 极限与生活

2.2.1 无处不在的极限

一、谁会放下最后一枚硬币呢？

两人坐在方桌旁，相继轮流往桌面上平放一枚同样大小的硬币，且不允许任何两枚硬币有重叠的部分．当最后桌面上只剩下一个位置时，谁放下最后一枚，谁就获胜．试问是先放者胜还是后放者胜？（波利亚称之为"由来已久的难题"．）波利亚的精巧解法是"一猜二证"：

猜想（把问题极端化）　如果桌面小到只能放下一枚硬币，那么先放者必胜．

证明（利用对称性）　由于方桌有对称中心，先放者可将第一枚硬币占据桌面中心，以后每次都将硬币放在对方所放硬币关于桌面中心对称的位置，先放者必胜(图 2-4)．

从波利亚的精巧解法中，我们可以看到，他是利用极限的思想考察问题的极端状态，探索出解题方向或转化途径．

极限思想是一种重要的数学思想，灵活地借助极限思想，可以避免复杂运算，探索解题新思路．

一根木棒，第一次截取其一半，第二次将第一次剩余部分再截取一半，第三次将第二次剩余部分再截取一

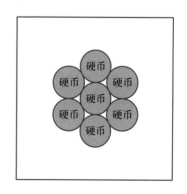

图 2-4

半……这样下去这根木棍是分不完的,理论上就是这样. 我们只能说,这根木棍的长度的极限为零,但却绝不为零. 正如 1,2,3,4,5,6,7,8,9,… 和 −1,−2,−3,−4,−5,−6,−7,−8,−9,…这两列数字一样,我们只知道会越来越大(或越来越小),但却不能详细的说明,只能说是无穷大(或无穷小).

二、如何分牛

一位农夫辛苦了半辈子,年纪大了准备把家里最值钱的 19 头牛分给自己懂事的三个儿子,为了不让儿子们有意见,他立下遗嘱. 大家一起想想,该如何分这 19 头牛呢?

三、科赫雪花

我们先按照下面的方法构造一个图形. 参看图 2-5,首先画一个线段,然后把它平分成三段,去掉中间那一段并用两条等长的线段代替,这样,原来的一条线段就变成了四条小的线段. 用相同的方法把每一条小的线段的中间三分之一替换为等边三角形的两边,得到了 16 条更小的线段. 然后继续对 16 条线段进行相同的操作,并无限地迭代下去. 图 2-5(a)是这个图形前五次迭代的过程,可以看到已经不能显示出第五次迭代后图形的所有细节了. 你可能注意到一个有趣的事实,整个线条的长度每一次都变成了原来的 $\frac{4}{3}$. 如果最初的线段长为 1 个单位,那么第一次操作后总长度变成了 $\frac{4}{3}$,第二次操作后总长增加到 $\frac{16}{9}$,第 n 次操作后长度为 $\left(\frac{4}{3}\right)^{n}$. 毫无疑问,操作无限进行下去,这条曲线将达到无限长. 难以置信的是这条无限长的曲线却"始终只有那么大". 当把三条这样的曲线头尾相接组成一个封闭图形时,有趣的事情发生了(图 2-5(b)),这个雪花一样的图形有着无限长的边界,但是它的总面积却是有限的. 换句话说,无限长的曲线围住了一块有限的面积. 这个神奇的雪花图形叫作科赫雪花,其中那条无限长的曲线就叫作科赫曲线,这是由瑞典数学家海里格·冯·科赫最先提出来的. 这就是极限思想较早的应用问题.

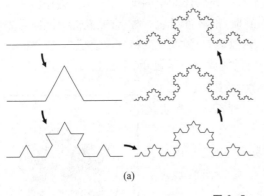
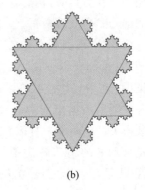

(a)　　　　(b)

图 2-5

四、由你来定:现实中的不规则曲线的长度

有位数学家在他的著作中探讨了某地的海岸线有多长的问题. 他指出由于海岸线的水

陆分界线具有各种层次的不规则性,测量时所使用的尺度的差异会直接导致测量结果的不同. 如果用千米作测量单位,从几米到几十米的一些曲折会被忽略;改用米来做单位,从几米到几十米的一些曲折能被测出,这时测得的总长度会增加,但是一些厘米量级以下的就不能反映出来. 就是说在测量尺度足够小的情况下,我们总可以测得更长的海岸线. 所以海岸线的长度不能用测量的方法得到准确值. 答案取决于你的尺子. 如果尺子的度量单位无限的小,测得的长度将会是无穷大,某地海岸线的长度应该是无穷大.

原因:当你用一把固定长度的直尺(没有刻度)来测量时,对海岸线上两点间的小于尺子尺寸的曲线,只能用直线来近似. 因此,测得的长度是不精确的. 如果你用更小的尺子来刻画这些细小之处就会发现,这些细小之处同样也是无数的曲线近似而成的. 随着你不停地缩短你的尺子,你发现的细小曲线就越多,你测得的曲线长度也就越大.

五、衣服能彻底洗干净吗

要洗一件衣服,先用水和洗涤剂把衣服洗涤,拧一下,然后再把衣服漂清. 由于不能拧得干干净净,衣服上仍带有含污物的水. 设衣服上残存的污物量为m_0(包括洗涤剂),残存水量为w,我们还有一桶清水,水量为A. 问怎样合理地使用这一桶清水,才能尽可能地把衣服洗干净?

 这样的问题在解决过程中都需要用到极限的思想和方法!

2.2.2　揭秘生活中的极限

一、看看古时候的分牛问题吧

分牛问题　有一个农夫家里养了19头牛,生前立下遗嘱:在他去世后要把19头牛分给三个儿子,他的分配原则是:老大得总数的$\dfrac{1}{2}$,老二得总数的$\dfrac{1}{4}$,老三得总数的$\dfrac{1}{5}$,最终由于除不尽,他们三人为了分牛争吵起来,于是去找聪明的邻居给分牛.

请设想一下结果.

可能结果一:邻居:你们的父亲真是一个糊涂人,19怎么能整除2? 19也无法整除4和5. 结果三个儿子被轰了出来.

可能结果二:邻居:你们的父亲真糊涂,19怎么能整除2? 19也无法整除4和5,但是难不倒我,我给你们分:本着四舍五入原则,$19 \div 2 = 9.5 \approx 10$,老大得10头牛;$19 \div 4 = 4.75 \approx 5$,老二得5头;$19 \div 5 = 3.6 \approx 4$,老三得4头. 可是三人觉得不公平,都觉得对方得到的多,不同意邻居的分法.

可能结果三:邻居:我再牵头牛来,现在一共有20头牛,老大分$\dfrac{1}{2}$,牵走10头牛. 老二分$\dfrac{1}{4}$,牵走5头牛. 老三分$\dfrac{1}{5}$,牵走4头牛. 好了,剩下一头就是我的. 三个儿子无话可说,各自牵着牛回家了.

呵呵!怎么这么厉害!这是什么原理?用了什么公式?

下面我就稍稍卖弄一下:

由于 19 头牛无法一次分完,假设牛可分割.

第一次分 19 头后牛剩余:$19 \times \left(1 - \dfrac{1}{2} - \dfrac{1}{4} - \dfrac{1}{5}\right) = \dfrac{19}{20}$.

第二次分 $\dfrac{19}{20}$ 头后牛剩余:$\dfrac{19}{20} \times \left(1 - \dfrac{1}{2} - \dfrac{1}{4} - \dfrac{1}{5}\right) = \dfrac{19}{20^2}$.

第三次分 $\dfrac{19}{20^2}$ 头后牛剩余:$\dfrac{19}{20^2} \times \left(1 - \dfrac{1}{2} - \dfrac{1}{4} - \dfrac{1}{5}\right) = \dfrac{19}{20^3}$.

第 n 次分 $\dfrac{19}{20^{n-1}}$ 头后牛剩余:$\dfrac{19}{20^{n-1}} \times \left(1 - \dfrac{1}{2} - \dfrac{1}{4} - \dfrac{1}{5}\right) = \dfrac{19}{20^n}$.

老大共分得牛:

$$19 \times \frac{1}{2} + \frac{19}{20} \times \frac{1}{2} + \cdots + \frac{19}{20^n} \times \frac{1}{2} + \cdots = \frac{1}{2} \times \frac{19\left(1 - \dfrac{1}{20^n}\right)}{1 - \dfrac{1}{20}} \approx 10 \,(n \to \infty).$$

老二共分得牛:

$$19 \times \frac{1}{4} + \frac{19}{20} \times \frac{1}{4} + \cdots + \frac{19}{20^n} \times \frac{1}{4} + \cdots = \frac{1}{4} \times \frac{19\left(1 - \dfrac{1}{20^n}\right)}{1 - \dfrac{1}{20}} \approx 5 \,(n \to \infty).$$

老三共分得牛:

$$19 \times \frac{1}{5} + \frac{19}{20} \times \frac{1}{5} + \cdots + \frac{19}{20^n} \times \frac{1}{5} + \cdots = \frac{1}{5} \times \frac{19\left(1 - \dfrac{1}{20^n}\right)}{1 - \dfrac{1}{20}} \approx 4 \,(n \to \infty).$$

在计算过程中仅仅涉及无穷递缩等比数列的和的计算(就是求极限).在这里,简单地列一下公式:

一个无穷递缩等比数列:$a_1, a_1q, a_1q^2, a_1q^3, \cdots, a_1q^n, \cdots$,记 $S = a_1 + a_1q + a_1q^2 + a_1q^3 + a_1q^n + \cdots$,公式:

$$s = \frac{a_1(1 - q^n)}{1 - q} \quad (n \to \infty).$$

极限的主要思想是什么?相关的公式有哪些?极限如何计算?利用极限如何解决实际问题?等到学完本章内容后,你就明白了.上述的公式会在这章极限内容里出现,一定要认真学习啊!

二、一起揭开"极限"神秘的面纱

极限这一词语经常出现在生活中,我想大家都有这样类似的经历:长跑3 000米,累得气喘吁吁,终点却遥不可及.此时我们唯一的想法:"不行了!""忍受不了!""没有尽头了?"这就是生活中的极限状态.那么数学中的极限是怎样的呢?

极限思想很早就存在,两千多年前的《庄子》就记载:"一尺之棰,日取其半,万世不竭."魏晋时期的刘徽利用圆内接正多边形来推算圆面积的方法——割圆术"割之弥细,所失弥少,割之又割,以至于不可割,则与圆周合体,而无所失矣".希腊数学家阿基米德利用穷竭法,突破原有的有限运算,采用无限逼近思想解决了几何图形的面积、体积、曲线长等问题.这些都是早期的极限思想,是极限原理的雏形.

整个世界是物质的,并且是运动的.我们初中所学的数学的研究对象是相对稳定的,对于运动和变化的量却无能为力,所以极限理论就登场了.极限理论的出现解决了初等数学中无法解决的问题:譬如求瞬时速度、曲线长度、不规则图形面积、旋转体体积等问题.借助极限理论,人们从有限认识到无限,从"不变"认识到"变",从直线长认识到曲线长,从量变认识到质变.刘徽用圆内接正多边形逼近圆,阿基米德用线段逼近曲线,用圆柱体积逼近旋转体体积.又如求变速直线运动的瞬时速度时,速度是变量,为此可以在非常小的时间段内用匀速代替变速,用平均速度逼近瞬时速度.这就是极限的思想,它揭示了常量与变量,有限与无限的对立的统一关系.

极限理论是微积分理论的基础,广泛应用在金融、保险、建筑等领域中.在经济学中出现的边际概念和弹性概念都是用极限定义的;在保险学中常用到的大数定律和中心极限定理也运用了极限理论;在运动学中瞬时速度、加速度的求取,在化学中的反应平衡和反应速度,这些问题的求解也用到了极限理论.所以极限理论是近代数学的理论基础,是解决问题的一个有力工具.

在本章中我们将学习函数极限的定义,函数在一点处的左右极限,极限的四则运算法则,两个重要极限,无穷小、无穷大的定义及二者之间的关系,函数连续性的定义,函数的间断点及其分类,连续函数在闭区间上的性质.

2.3 知识纵横——极限与连续之旅

2.3.1 数列到函数的极限进化

一、数列的极限

我们先来回忆一下初等数学中学习过的数列的概念.

数列 若按照一定的法则,有第一个数a_1,第二个数a_2,……,依次排列下去,使得任何一个正整数n对应着一个确定的数a_n,那么,我们称这列有次序的数$a_1, a_2, \cdots, a_n, \cdots$为数列,简记为数列$\{a_n\}$.数列中的每一个数叫作数列的项.第$n$项$a_n$叫作数列的一般项或通项.

极限思想的雏形   极限通俗地讲就是无限接近.

魏晋时期的刘徽所提出的"割圆术"就是早期的极限思想(图 2-6). 他把直径为 2 的圆先分为 6 等份,再分割成 12 等份,24 等份,……,这样继续下去,他一直计算到圆内接正 192 边形. 通过这样的方法,计算得到的 $\pi \approx 3.14$ (图 2-7).

割之弥细,所失弥少,割之又割,以至于不可割,则与圆周合体,而无所失矣

图 2-6

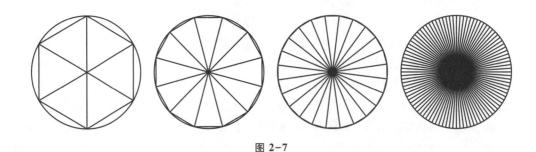

图 2-7

数列的极限

(1) 描述性定义

极限定义

一般地,对于无穷数列 $\{x_n\}$ 来说,若随着项数 n 无限增大,数列的 x_n 无限地趋近于某个常数 a,那么就称常数 a 是数列 $\{x_n\}$ 的极限,或者称数列 $\{x_n\}$ 收敛于 a. 反之,若数列 $\{x_n\}$ 不存在极限,则称数列 $\{x_n\}$ 发散.

> 数列极限的表示:
> $$\lim_{n \to \infty} x_n = a \quad \text{或} \quad x_n \to a\,(n \to \infty)$$

例 1   观察下列数列的极限.

① $x_n = \dfrac{n}{n+1}$;

② $x_n = \dfrac{1}{3^n}$;

③ $x_n = (-1)^n$;

④ $x_n = 6$.

解   ① $x_n = \dfrac{n}{n+1}$ 的项依次为 $\dfrac{1}{2}, \dfrac{2}{3}, \dfrac{3}{4}, \dfrac{4}{5}, \cdots, \dfrac{n}{n+1}, \cdots$,当 n 无限增大时,x_n 无限接近于 1,所以 $\lim\limits_{n \to \infty} \dfrac{n}{n+1} = 1$.

② $x_n = \dfrac{1}{3^n}$ 的项依次为 $\dfrac{1}{3}, \dfrac{1}{9}, \dfrac{1}{27}, \dfrac{1}{81}, \cdots, \dfrac{1}{3^n}, \cdots$,当 n 无限增大时,x_n 无限接近于 0,所以 $\lim\limits_{n \to \infty} \dfrac{1}{3^n} = 0$.

③ $x_n = (-1)^n$ 的项依次为 $-1, 1, -1, 1, \cdots, (-1)^n, \cdots$,当 n 无限增大时,数列 x_n 的各项在 -1 与 1 之间交替出现,不能趋于任何固定的常数,所以 $\lim\limits_{n \to \infty} (-1)^n = 0$ 不存在.

④ $x_n = 6$ 为常数数列,无论 n 取怎样的正整数,x_n 始终为 6,所以 $\lim\limits_{n \to \infty} 6 = 6$.

（2）数列极限的几何解释

在此我们可能不易理解上述说法,下面我们再给出它的一个几何解释,以便我们能理解它. 数列 $\{x_n\}$ 极限为 a 的一个几何解释:将常数 a 及数列 $x_1, x_2, \cdots, x_n, \cdots$ 在数轴上用它们的对应点表示出来,再在数轴上作点 a 的 ε 邻域[①],即开区间 $(a - \varepsilon, a + \varepsilon)$,如图 2-8 所示. 即对于 a 的任意给定的 ε 邻域,都存在一个足够大的确定的正整数 N,使数列 $\{x_n\}$ 中,所有下标大于 N 的 a_n,都落在区间 $(a - \varepsilon, a + \varepsilon)$ 之内;而在区间 $(a - \varepsilon, a + \varepsilon)$ 之外,最多只有数列 $\{x_n\}$ 中的有限项.

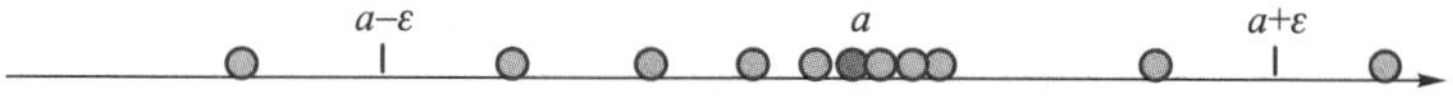

图 2-8

二、函数的极限（分两种情况）

（1）自变量趋向无穷大时函数的极限

描述性定义 已知函数 $y = f(x)$ 在 $|x| > M$（M 为某一正数）时有定义,如果当 $x \to \infty$ 时,函数 $f(x)$ 无限趋近于一个确定的常数 A,则称 A 为函数 $y = f(x)$ 当 $x \to \infty$ 时的极限.

> 函数极限的表示:函数 $y = f(x)$ 当 $x \to \infty$ 时的极限,记作:
> $$\lim_{x \to \infty} f(x) = A.$$

注:在上述定义中,$x \to \infty$ 指的是 x 既趋向于正值无限增大（记为 $x \to +\infty$）,同时也趋向于负值而绝对值无限增大（记为 $x \to -\infty$）. 但有时只能或只需考虑其中一种变化趋势.

① 若只考虑 $x \to +\infty$ 的情形,则记为
$$\lim_{x \to +\infty} f(x) = A \quad \text{或} \quad \text{当 } x \to +\infty \text{ 时,} f(x) \to A.$$

② 若只考虑 $x \to -\infty$ 的情形,则记为
$$\lim_{x \to -\infty} f(x) = A \quad \text{或} \quad \text{当 } x \to -\infty \text{ 时,} f(x) \to A.$$

几何意义 若函数 $y = f(x)$ 当 $x \to \infty$ 时有极限 A 存在,意味着,当 $|x|$ 充分大时,函数 $f(x)$ 的图像在水平直线 $y = A$ 附近变化. 如图 2-9 所示.

例 2 作出函数 $y = \dfrac{1}{x}$ 的图形,在 $x > 0$ 的前提下,讨论当 $x \to +\infty$ 时,该函数的变化趋

----

① 以 x_0 为中心的任何开区间称为点 x_0 的邻域,记作 $U(x_0)$;在 $U(x_0)$ 中去掉中心 x_0 后,称为点 x_0 的去心邻域,记作 $\mathring{U}(x_0)$.

势,并说出它的极限.

解   所作图形如图 2-10 所示.

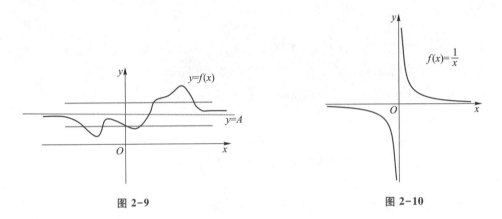

图 2-9   图 2-10

当 x 沿 x 轴的正方向无限增大时,曲线 $y = \dfrac{1}{x}$ 无限接近于 x 轴,但始终不与 x 轴相交,故

当 $x \to +\infty$ 时,函数 $y = \dfrac{1}{x}$ 的值无限趋于 0.

定理 1 $\lim\limits_{x \to \infty} f(x) = A$ 的充分必要条件是 $\lim\limits_{x \to +\infty} f(x) = \lim\limits_{x \to -\infty} f(x) = A$.

例 3   讨论函数 $y = e^x$ 当 $x \to \infty$ 时的极限.

解   由函数 $y = e^x$ 的图形可知,$\lim\limits_{x \to +\infty} e^x = +\infty$,$\lim\limits_{x \to -\infty} e^x = 0$,所以 $\lim\limits_{x \to \infty} e^x$ 不存在.

(2)自变量趋向有限值时函数的极限

我们先来看一个例子.

例 4   函数 $f(x) = \dfrac{x^2 - 1}{x - 1}$,当 $x \to 1$ 时函数值的变化趋势如何?

函数在 $x = 1$ 处无定义.我们知道对实数来讲,在数轴上任何一个有限的范围内,都有无穷多个点,为此我们把 $x \to 1$ 时函数值的变化趋势用表 2-1 列出.

表 2-1

x	$\cdots$	0.9	0.99	0.999	$\cdots$	1	$\cdots$	1.001	1.01	1.1	$\cdots$
$f(x)$	$\cdots$	1.9	1.99	1.999	$\cdots$	2	$\cdots$	2.001	2.01	2.1	$\cdots$

从中我们可以看出 $x \to 1$ 时,$f(x) \to 2$.而且只要 x 与 1 无限接近,$f(x)$ 就与 2 无限接近.

描述性定义   设函数 $f(x)$ 在点 x_0 的某个去心邻域 $\mathring{U}(x_0)$ 内有定义,如果当 $x \to x_0$(x 从左右两边同时趋近于 x_0)时,函数 $f(x)$ 无限接近一个确定的常数 A,则称 A 为函数 $f(x)$ 当 $x \to x_0$ 时的极限,记作:$\lim\limits_{x \to x_0} f(x) = A$.

几何意义   当自变量在区间 $(x_0 - \delta, x_0) \cup (x_0, x_0 + \delta)$ 内时,函数 $f(x)$ 在直线 $y = A - \varepsilon$,$y = A + \varepsilon$ 之间变化(图 2-11).

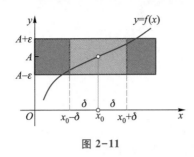

图 2-11

三、数列极限与函数极限的比较

下面我们用表格把函数的极限与数列的极限对比一下吧(表 2-2).

表 2-2

数列的极限的定义	函数的极限的定义
已知数列 $x_n = f(n)$ 在 $n > N$(N 为某一正整数)时有定义,如果当 n 无限增大($n \to \infty$)时,数列 $x_n = f(n)$ 无限趋近于一个确定的常数 A,则称数列 $\{a_n\}$ 当 $n \to +\infty$ 时收敛于 A. 记作: $\lim\limits_{n \to \infty} x_n = A$	已知函数 $y = f(x)$ 在 $x > M$(M 为某一正数)时有定义,如果当 x 无限增大($x \to +\infty$)时,函数 $f(x)$ 无限趋近于一个确定的常数 A,则称 A 为函数 $y = f(x)$ 当 $x \to +\infty$ 时的极限. 记作: $\lim\limits_{x \to +\infty} f(x) = A$

　　从表 2-2 我们发现了什么呢,可以看出数列的极限与函数的极限有着非常紧密的联系,但也有实质的区别,试试讨论一下吧!

活动操练-1

　　用观察的方法说出下列函数的极限:

(1) $\lim\limits_{x \to \infty} \dfrac{1}{x^2}$.　　　　(2) $\lim\limits_{x \to -\infty} e^x$.　　　　(3) $\lim\limits_{x \to \infty} \arctan x$.

(4) $\lim\limits_{x \to x_0} x$.　　　　(5) $\lim\limits_{x \to -1} \dfrac{x^2 - 1}{x + 1}$.　　　　(6) $\lim\limits_{x \to 1} \ln x$.

攻略驿站

　　1. 一个变量无限接近另外一个常数的状态就是极限.

　　2. 充分结合函数图像确定相关极限.

　　3. 注意函数极限的书写形式.

2.3.2 极限运算法则及函数的连续性

一、函数极限的运算法则

极限四则运算

前面已经学习了利用极限定义来判断一些简单函数的极限,而实际中遇到的函数却要复杂得多,故需要介绍极限的运算法则,利用法则有助于计算极限.

> **极限四则运算法则**:若已知 $x \to x_0$(或 $x \to \infty$)时,$f(x) \to A$,$g(x) \to B$,则
>
> $$\lim_{x \to x_0}(f(x) \pm g(x)) = A \pm B,$$
>
> $$\lim_{x \to x_0} f(x) \cdot g(x) = A \cdot B,$$
>
> $$\lim_{x \to x_0} \frac{f(x)}{g(x)} = \frac{A}{B} \quad (B \neq 0).$$

推论 $\lim\limits_{x \to x_0} k \cdot f(x) = kA$($k$ 为常数), $\lim\limits_{x \to x_0}[f(x)]^m = A^m$($m$ 为正整数).

在求函数的极限时,利用上述运算法则就可把一个复杂的函数化为若干个简单的函数来求极限.

例 5 求 $\lim\limits_{x \to 1}(3x^2 - 2x + 6)$.

解
$$\lim_{x \to 1}(3x^2 - 2x + 6) = \lim_{x \to 1}(3x^2) - \lim_{x \to 1}(2x) + \lim_{x \to 1}6$$
$$= 3\lim_{x \to 1}(x^2) - 2\lim_{x \to 1}(x) + \lim_{x \to 1}6 = 3 \times 1^2 - 2 \times 1 + 6 = 7.$$

一般地,若函数 $f(x)$ 和 $g(x)$ 在点 x_0 有定义,且 $g(x_0) \neq 0$,则考虑极限 $\lim\limits_{x \to x_0}\dfrac{f(x)}{g(x)}$ 时,直接将 x_0 代入 $\dfrac{f(x)}{g(x)}$,即 $\lim\limits_{x \to x_0}\dfrac{f(x)}{g(x)} = \dfrac{f(x_0)}{g(x_0)}$.

例 6 求 $\lim\limits_{x \to 1}\dfrac{3x^2 + x - 1}{4x^3 + x^2 - x + 3}$.

解 根据极限的运算法则,先验证本题分母极限不为 0,所以有

$$\lim_{x \to 1}\frac{3x^2 + x - 1}{4x^3 + x^2 - x + 3} = \frac{\lim\limits_{x \to 1}3x^2 + \lim\limits_{x \to 1}x - \lim\limits_{x \to 1}1}{\lim\limits_{x \to 1}4x^3 + \lim\limits_{x \to 1}x^2 - \lim\limits_{x \to 1}x + \lim\limits_{x \to 1}3} = \frac{3 + 1 - 1}{4 + 1 - 1 + 3} = \frac{3}{7}.$$

例 7 求 $\lim\limits_{x \to 2}\dfrac{x^2 - 4}{x - 2}$.

解 $\lim\limits_{x \to 2}\dfrac{x^2 - 4}{x - 2} = \lim\limits_{x \to 2}\dfrac{(x-2)(x+2)}{x-2} = \lim\limits_{x \to 2}(x+2) = 4.$

例 8 求下列极限.

(1) $\lim\limits_{x \to \infty}\dfrac{3x^3 - 4x^2 + 2}{7x^3 + 5x^2 - 3}$;

(2) $\lim\limits_{x \to \infty}\dfrac{x^2 + x + 1}{8x^3 + x^2 - 3}$;

$(3)\ \lim\limits_{x\to\infty}\dfrac{6x^3-x^2+2x-1}{x^2+4x-3}.$

解 $(1)\ \lim\limits_{x\to\infty}\dfrac{3x^3-4x^2+2}{7x^3+5x^2-3}=\lim\limits_{x\to\infty}\dfrac{3-\dfrac{4}{x}+\dfrac{2}{x^3}}{7+\dfrac{5}{x}-\dfrac{3}{x^3}}=\dfrac{3}{7};$

$(2)\ \lim\limits_{x\to\infty}\dfrac{x^2+x+1}{8x^3+x^2-3}=\lim\limits_{x\to\infty}\dfrac{\dfrac{1}{x}+\dfrac{1}{x^2}+\dfrac{1}{x^3}}{8+\dfrac{1}{x}-\dfrac{3}{x^3}}=\dfrac{0}{8}=0;$

$(3)\ \lim\limits_{x\to\infty}\dfrac{6x^3-x^2+2x-1}{x^2+4x-3}=\lim\limits_{x\to\infty}\dfrac{6-\dfrac{1}{x}+\dfrac{2}{x^2}-\dfrac{1}{x^3}}{\dfrac{1}{x}+\dfrac{4}{x^2}-\dfrac{3}{x^3}}=\infty.$

总结例 8 中的三个极限可得到下面的结论：

$$\lim\limits_{x\to\infty}\dfrac{a_0x^n+a_1x^{n-1}+\cdots+a_n}{b_0x^m+b_1x^{m-1}+\cdots+b_m}=\begin{cases}0, & n<m,\\[2mm]\dfrac{a_0}{b_0}, & n=m,\\[2mm]\infty, & n>m\end{cases}(n,m\ \text{为正整数且}\ a_0\neq0,b_0\neq0).$$

此结论只与分子、分母的最高次幂 n,m 有关，以后在计算上述类型的极限时，可利用上面公式直接得到极限值.

通过上述例题我们可以发现：当分式的分子和分母都没有极限时就不能运用商的极限的运算法则了，应先把分式的分子分母转化为存在极限的情形，然后运用法则求解.

例 9 求 $\lim\limits_{x\to0}\dfrac{\sqrt{1+x}-1}{x}.$

解 $\lim\limits_{x\to0}\dfrac{\sqrt{1+x}-1}{x}=\lim\limits_{x\to0}\dfrac{(\sqrt{1+x}-1)(\sqrt{1+x}+1)}{x(\sqrt{1+x}+1)}=\lim\limits_{x\to0}\dfrac{x}{x(\sqrt{1+x}+1)}$

$\qquad\qquad =\lim\limits_{x\to0}\dfrac{1}{\sqrt{1+x}+1}=\dfrac{1}{2}.$

二、函数极限的存在准则

学习函数极限的存在准则之前，我们先来学习一下左极限、右极限的概念. 我们先来看一个例子（图 2-12）.

例 10 求符号函数

$$\mathrm{sgn}(x)=\begin{cases}-1, & x<0,\\0, & x=0,\\1, & x>0\end{cases}\text{当}\ x\to0\ \text{时的极限}.$$

对于这个分段函数，x 从左趋于 0 时函数极限为 -1，x 从右趋于 0 时函数极限为 1，它们是不相同的. 为此我们定义

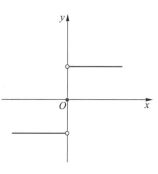

图 2-12

了左、右极限的概念.

定义 1 设函数 $f(x)$ 在点 x_0 的某个左邻域 $(x_0-\delta, x_0)$ 内有定义,如果 x 仅从左侧 $(x<x_0)$ 趋近 x_0 时,函数 $f(x)$ 无限接近于一个确定的常量 A,则称 A 为函数 $f(x)$ 当 $x\to x_0$ 时的左极限,记作 $\lim\limits_{x\to x_0^-} f(x) = A$.

设函数 $f(x)$ 在点 x_0 的某个右邻域 $(x_0, x_0+\delta)$ 内有定义,如果 x 仅从右侧 $(x>x_0)$ 趋近 x_0 时,函数 $f(x)$ 无限接近于一个确定的常量 A,则称 A 为函数 $f(x)$ 当 $x\to x_0$ 时的右极限,记作 $\lim\limits_{x\to x_0^+} f(x) = A$(图 2-13).

注:$x\to x_0^-$ 表示 x 从小于 x_0 的方向趋近于 x_0. $x\to x_0^+$ 表示 x 从大于 x_0 的方向趋近于 x_0.

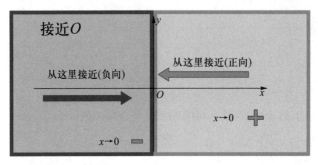

图 2-13

定理 2 $\lim\limits_{x\to x_0} f(x)$ 存在的充分必要条件是 $\lim\limits_{x\to x_0^-} f(x)$ 和 $\lim\limits_{x\to x_0^+} f(x)$ 都存在且相等,即 $\lim\limits_{x\to x_0} f(x) = A \Leftrightarrow \lim\limits_{x\to x_0^-} f(x) = \lim\limits_{x\to x_0^+} f(x) = A$.

由上述定理知,符号函数当 $x\to 0$ 时,左极限 $\ne$ 右极限,即符号函数当 $x\to 0$ 时极限不存在.

怎么样,明白了吗?只有当 $x\to x_0$ 时,函数 $f(x)$ 的左、右极限都存在且相等,才称 $f(x)$ 在 $x\to x_0$ 时有极限.具体我们一起看看图 2-14 吧!

由图 2-14(a)可见,函数 $y=x^2$ 当 $x\to 0^+$ 或 $x\to 0^-$ 时,左极限 = 右极限 = 0,所以函数 $y=x^2$ 当 $x\to 0$ 时极限存在;由图 2-14(b)可见,当 $x\to 0^+$ 或 $x\to 0^-$ 时,左极限 $\ne$ 右极限,所以函数极限不存在.

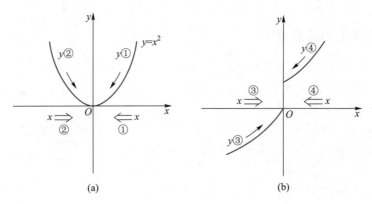

图 2-14

例 11 设函数 $f(x) = \begin{cases} x^2, & x \geq 0, \\ x-1, & x < 0, \end{cases}$ 讨论极限 $\lim\limits_{x \to 0} f(x)$ 是否存在.

解 $\lim\limits_{x \to 0^-} f(x) = \lim\limits_{x \to 0^-}(x-1) = -1, \lim\limits_{x \to 0^+} f(x) = \lim\limits_{x \to 0^+} x^2 = 0.$

因为 $\lim\limits_{x \to 0^-} f(x) \neq \lim\limits_{x \to 0^+} f(x)$，所以 $\lim\limits_{x \to 0} f(x)$ 不存在.

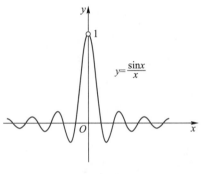

两个重要极限

例 12 设 $f(x) = \begin{cases} x^2+k, & x \geq 1, \\ 2x+1, & x < 1, \end{cases}$ 若 $\lim\limits_{x \to 1} f(x)$ 存在，求 k 的值.

解 $\lim\limits_{x \to 1^-} f(x) = \lim\limits_{x \to 1^-}(2x+1) = 3, \lim\limits_{x \to 1^+} f(x) = \lim\limits_{x \to 1^+}(x^2+k) = k+1.$

因为 $\lim\limits_{x \to 1} f(x)$ 存在，所以有 $\lim\limits_{x \to 1^-} f(x) = \lim\limits_{x \to 1^+} f(x)$，从而 $k+1 = 3$，故 $k = 2$.

三、两个重要极限

1. $\lim\limits_{x \to 0} \dfrac{\sin x}{x} = 1$

从图像 2-15 可以观察出，当 $x \to 0$ 时，函数 $y = \dfrac{\sin x}{x}$ 的值无限趋近于 1.

该极限的基本特征是：分子、分母的极限值都为 0，且分子中正弦符号后的变量与分母在形式上是一致的. 此重要极限属于 "$\dfrac{0}{0}$" 型，常形象地表示为

$$\lim_{\square \to 0} \frac{\sin \square}{\square} = 1(\square \text{代表同一变量}).$$

图 2-15

例 13 求下列极限.

(1) $\lim\limits_{x \to 0} \dfrac{\sin 5x}{x}$；　　　(2) $\lim\limits_{x \to 0} \dfrac{\tan x}{x}$；　　　(3) $\lim\limits_{x \to 0} \dfrac{\sin 3x}{\sin 7x}$.

解 (1) $\lim\limits_{x \to 0} \dfrac{\sin 5x}{x} = 5 \lim\limits_{x \to 0} \dfrac{\sin 5x}{5x} = 5 \times 1 = 5$；

(2) $\lim\limits_{x \to 0} \dfrac{\tan x}{x} = \lim\limits_{x \to 0} \dfrac{\sin x}{x} \cdot \dfrac{1}{\cos x} = \lim\limits_{x \to 0} \dfrac{\sin x}{x} \cdot \lim\limits_{x \to 0} \dfrac{1}{\cos x} = 1 \times 1 = 1$；

(3) $\lim\limits_{x \to 0} \dfrac{\sin 3x}{\sin 7x} = \lim\limits_{x \to 0} \dfrac{\dfrac{\sin 3x}{3x} \cdot 3x}{\dfrac{\sin 7x}{7x} \cdot 7x} = \dfrac{3}{7} \lim\limits_{x \to 0} \dfrac{\dfrac{\sin 3x}{3x}}{\dfrac{\sin 7x}{7x}} = \dfrac{3}{7}$.

2. $\lim\limits_{x \to \infty} \left(1 + \dfrac{1}{x}\right)^x = e$

列表 2-3 观察，当 $x \to \infty$ 时，函数 $\left(1 + \dfrac{1}{x}\right)^x$ 的变化趋势.

表 2-3

x	-10	-100	$-1\ 000$	$-10\ 000$	$-100\ 000$	$-1\ 000\ 000$	$\cdots x\to-\infty$
$\left(1+\dfrac{1}{x}\right)^{x}$	2.867 97	2.732 00	2.719 64	2.718 42	2.718 30	2.718 28	$\cdots\to\mathrm{e}$
x	10	100	1 000	10 000	100 000	1 000 000	$\cdots\to+\infty$
$\left(1+\dfrac{1}{x}\right)^{x}$	2.593 74	2.704 81	2.716 92	2.718 25	2.718 27	2.718 28	$\cdots\to\mathrm{e}$

从表中可以看出,当 $x\to\infty$ 时,函数 $\left(1+\dfrac{1}{x}\right)^{x}$ 的值无限趋近于 $\mathrm{e}=2.718\ 28\cdots$,即

$$\lim_{x\to\infty}\left(1+\frac{1}{x}\right)^{x}=\mathrm{e}.$$

如果令 $\dfrac{1}{x}=t$,则当 $x\to\infty$ 时,$t\to0$,因此公式还可以写成 $\lim\limits_{t\to0}(1+t)^{\frac{1}{t}}=\mathrm{e}$.

该极限的特征是:底数的极限值为 1,指数的极限是无穷大,且指数与底数中第二项互为倒数,可形象地表示为

$$\lim_{\square\to\infty}\left(1+\frac{1}{\square}\right)^{\square}=\mathrm{e}\ 或\ \lim_{\square\to0}(1+\square)^{\frac{1}{\square}}=\mathrm{e}.$$

例 14　求下列极限.

(1) $\lim\limits_{x\to\infty}\left(1+\dfrac{3}{x}\right)^{x}$;

(2) $\lim\limits_{x\to\infty}\left(1-\dfrac{2}{x}\right)^{x}$;

(3) $\lim\limits_{x\to0}(1+2x)^{\frac{1}{x}}$;

(4) $\lim\limits_{x\to\infty}\left(\dfrac{x+3}{x+1}\right)^{x}$.

解　(1) $\lim\limits_{x\to\infty}\left(1+\dfrac{3}{x}\right)^{x}=\lim\limits_{x\to\infty}\left[\left(1+\dfrac{3}{x}\right)^{\frac{x}{3}}\right]^{3}=\mathrm{e}^{3}$.

(2) $\lim\limits_{x\to\infty}\left(1-\dfrac{2}{x}\right)^{x}=\lim\limits_{x\to\infty}\left[\left(1+\dfrac{2}{-x}\right)^{-\frac{x}{2}}\right]^{-2}=\mathrm{e}^{-2}=\dfrac{1}{\mathrm{e}^{2}}$.

(3) $\lim\limits_{x\to0}(1+2x)^{\frac{1}{x}}=\lim\limits_{x\to0}(1+2x)^{\frac{1}{2x}\cdot2}=\left[\lim\limits_{x\to0}(1+2x)^{\frac{1}{2x}}\right]^{2}=\mathrm{e}^{2}$.

(4) $\lim\limits_{x\to\infty}\left(\dfrac{x+3}{x+1}\right)^{x}=\lim\limits_{x\to\infty}\left(\dfrac{1+\dfrac{3}{x}}{1+\dfrac{1}{x}}\right)^{x}=\lim\limits_{x\to\infty}\dfrac{\left(1+\dfrac{3}{x}\right)^{x}}{\left(1+\dfrac{1}{x}\right)^{x}}=\mathrm{e}^{2}$.

四、无穷大量和无穷小量

我们先来看一个例子:

已知函数 $f(x)=\dfrac{1}{x}$,当 $x\to0$ 时,可知 $|f(x)|\to\infty$,我们把这种情况称为 $f(x)$ 趋于无穷大. 为此我们可定义如下:

定义 2　设函数 $y=f(x)$ 在点 x_0 的去心邻域内有定义，当 $x\to x_0$（或 $x\to\infty$）时，函数 $f(x)$ 的绝对值无限增大，则称函数 $f(x)$ 为当 $x\to x_0$（或 $x\to\infty$）时的无穷大量，简称无穷大.

> 无穷大量的表示：$\lim\limits_{\substack{x\to x_0\\(x\to\infty)}} f(x)=\infty$.

例如，因为 $\lim\limits_{x\to 0}\dfrac{1}{x}=\infty$，所以 $\dfrac{1}{x}$ 是当 $x\to 0$ 时的无穷大；因为 $\lim\limits_{x\to 2}\dfrac{1}{x-2}=\infty$，所以 $\dfrac{1}{x-2}$ 是当 $x\to 2$ 时的无穷大；因为 $\lim\limits_{x\to\infty}x^2=+\infty$，所以 x^2 是当 $x\to\infty$ 时的无穷大.

无穷大和
无穷小

定义 3　设函数 $f(x)$ 在点 x_0 的去心邻域内有定义，如果当 $x\to x_0$（或 $x\to\infty$）时，函数 $f(x)$ 的极限等于 0，则称函数 $f(x)$ 为当 $x\to x_0$（或 $x\to\infty$）时的无穷小量，简称无穷小.

> 无穷小量的表示：$\lim\limits_{\substack{x\to x_0\\(x\to\infty)}} f(x)=0$.

例如，因为 $\lim\limits_{x\to 0}\sin x=0$，所以 $\sin x$ 是当 $x\to 0$ 时的无穷小；因为 $\lim\limits_{x\to\infty}\dfrac{1}{x}=0$，所以 $\dfrac{1}{x}$ 是当 $x\to\infty$ 时的无穷小；因为 $\lim\limits_{x\to 1}(x^2-1)=0$，所以 x^2-1 是当 $x\to 1$ 时的无穷小.

基本法则：

1. 说一个函数是无穷小量或是无穷大量，必须指明自变量的变化趋势.
2. 无穷大量与无穷小量都是函数，一般不是常量，0 是可作为无穷小量的唯一常量.
3. 无穷大量与无穷小量的区别是：前者无界，后者有界；前者发散，后者收敛于 0.
4. 无穷大量的倒数是无穷小，非零的无穷小量的倒数是无穷大.
5. 两个无穷小量的和、差及乘积仍旧是无穷小量.
6. 有界函数与无穷小量的乘积仍为无穷小量. 如 $\lim\limits_{x\to 0}x^2\cdot\sin\dfrac{1}{x}=0$.

当 $x\to 0$ 时，x，x^2，$3x$，$\sin x$ 都是无穷小，但是这几个函数趋于 0 的"快慢"如何呢？要解决这个问题，就需要学习无穷小量的比较.

定义 4　设 α,β 都是 $x\to x_0$ 时的无穷小量，且 β 在 x_0 的去心邻域内不为 0.

① 如果 $\lim\limits_{x\to x_0}\dfrac{\alpha}{\beta}=0$，则称 α 是 β 的高阶无穷小或 β 是 α 的低阶无穷小.

② 如果 $\lim\limits_{x\to x_0}\dfrac{\alpha}{\beta}=c\neq 0$，则称 α 和 β 是同阶无穷小.

③ 如果 $\lim\limits_{x\to x_0}\dfrac{\alpha}{\beta}=1$，则称 α 和 β 是等价无穷小，记作：$\alpha\sim\beta$（α 与 β 等价）.

例 15　因为 $\lim\limits_{x\to 0}\dfrac{x}{3x}=\dfrac{1}{3}$，所以当 $x\to 0$ 时，x 与 $3x$ 是同阶无穷小.

因为 $\lim\limits_{x\to 0}\dfrac{x^2}{3x}=0$，所以当 $x\to 0$ 时，x^2 是 $3x$ 的高阶无穷小.

因为 $\lim\limits_{x\to 0}\dfrac{\sin x}{x}=1$，所以当 $x\to 0$ 时，$\sin x$ 与 x 是等价无穷小.

等价无穷小对简化极限运算非常有用，有定理如下.

定理 3　设 $\alpha,\beta,\alpha',\beta'$ 是自变量的同一变化过程中的无穷小，且 $\alpha\sim\alpha'$，$\beta\sim\beta'$，$\lim\dfrac{\alpha'}{\beta'}$ 存在，则有 $\lim\dfrac{\alpha}{\beta}=\lim\dfrac{\alpha'}{\beta'}$.

定理说明，在求两个无穷小之比的极限时，分子或分母的无穷小因式可用其等价无穷小来代替，这样就可以简化某些极限的计算. 为方便计算，我们需要记住以下几个常用的等价无穷小.

当 $x\to 0$ 时，$\sin x\sim x$，$\tan x\sim x$，$\arcsin x\sim x$，$\arctan x\sim x$，$\ln(1+x)\sim x$，$e^x-1\sim x$，$1-\cos x\sim\dfrac{x^2}{2}$，

$\sqrt{1+x}-1\sim\dfrac{x}{2}$.

例 16　求下列极限.

(1) $\lim\limits_{x\to 0}\dfrac{\sin x}{x^2-2x}$；　　　(2) $\lim\limits_{x\to 0}\dfrac{\ln(1+x)}{e^x-1}$；　　　(3) $\lim\limits_{x\to 0}\dfrac{1-\cos x}{x\sin x}$.

解　(1) 当 $x\to 0$ 时，$\sin x\sim x$，x^2-2x 与自身等价，所以

$$\lim_{x\to 0}\frac{\sin x}{x^2-2x}=\lim_{x\to 0}\frac{x}{x^2-2x}=\lim_{x\to 0}\frac{x}{x(x-2)}=\lim_{x\to 0}\frac{1}{x-2}=-\frac{1}{2};$$

(2) 当 $x\to 0$ 时，$\ln(1+x)\sim x$，$e^x-1\sim x$，所以 $\lim\limits_{x\to 0}\dfrac{\ln(1+x)}{e^x-1}=\lim\limits_{x\to 0}\dfrac{x}{x}=1$；

(3) 当 $x\to 0$ 时，$1-\cos x\sim\dfrac{x^2}{2}$，$\sin x\sim x$，所以 $\lim\limits_{x\to 0}\dfrac{1-\cos x}{x\sin x}=\lim\limits_{x\to 0}\dfrac{\dfrac{x^2}{2}}{x\cdot x}=\dfrac{1}{2}$.

注意图中变化速度不同的两条线，加深对变化快慢的理解(图 2-16)！

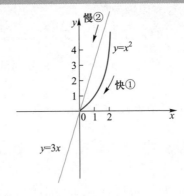

图 2-16

我们一起看看图 2-17 中的问题.

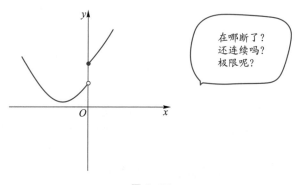

图 2-17

在自然界中有许多现象,如气温的变化,植物的生长等都在连续地变化着. 这种现象在函数关系上的反映,就是函数的连续性.

在定义函数的连续性之前我们先来学习一个概念——增量.

> **增量**:设变量 x 从它的一个初值 x_1 变到终值 x_2,终值与初值的差 x_2-x_1 就叫作变量 x 的增量,记为 Δx,即 $\Delta x = x_2 - x_1$,增量 Δx 可正可负.

我们再来看一个例子:函数 $y=f(x)$ 在点 x_0 的邻域内有定义,当自变量 x 在点 x_0 的某一邻域内从 x_0 变到 $x_0+\Delta x$ 时,函数 y 相应地从 $f(x_0)$ 变到 $f(x_0+\Delta x)$,其对应的增量为 $\Delta y = f(x_0+\Delta x)-f(x_0)$. 这个关系式的几何解释如图 2-18 所示.

现在我们可对连续性的概念如此描述:如果当 Δx 趋向于 0 时,函数 y 对应的增量 Δy 也趋向于 0,即 $\lim\limits_{\Delta x \to 0} \Delta y = 0$,那么就称函数 $y=f(x)$ 在点 x_0 处连续.

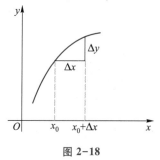

图 2-18

在上述描述性定义中,如果令 $x = x_0 + \Delta x$,则 $\Delta x \to 0$ 即为 $x \to x_0$,$\Delta y \to 0$,即为 $f(x) \to f(x_0)$,因此,函数在点 x_0 处的连续性也可按下列定义叙述.

定义 5　设函数 $y=f(x)$ 在点 x_0 的某一邻域内有定义,如果当 $x \to x_0$ 时,函数 $y=f(x)$ 的极限存在且等于函数在点 x_0 处的函数值,即 $\lim\limits_{x \to x_0} f(x) = f(x_0)$,那么就称函数 $y=f(x)$ 在点 x_0 处连续.

由函数左、右极限的定义,可给出函数左、右连续的定义.

定义 6　若 $\lim\limits_{x \to x_0^-} f(x) = f(x_0)$,则称函数 $y=f(x)$ 在点 x_0 处左连续. 若 $\lim\limits_{x \to x_0^+} f(x) = f(x_0)$,则称函数 $y=f(x)$ 在点 x_0 处右连续.

我们把连续的定义简要地总结如下.

> 设函数 $f(x)$ 在区间 $[a,b]$ 上有定义.
>
> 1. 连续定义的表示:$\lim\limits_{x \to x_0} f(x) = f(x_0)$.

2. 左、右连续的表示:

左连续: $\lim\limits_{x \to b^-} f(x) = f(b)$.

右连续: $\lim\limits_{x \to a^+} f(x) = f(a)$.

说明:

（1）一个函数在开区间 (a,b) 内每点连续,则称该函数在 (a,b) 内连续,若又在 a 点右连续,b 点左连续,则该函数在闭区间 $[a,b]$ 上连续,如果在整个定义域内连续,则称该函数为连续函数.

（2）由极限存在准则可知一个函数若在定义域内某一点既左连续又右连续,则它在此点连续,否则在此点不连续.

（3）连续函数的图像是一条连续而不间断的曲线.

例 17　讨论函数 $f(x) = \begin{cases} x^2+1, & x \leq 0, \\ \cos x, & x > 0 \end{cases}$ 在 $x=0$ 处的连续性.

解　因为 $f(0) = 1$,且

$$\lim_{x \to 0^+} f(x) = \lim_{x \to 0^+} \cos x = 1 = f(0),$$
$$\lim_{x \to 0^-} f(x) = \lim_{x \to 0^-} (x^2+1) = 1 = f(0),$$

即函数 $f(x)$ 在 $x=0$ 处既左连续又右连续,从而函数 $f(x)$ 在 $x=0$ 处连续.

通过上面的学习我们已经知道什么是函数的连续性了,同时我们可以思考若函数在某一点要是不连续会出现什么情形呢? 接着我们就来学习这个问题——函数的间断点.

定义 7　不连续的点称为间断点.

判断函数间断点的三种情况如下:

（1）函数 $f(x)$ 在 x_0 处无定义.

（2）函数 $f(x)$ 在 $x=x_0$ 处有定义,但当 $x \to x_0$ 时无极限.

（3）函数 $f(x)$ 在 $x=x_0$ 处有定义,且当 $x \to x_0$ 时有极限但不等于 $f(x_0)$.

下面我们通过例题来学习一下间断点的类型.

例 18　正切函数 $y = \tan x$ 在 $x = \dfrac{\pi}{2}$ 处没有定义,所以点 $x = \dfrac{\pi}{2}$ 是函数 $y = \tan x$ 的间断点,因 $\lim\limits_{x \to \frac{\pi}{2}} \tan x = \infty$,我们称 $x = \dfrac{\pi}{2}$ 为函数 $y = \tan x$ 的**无穷间断点**.

例 19　函数 $y = \sin \dfrac{1}{x}$ 在点 $x=0$ 处没有定义,当 $x \to 0$ 时,函数值在 -1 与 $+1$ 之间变动无限多次,我们称点 $x=0$ 为函数 $y = \sin \dfrac{1}{x}$ 的**振荡间断点**.

例 20　函数 $f(x) = \begin{cases} x-1, & x<0, \\ 0, & x=0, \\ x+1, & x>0, \end{cases}$ 当 $x \to 0$ 时,左极限 $\lim\limits_{x \to 0^-} f(x) = -1$,右极限 $\lim\limits_{x \to 0^+} f(x) = 1$,从

这我们可以看出函数在 $x=0$ 有定义,左、右极限虽然都存在,但不相等,故函数在点 $x=0$ 不存在极限. 我们还可以发现在点 $x=0$ 时,函数值产生跳跃现象,为此我们把这种间断点称为**跳跃间断点**.

我们把上述三种间断点用几何图形表示出来,如图 2-19 所示.

例 21 函数 $y=\dfrac{x^2-1}{x-1}$ 在点 $x=1$ 无定义,所以 $x=1$ 是该函数的间断点(图 2-20),然而 $\lim\limits_{x\to 1}\dfrac{x^2-1}{x-1}=\lim\limits_{x\to 1}(x+1)=2$,如果补充定义,令 $x=1$ 时,$y=2$,则该函数成为连续函数. 因此 $x=1$ 称为该函数的**可去间断点**.

函数连续性
和间断点

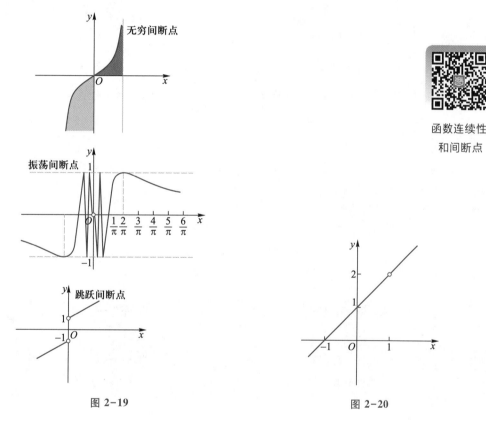

图 2-19

图 2-20

习惯上将间断点分为两类:如果 x_0 是函数 $f(x)$ 的间断点,但其左右极限都存在,则 x_0 称为函数 $f(x)$ 的**第一类间断点**,不是第一类间断点的称为**第二类间断点**. 例 20、例 21 属于第一类间断点,例 18、例 19 属于第二类间断点.

活动操练-2

1. 求下列函数的极限.

(1) $\lim\limits_{x\to 1}\dfrac{2x^2-x-1}{x^2-1}$;

(2) $\lim\limits_{x\to\infty}\dfrac{3x^2+x}{2x^2-2x+1}$;

（3）$\lim\limits_{x\to\infty}\left(1+\dfrac{3}{x}\right)^{2x}$；

（4）$\lim\limits_{x\to0}\dfrac{\sin 3x}{\sin 2x}$；

（5）$\lim\limits_{x\to\infty}\dfrac{1}{x}\cos x$；

（6）$\lim\limits_{x\to0}\dfrac{e^{x}-1}{\sin 3x}$；

（7）$\lim\limits_{x\to2}\dfrac{x^{2}-5x+6}{x^{2}-4}$；

（8）$\lim\limits_{x\to3}\dfrac{\sqrt{1+x}}{x-3}$．

2．求下列函数的间断点.

（1）$y=\dfrac{1}{x+2}$；

（2）$y=x\sin\dfrac{1}{x}$；

（3）$y=\begin{cases}\dfrac{1-x^{2}}{1-x}, & x\neq1, \\ 0, & x=1;\end{cases}$

（4）$y=\begin{cases}\dfrac{\sin(x-1)}{x-1}, & x>1, \\ 3x-1, & x\leqslant1.\end{cases}$

3．试确定常数 a，使得函数 $f(x)=\begin{cases}2x, & 0\leqslant x<1, \\ a-3x, & 1\leqslant x<2\end{cases}$ 在点 $x=1$ 处连续.

攻略驿站

1．当分式的分子和分母都没有极限时就不能运用商的极限的运算法则了，应先把分式的分子和分母转化为存在极限的情形，然后运用运算法则求解.

2．明确极限存在的条件.

3．无限接近不是相等.

4．基本初等函数在它们的定义域内都是连续的，一切初等函数在其定义区间内也都是连续的．所谓定义区间，就是包含在定义域内的区间.

典型题讲练

拓展题讲练

2.3.3　拨开云雾见极限

雾里看花

问题提出：某单位欲建立一项奖励基金，每年年末发放一次且发放金额相同，若奖金发送永远继续下去，基金应设立多少（按一年一期复利计算）？

模型构建：设每年年末发放奖金为 m 元，银行存款年利率为 r，第 $1\sim n$ 年年末奖励基金使用完应设基金为 $p_i(i=1,2,\cdots,n)$.

由复利本利和计算公式：$A_n=A_0(1+r)^n$（其中 A_n 为 n 年末复利本利和，A_0 为本金），得

$$p_1=\dfrac{m}{1+r},$$

$$p_2 = p_1 + \frac{m}{(1+r)^2} = \frac{m}{1+r} + \frac{m}{(1+r)^2},$$

$$p_3 = p_2 + \frac{m}{(1+r)^3} = \frac{m}{1+r} + \frac{m}{(1+r)^2} + \frac{m}{(1+r)^3},$$

$$\cdots\cdots$$

$$p_n = p_{n-1} + \frac{m}{(1+r)^n} = \frac{m}{1+r} + \frac{m}{(1+r)^2} + \cdots + \frac{m}{(1+r)^n}$$

$$= \frac{m}{1+r}\left[1 + \frac{1}{1+r} + \frac{1}{(1+r)^2} + \cdots + \frac{1}{(1+r)^{n-1}}\right]$$

$$= \frac{m}{1+r}\left(\frac{1 - \dfrac{1}{(1+r)^n}}{1 - \dfrac{1}{1+r}}\right) = \frac{m}{r}\left[1 - \frac{1}{(1+r)^n}\right].$$

该公式为 n 年年末基金使用完应设立基金的金额公式,若使奖金发放永远延续,可令 $n \to \infty$,此时 p_n 的极限值 p 就是最初设立基金时应存入银行的金额,即

$$p = \lim_{n \to \infty} \frac{m}{r}\left[1 - \frac{1}{(1+r)^n}\right] = \frac{m}{r}.$$

这就是和我们生活息息相关的极限问题实例,通过这样的例子我们就明确了如何将实际问题转化为数学问题从而加以解决了.

攻略驿站

求解实际问题:

1. 通过数列规律或函数表达式,抽象出问题的数学模型.

2. 确定自变量的变化趋势.

3. 自变量及函数值的范围一定要符合实际问题需要.

2.4　学力训练

2.4.1　基础过关检测

一、判断题

1. 初等函数是由基本初等函数和常数经过四则运算和复合而构成的函数.　　　（　　）

2. 分段函数一定不是初等函数.　　　（　　）

3. 任何常数都不是无穷小.　　　（　　）

4. 无穷小的和必为无穷小.　　　（　　）

5. 如果 $\lim\limits_{x \to x_0} f(x) = A$,则 $f(x)$ 在点 x_0 处有定义.　　　（　　）

6. $\lim\limits_{x\to 3}\dfrac{x^2-3}{x-3}=\dfrac{\lim\limits_{x\to 3}(x^2-3)}{\lim\limits_{x\to 3}(x-3)}=\dfrac{6}{0}=\infty$. （　　）

7. $\lim\limits_{x\to +\infty}(\sqrt{x+1}-\sqrt{x})=\lim\limits_{x\to +\infty}\sqrt{x+1}-\lim\limits_{x\to +\infty}\sqrt{x}=\infty-\infty=0$. （　　）

8. $\lim\limits_{x\to 0}x^2\sin\dfrac{1}{x}=\lim\limits_{x\to 0}x^2\cdot\lim\limits_{x\to 0}\sin\dfrac{1}{x}=0$. （　　）

9. $\lim\limits_{x\to \pi}\dfrac{\sin 2x}{\sin 3x}=\lim\limits_{x\to \pi}\left(\dfrac{\sin 2x}{2x}\cdot\dfrac{3x}{\sin 3x}\cdot\dfrac{2}{3}\right)=\dfrac{2}{3}\lim\limits_{x\to \pi}\dfrac{\sin 2x}{2x}\cdot\lim\limits_{x\to \pi}\dfrac{3x}{\sin 3x}=\dfrac{2}{3}$. （　　）

10. $\lim\limits_{x\to \infty}\left(1+\dfrac{2}{3x}\right)^x=\lim\limits_{x\to \infty}\left(1+\dfrac{2}{3x}\right)^{\frac{2x}{3}\cdot\frac{3}{2}}=\lim\limits_{x\to \infty}\left[\left(1+\dfrac{2}{3x}\right)^{\frac{2x}{3}}\right]^{\frac{3}{2}}=e^{\frac{3}{2}}$. （　　）

二、填空题

1. 函数 $y=e^{\frac{1}{2}\ln(2x+1)}$ 的复合过程是_____.

2. 函数 $y=\cos\dfrac{1}{\sqrt[5]{x^3+1}}$ 的复合过程是_____.

3. $\lim\limits_{x\to \infty}\left(\dfrac{2x^2+1}{3x^2-x}\right)^2=$ _____.

4. $\lim\limits_{x\to 0}\dfrac{\sin 5x-\sin 3x}{\sin x}=$ _____.

5. $\lim\limits_{x\to 0}(1+\tan x)^{2\cot x}=$ _____.

6. $\lim\limits_{x\to 2}\dfrac{x^2-4}{\sqrt{x-1}-1}=$ _____.

三、单项选择题

1. 设 $y=f(x)$ 在 (a,b) 内为单调增加函数,且 $[x_0+\Delta x,x_0]\subset(a,b)$,则 $\Delta y($ 　　$)$.

A. 大于 0　　　　　　　　　　　　　B. 小于 0

C. 等于 0　　　　　　　　　　　　　D. 不能确定

2. $\lim\limits_{x\to 1}\dfrac{\sin(1-x)}{1-x^2}=($ 　　$)$.

A. 1　　　　　　B. 0　　　　　　C. $\dfrac{1}{2}$ 　　　　　　D. ∞

3. $\lim\limits_{x\to \infty}\dfrac{\sin x}{x}+\lim\limits_{x\to \infty}\dfrac{x+\cos x}{x+\sin x}=($ 　　$)$.

A. 1　　　　　　B. 2　　　　　　C. 0　　　　　　D. 不存在

4. $\lim\limits_{x\to \infty}\left(\dfrac{x}{1+x}\right)^{x+2}=($ 　　$)$.

A. e 　　　　　　B. e^2 　　　　　　C. $\dfrac{1}{e}$ 　　　　　　D. $\dfrac{1}{e^2}$

5. $\lim\limits_{x \to \infty} \sqrt{n}\,(\sqrt{n+1}-\sqrt{n-1}) = ($ $)$.

A. 0   B. 1   C. 2   D. 不存在

四、计算题

1. $\lim\limits_{x \to 1} \dfrac{x^2-x+1}{(x-1)^2}$.

2. $\lim\limits_{x \to 3} \dfrac{\sqrt{1+5x}-4}{\sqrt{x}-\sqrt{3}}$.

3. $\lim\limits_{x \to \infty} x(\sqrt{x^2+1}-x)$.

4. $\lim\limits_{x \to 0} \left(1+\dfrac{x}{2}\right)^{\frac{x-1}{x}}$.

5. $\lim\limits_{x \to 0} \dfrac{\tan x-\sin x}{x^2}$.

6. $\lim\limits_{x \to 0} \dfrac{x}{\ln(1+x)}$.

7. $\lim\limits_{x \to 1} \dfrac{x+\ln(2-x)}{4\arctan x}$.

8. $\lim\limits_{x \to \infty} \left[\dfrac{1}{1\times2}+\dfrac{1}{2\times3}+\cdots+\dfrac{1}{n(n+1)}\right]$ $\left($提示 $\dfrac{1}{n(n+1)}=\dfrac{1}{n}-\dfrac{1}{n+1}\right)$.

9. 讨论函数 $f(x)=\begin{cases} 2\,(1+x)^{-\frac{1}{x}}, & x>0, \\ \dfrac{2}{e}+x, & x\le0 \end{cases}$ 在点 $x=0$ 处的连续性.

10. 设函数 $f(x)=\begin{cases} x\sin\dfrac{1}{x}, & x>0, \\ a+x^2, & x\le0. \end{cases}$ 试确定 a 的值,使 $f(x)$ 在 $(-\infty,+\infty)$ 内连续.

2.4.2 拓展探究练习

1. 某人要将 1 元人民币存入银行,假设银行一年的利率为 1,即一年后连本带利共有 2 元人民币;若这个人将这 1 元钱先存半年,再连本带利立刻再次存入银行,即一年内分两次存取,这样一年共有 $\left(1+\dfrac{1}{2}\right)^2=2.25$,比之前多了 0.25 元;若照此一年分 4 次存取,一年可得 $\left(1+\dfrac{1}{2}\right)^4\approx2.44$,比之前的又增多了;这样下去,一年内每天存取一次,每小时存取一次,每秒存取一次,甚至存取间隔时间更短(假设银行可操作),那这个人能不能变成万元富翁?

2. 在日常生活中,一把四脚连线为正方形的椅子放在不平的地面上,其中三条腿同时着地,如果第四条腿不着地,那只需稍作挪动,就可以使四条腿同时着地.请你用数学方法分析这种现象.

2.5   服务驿站

2.5.1   软件服务

一、实验目的

(1) 了解函数极限的基本概念.

(2) 学习掌握 MATLAB 软件有关求极限的命令.

二、实验过程

(1) 学一学:求极限的 MATLAB 命令

MATLAB 中主要用 limit 求函数的极限.

> limit(s,n,inf)返回符号表达式当 n 趋于无穷大时表达式 s 的极限.
>
> limit(s,x,a)返回符号表达式当 x 趋于 a 时表达式 s 的极限.
>
> limit(s,x,a,'left')返回符号表达式当 x 趋于 a^- 时表达式 s 的左极限.
>
> limit(s,x,a,'right')返回符号表达式当 x 趋于 a^+ 时表达式 s 的右极限.

可以用 help limit, help diff 查阅有关这些命令的详细信息.

(2) 动一动:实际操练

例 22   首先分别作出函数 $y = \cos \dfrac{1}{x}$ 在 $[-1, -0.01]$, $[0.01, 1]$, $[-1, -0.001]$,

$[0.001, 1]$ 等区间上的图形,观测图形在 $x = 0$ 附近的形状. 在区间 $[-1, -0.01]$ 上绘图的

MATLAB 代码为

```
>>x=(-1):0.0001:(-0.01);  y=cos(1./x);  plot(x,y)
```

结果如图 2-21 所示.

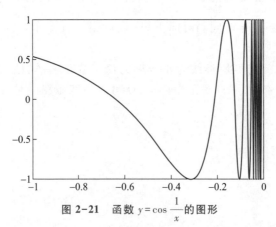

图 2-21   函数 $y = \cos \dfrac{1}{x}$ 的图形

根据图形,能否判断出极限 $\lim\limits_{x \to 0} \cos \dfrac{1}{x}$, $\lim\limits_{x \to 0} \sin \dfrac{1}{x}$ 的存在性?

当然,也可用 limit 命令直接求极限,相应的 MATLAB 代码为

```
>>clear;
>>syms x;   %说明 x 为符号变量
>>limit(sin(1/x),x,0)
```

结果为 ans = -1 .. 1,即极限在 -1,1 之间,而极限如果存在则必唯一,故极限 $\lim\limits_{x \to 0} \sin \dfrac{1}{x}$ 不存在,同样,极限 $\lim\limits_{x \to 0} \cos \dfrac{1}{x}$ 也不存在.

例 23 首先分别作出函数 $y = \dfrac{\sin x}{x}$ 在 $[-1, -0.01]$, $[0.01, 1]$, $[-1, -0.001]$, $[0.001, 1]$ 等区间上的图形,观测图形在 $x = 0$ 附近的形状. 在区间 $[-1, -0.01]$ 上绘图的 MATLAB 代码为

```
>>x=(-1):0.0001:(-0.01);  y=sin(x)./x;  plot(x,y)
```

结果如图 2-22 所示.

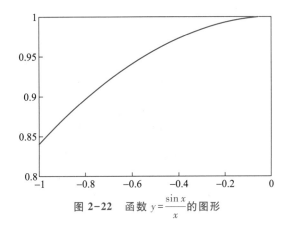

图 2-22 函数 $y = \dfrac{\sin x}{x}$ 的图形

根据图形,能否判断出极限 $\lim\limits_{x \to 0} \dfrac{\sin x}{x} = 1$ 的正确性?

当然,也可用 limit 命令直接求极限,相应的 MATLAB 代码为

```
>>clear;
>>syms x;
>>limit(sin(x)/x,x,0)
```

结果为 ans = 1.

例 24 观测当 n 趋于无穷大时,数列 $a_n = \left(1 + \dfrac{1}{n}\right)^n$ 和 $A_n = \left(1 + \dfrac{1}{n}\right)^{n+1}$ 的变化趋势. 例如,当 $n = 1, 2, \cdots, 100$ 时,计算 a_n, A_n 的 MATLAB 代码为

```
>>for n=1:100,a(n)=(1+1/n)^n;,A(n)=(1+1/n)^(n+1) ;,end
```

在同一坐标系中,画出下面三个函数的图形:

$$y = \left(1 + \frac{1}{x}\right)^{x}, \quad y = \left(1 + \frac{1}{x}\right)^{x+1}, \quad y = \mathrm{e},$$

观测当 x 增大时图形的走向. 例如,在区间 $[10, 400]$ 上绘制图形的 MATLAB 代码为

```
>>x=10:0.1:400;
>>y1=exp(x.*log(1+1./x)); y2=exp((x+1).*log(1+1./x)); y3
=2.71828;
>>plot(x,y1,'-.',x,y2,':',x,y3,'-'); %'-.'表示绘出的图形是点线,'-'表示
绘出的图形是实线
```

结果如图 2-23 所示,其中实线表示 $y = \left(1 + \frac{1}{x}\right)^{x+1}$ 的图形,虚线表示 $y = \left(1 + \frac{1}{x}\right)^{x}$ 的图形.

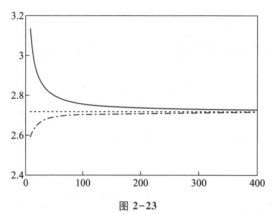

图 2-23

通过观测可以看到,当 n 增大时,$a_n = \left(1 + \frac{1}{n}\right)^{n}$ 递增,$A_n = \left(1 + \frac{1}{n}\right)^{n+1}$ 递减. 随着 n 的无穷增大,a_n 和 A_n 无限接近,趋于共同的极限 $\mathrm{e} = 2.718\,28\cdots$. 当然,也可用 limit 命令直接求极限,相应的 MATLAB 代码为

```
>>clear;
>>syms n;
>>limit((1+1/n)^n,n,inf)
```

结果为 ans $=$ exp(1).

三、实验任务

用 MATLAB 求下列极限:

(1) $\lim\limits_{n \to \infty} \left(1 - \frac{1}{n}\right)^{n}$.

(2) $\lim\limits_{n \to \infty} \sqrt[n]{n^3 + 3^n}$.

(3) $\lim\limits_{n \to \infty} \left(\sqrt{n+2} - 2\sqrt{n+1} + \sqrt{n}\right)$.

(4) $\lim\limits_{x \to 1} \left(\frac{2}{x^2 - 1} - \frac{1}{x-1}\right)$.

(5) $\lim\limits_{x \to 0} x \cot 2x$.

(6) $\lim\limits_{x \to \infty} \left(\sqrt{x^2 + 3x} - x\right)$.

(7) $\lim\limits_{x \to \infty} \left(\cos \frac{m}{x}\right)^{x}$.

(8) $\lim\limits_{x \to 1} \left(\frac{1}{x} - \frac{1}{\mathrm{e}^x - 1}\right)$.

(9) $\lim\limits_{x \to 0} \frac{\sqrt[3]{1+x} - 1}{x}$.

2.5.2 建模体验

一、汽车限制模型

问题提出 某城市今年年末汽车保有量为 A 辆,预计此后每年报废的汽车数量＝上一年末汽车保有量$×r(0<r<1)$,且每年新增汽车量相同,为保护城市环境,要求该城市汽车保有量不超过 B 辆,那么每年新增汽车不超过多少辆?

模型构建 设每年新增汽车 m 辆,n 年末汽车保有量为 $b_n(n=1,2,3,\cdots)$,则

$$b_1=A(1-r)+m,$$

$$b_2=b_1(1-r)+m=A(1-r)^2+m(1-r)+m,$$

$$b_3=b_2(1-r)+m=A(1-r)^3+m(1-r)^2+m(1-r)+m,$$

$$\cdots\cdots\cdots$$

$$b_n=b_{n-1}(1-r)+m=A(1-r)^n+m(1-r)^{n-1}+\cdots+m(1-r)+m$$

$$=A(1-r)^n+m\left[(1-r)^{n-1}+\cdots+(1-r)+1\right]$$

$$=A(1-r)^n+\frac{1-(1-r)^n}{r}\cdot m=\frac{m}{r}+\left(A-\frac{m}{r}\right)(1-r)^n,$$

所以 $\lim\limits_{n\to\infty}b_n=\lim\limits_{n\to\infty}\left[\frac{m}{r}+\left(A-\frac{m}{r}\right)(1-r)^n\right]=\frac{m}{r}.$

由题意,得 $\dfrac{m}{r}\leqslant B$,所以 $m\leqslant rB$. 即每年新增汽车不超过 rB 辆.

二、餐厅就餐模型

问题提出 某校有 A,B 两个餐厅供 m 名学生就餐,有资料表明,每次选 A 厅就餐的学生有 $r_1\%$ 在下次选 B 厅就餐,而选 B 厅就餐的学生的有 $r_2\%$ 在下次选 A 厅就餐. 判断随着时间的推移,在 A,B 两厅就餐的学生人数 m_1,m_2 分别稳定在多少?

模型构建 设第 n 次在 A,B 两厅就餐人数分别为 a_n 和 b_n,则 $a_n+b_n=m$. 依题意,得

$$a_{n+1}=\left(1-\frac{r_1}{100}\right)a_n+\frac{r_2}{100}b_n$$

$$=\left(1-\frac{r_1}{100}\right)a_n+\frac{r_2}{100}(m-a_n)$$

$$=\left(1-\frac{r_1+r_2}{100}\right)a_n+\frac{r_2m}{100}. \tag{1}$$

由(1)式,得

$$a_n=\left(1-\frac{r_1+r_2}{100}\right)a_{n-1}+\frac{r_2m}{100}. \tag{2}$$

(1)式减(2)式,得

$$a_{n+1}-a_n=\left(1-\frac{r_1+r_2}{100}\right)(a_n-a_{n-1}).$$

可知，$\{a_{n+1}-a_n\}$ 是首项为 a_2-a_1，公比为 $1-\dfrac{r_1+r_2}{100}$ 的等比数列，所以

$$a_{n+1}-a_n=(a_2-a_1)\left(1-\frac{r_1+r_2}{100}\right)^{n-1},$$

$$\left(1-\frac{r_1+r_2}{100}\right)a_n+\frac{r_2m}{100}-a_n=(a_2-a_1)\left(1-\frac{r_1+r_2}{100}\right)^{n-1},$$

$$a_n=-\frac{100(a_2-a_1)}{r_1+r_2}\left(1-\frac{r_1+r_2}{100}\right)^{n-1}+\frac{r_2m}{r_1+r_2},$$

$$m_1=\lim_{n\to\infty}a_n=\frac{r_2m}{r_1+r_2},\quad m_2=m-m_1=\frac{r_1m}{r_1+r_2}.$$

即随着时间的推移，A 厅就餐人数稳定在 $\dfrac{r_2m}{r_1+r_2}$ 左右. B 厅就餐人数稳定在 $\dfrac{r_1m}{r_1+r_2}$ 左右.

极限和连续的总结

建模——融资模型

2.5.3　重要技能备忘录

一、几个常用的数列极限

（1）$\lim\limits_{n\to\infty}C=C$（$C$ 为常数）.

（2）$\lim\limits_{n\to\infty}\left(\dfrac{1}{n}\right)^p=0$（$p>0$）.

（3）$\lim\limits_{n\to\infty}\dfrac{an^k+b}{cn^k+d}=\dfrac{a}{c}$（$k\in\mathbf{N}_+,a,b,c,d\in\mathbf{R}$ 且 $c\neq0$）.

（4）$\lim\limits_{n\to\infty}q^n=0$（$|q|<1$）.

二、函数极限的四则运算法则

如果 $\lim\limits_{x\to x_0}f(x)=a$，$\lim\limits_{x\to x_0}g(x)=b$，那么

$$\lim_{x\to x_0}[f(x)\pm g(x)]=a\pm b;\ \lim_{x\to x_0}[f(x)\cdot g(x)]=a\cdot b;\ \lim_{x\to x_0}\frac{f(x)}{g(x)}=\frac{a}{b}\ (b\neq0).$$

三、两个重要极限

（1）$\lim\limits_{x\to\infty}\left(1+\dfrac{1}{x}\right)^x=\mathrm{e}.$

注:其中 e 为无理数,它的值 e = 2.718 281 828 459 045…．

(2) $\lim\limits_{x \to 0} \dfrac{\sin x}{x} = 1$．

四、函数的连续性

(1) 一般地,函数 $f(x)$ 在点 $x = x_0$ 处连续必须满足以下三个条件:

① 函数 $f(x)$ 在点 $x = x_0$ 处有定义;

② $\lim\limits_{x \to x_0} f(x)$ 存在;

③ $\lim\limits_{x \to x_0} f(x) = f(x_0)$．

(2) 分段函数讨论连续性,一定要讨论在分界点的左、右极限,进而断定连续性．

2.5.4 "E"随行

自 主 检 测

单项选择题

一、单项选择题

请扫描二维码进行自测．

二、填空题

(1) $\lim\limits_{x \to \infty} \left(1 - \dfrac{1}{x}\right)^{2x} = $ _____． 当 $x \to 0$ 时,无穷小 $\alpha = \ln(1 + Ax)$ 与无穷小 $\beta = \sin 3x$ 等价,则常数 $A = $ _____．

(2) 已知函数 $f(x)$ 在点 $x = 0$ 处连续,且当 $x \neq 0$ 时,函数 $f(x) = 2^{-\frac{1}{|x|}}$,则函数值 $f(0) = $ _____．

(3) $\lim\limits_{n \to \infty} \left[\dfrac{1}{1 \cdot 2} + \dfrac{1}{2 \cdot 3} + \cdots + \dfrac{1}{n(n+1)}\right] = $ _____．

(4) 若 $\lim\limits_{x \to \infty} f(x)$ 存在,且 $f(x) = \dfrac{\sin x}{x - \pi} + 2\lim\limits_{x \to \infty} f(x)$,则 $\lim\limits_{x \to \infty} f(x) = $ _____．

三、解答题

(1) 计算 $\lim\limits_{n \to \infty} \left(1 - \dfrac{1}{2^2}\right)\left(1 - \dfrac{1}{3^2}\right) \cdots \left(1 - \dfrac{1}{n^2}\right)$．

(2) 计算 $\lim\limits_{x \to 0} \dfrac{\tan x - \sin x}{x^3}$．

(3) 计算 $\lim\limits_{x \to 0} \left(\dfrac{2x + 3}{2x + 1}\right)^{x+1}$．

(4) 计算 $\lim\limits_{x \to 0} \dfrac{\sqrt{1 + x\sin x} - 1}{e^{x^2} - 1}$．

(5) 设 $\lim\limits_{x \to -1} \dfrac{x^3 - ax^2 - x + 4}{x + 1}$ 具有极限 l,求 a, l 的值．

（6）试确定常数 a，使得函数 $f(x)=\begin{cases}x\sin\dfrac{1}{x}, & x>0 \\ a+x^2, & x\leqslant 0\end{cases}$ 在 $(-\infty,+\infty)$ 内连续.

2.6　数学文化

虽然无形，但可接近——极限思想的重要性

与一切科学的思想方法一样，极限思想也是社会实践的产物．极限的思想可以追溯到古代，在我国春秋战国时期，虽已有极限思想的萌芽，但从现在的史料来看，这种思想主要局限于哲学领域，还没有应用到数学上，当然更谈不上应用极限方法来解决数学问题．直到公元 3 世纪，我国魏晋时期的数学家刘徽创立了"割圆术"．他第一次创造性地将极限思想应用到数学领域．这种无限接近的思想就是后来建立极限概念的基础．

刘徽的割圆术是建立在直观基础上的一种原始的极限思想的应用；古希腊人的穷竭法也蕴含了极限思想，但由于希腊人"对无限的恐惧"，他们避免明显地"取极限"，而是借助于间接证法——归谬法来完成了有关的证明．到了 16 世纪，荷兰数学家斯泰文在考查三角形重心的过程中改进了古希腊人的穷竭法，他借助几何直观运用极限思想思考问题，放弃了归谬法的证明．如此，他在无意中将极限发展成为一个实用概念．

极限思想的进一步发展是与微积分的建立紧密相连的．16 世纪的欧洲处于资本主义萌芽时期，生产和技术中大量的问题，只用初等数学的方法已无法解决，要求数学突破只研究常量的传统范围，而提供能够用以描述和研究运动、变化过程的新工具，这是促进极限发展、建立微积分的社会背景．起初牛顿和莱布尼茨以无穷小概念为基础建立微积分，后来因遇到了逻辑困难，所以在他们的晚期都不同程度地接受了极限思想．牛顿的极限观念也是建立在几何直观上的，因而他无法得出极限的严格表述．正因为当时缺乏严格的极限定义，微积分理论才受到了人们的怀疑与攻击．英国哲学家、大主教贝克莱对微积分的攻击最为激烈，他说微积分的推导是"分明的诡辩"．贝克莱之所以激烈地攻击微积分，一方面是为宗教服务，另一方面也由于当时的微积分缺乏牢固的理论基础，连牛顿自己也无法摆脱极限概念中的混乱．这个事实表明，弄清极限概念，建立严格的微积分理论基础，不但是数学本身所需要的，而且有着认识论上的重大意义．

2.7　专题："微"入人心，"积"行千里

用极限解锁"原子核"的衰变问题

核安全是核事业发展的生命线．多年来，我国始终保持良好的核安全记录．我国坚持总体国家安全观和理性、协调、并进的核安全观，取得了良好的核安全成绩．大家知道核辐射是什么吗？为什么人们会谈"核"色变？

　　核辐射,或通常称之为放射性,存在于所有的物质之中,这是亿万年来存在的客观事实,是正常现象.核辐射是原子核从一种结构或一种能量状态转变为另一种结构或另一种能量状态过程中所释放出来的微观粒子流.人们的谈"核"色变,其实是对核泄漏的担忧.

　　核泄漏一般的情况对人员的影响表现在核辐射,放射性物质可通过呼吸吸入,皮肤伤口及消化道吸收进入体内,引起内辐射.γ 辐射可穿透一定距离被机体吸收,使人员受到外照射伤害.

　　例如某核电站发生事故后,1 号至 3 号机组释放的放射性铯-137 的放射性活度达到 1.5 万万亿贝克勒尔(对应的初始原子核数大约为 $2.06×10^{25}$),已知铯-137 的衰变常数(发生衰变的原子核数占当时总核数的百分数)为 $7.29×10^{-10}$.那么经过 10 年后,地球上还有多少铯-137 原子核未衰变?

　　通过本章内容的学习和查阅拓展资料,类似这样的现实情境问题就会迎刃而解了.

第3章

导数及其应用

本章介绍

3.1 单元导读

本章简介： ▷▷

　　导数与微分都是微分学中的基本概念. 导数概念最初是从寻找曲线的切线以及确定变速运动的瞬时速度等具体问题中抽象而产生的, 它是有关函数的变化率的问题, 在自然科学与工程技术上都有着极其广泛的应用；微分是伴随着导数而产生的概念. 充分理解两个基本概念的意义, 掌握其基本计算, 将为以后灵活应用奠定基础. 通过本章内容的学习, 学生在掌握基础知识的同时, 能够利用导数和微分知识, 解决一些实际问题.

本章知识结构图（图3-1）:

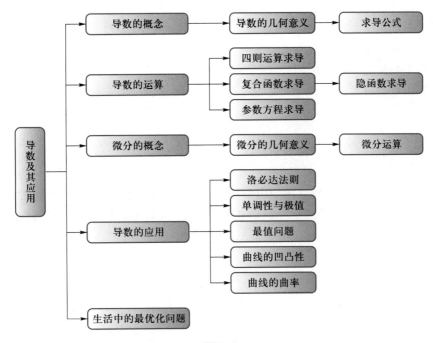

图 3-1

 本章教学目标:

1. 理解导数的概念,了解导数的几何意义及可导性与连续性的关系.
2. 熟练掌握导数与微分的运算法则以及基本公式,能熟练地计算初等函数的导数.
3. 会求隐函数及参数方程所确定的函数的导数.
4. 理解微分的概念,会求函数的微分,初步掌握微分在近似计算中的应用.
5. 导数的应用
（1）掌握洛必达法则;
（2）理解函数极值的概念,会求函数的极值;
（3）会判断函数的单调性和函数曲线的凹凸性,掌握函数图形的描绘方法;
（4）会求曲率,能解决曲率的应用问题;
（5）会求函数的最大值和最小值,能解决函数的最大值和最小值的应用问题.

 本章重难点:

1. 理解函数导数的概念和几何意义,掌握基本初等函数的求导方法、导数的四则运算法则、复合函数的求导方法、隐函数求导方法、对数求导方法、参数方程求导方法、高阶导数求导方法.

2. 掌握洛必达法则求极限的方法.

3. 能够利用导数确定函数的单调区间、求解函数极值.

4. 理解曲线的凹凸性概念和拐点的定义,掌握利用导数判定函数凹凸性和拐点的方法.

5. 理解曲线曲率、曲率圆和曲率半径的概念,掌握曲线曲率的求解方法.

6. 掌握利用导数求最大值和最小值的方法.

7. 掌握大致描绘一些简单函数图形的方法.

8. 理解函数微分的概念和几何意义,了解函数可导、可微、连续之间的关系,掌握函数微分的运算.

 学习建议: ▶▶

同学们要从上一章极限与连续的内容中,进一步感悟极限思想,体会极限方法,将思维触角由有限延伸到无限,同时感受导数的几何直观性,理解导数的本质内涵,最后能够将导数概念回归到现实问题,体会其应用价值.

 视频导入:交通隐形杀手——内轮差

全国首个交通安全日的报道,提到了交通安全的隐形杀手——内轮差,那何为内轮差呢? 如此多的交通事故案例中,由内轮差引发的案例是否与数学知识有关呢? 接下来就让我们一起看看内轮差的内在含义吧(图 3-2)!

本章导入

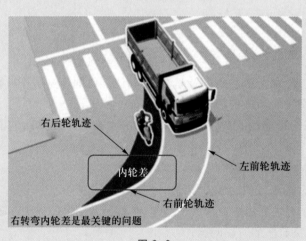

图 3-2

3.2 导数与生活

3.2.1 无处不在的导数

一、蹦极过程中的速度变化(图 3-3)

高空蹦极是一种非常刺激的极限运动,观察图中人物蹦极时的平均速度变化,蹦极时,图中人物落下的高度 h(单位:m)与起跳后的时间 t(单位:s)存在函数关系 $h(t)=\dfrac{1}{2}gt^2$.

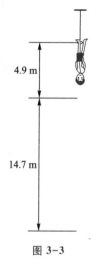

4.9 m

14.7 m

图 3-3

① 如果用图中人物在某段时间内的平均速度来描述其运动状态,那么在 $0 \leqslant t \leqslant 1$ 这段时间内

$$\bar{v_1}=\frac{h(1)-h(0)}{1-0} \approx 4.9(\mathrm{m/s}),$$

在 $1 \leqslant t \leqslant 2$ 这段时间内

$$\bar{v_2}=\frac{h(2)-h(1)}{2-1} \approx 14.7(\mathrm{m/s}).$$

② 如果用图中人物在某时刻的瞬时速度来描述其运动状态,那么

在 $t=1$ 时的瞬时速度 $v_1=9.8(\mathrm{m/s})$,

在 $t=2$ 时的瞬时速度 $v_2=19.6(\mathrm{m/s})$.

在实际生活中,有许多问题需要探究其瞬时变化的趋势,而不仅仅是平均变化趋势,例如某一时刻的瞬时速度问题,事实上,这样的问题都是与导数有关的.

二、气象播报中的降雨强度

在气象学中,通常把在单位时间(如 1 分钟、1 天等)内的降雨量称作降雨强度,它是反映降雨大小的一个重要指标. 常用的单位是毫米/天、毫米/分钟.

表 3-1 为一次降雨过程中一段时间内记录下的降雨量的数据,假设得到降雨量 y 关于时间 t 的函数的近似表达式为 $f(t)=\sqrt{10t}$,首先求导函数,根据导数公式表可得 $f'(t)=\dfrac{5}{\sqrt{10t}}$,将 $t=40$ 代入 $f'(t)$ 可得 $f'(40)=\dfrac{5}{\sqrt{400}}=0.25\ \mathrm{mm/min}$,它表示的是 $t=40\ \min$ 时降雨量 y 关于时间 t 的瞬时变化率,即降雨强度.

$f'(40)=0.25\ \mathrm{mm/min}$ 就是说 $t=40\ \min$ 这个时刻的降雨强度为 $0.25\ \mathrm{mm/min}$.

表 3-1

时间 t/min	0	10	20	30	40	50	60
降雨量 y/mm	0	10	14	17	20	22	24

气象播报中的降雨强度可以用导数巧妙地计算并描述出各个时间节点的降雨量,为分析判断降雨情况,预报防止灾害,提前防范提供帮助.

三、膨胀的大气球

吹气球时我们会发现:随着气球内空气容量的增加,气球的半径增加得越来越慢,能从数学的角度解释这一现象吗(图 3-4,假设气球是球体)?

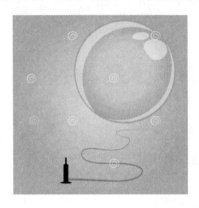 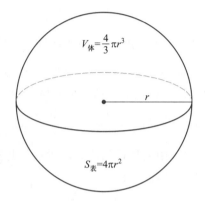

图 3-4

根据题意 $V_{体}(r) = \dfrac{4}{3}\pi r^3$,即 $r = \sqrt[3]{\dfrac{3V_{体}}{4\pi}}$,通过导数计算可知 $r' > 0$,所以 r 是单调递增函数,所以随着气球内空气容量的增加,气球的半径增加;又通过对导函数再次求导,得 $r'' < 0$,所以 r' 是单调递减函数,因此气球半径增加得越来越慢.导数知识科学解释了生活中的现象.

四、高台跳水的最高点

在高台跳水运动中,运动员离水面距离的最高点是多少呢? 这与什么有关系? 我们做个假设,运动员相对于水面的高度 h(单位:m)与起跳后的时间 t(单位:s)之间的关系式为 $h(t) = -4.9t^2 + 6.5t + 10$,求运动员在 $t = \dfrac{65}{98}$ s 时的瞬时速度,并解释此时的运动状况(图 3-5).

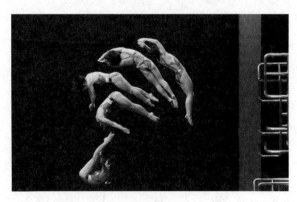

图 3-5

令 $t_0 = \dfrac{65}{98}$，Δt 为增量，则

$$\frac{h(t_0 + \Delta t) - h(t_0)}{\Delta t}$$

$$= \frac{-4.9 \times \left(\dfrac{65}{98} + \Delta t\right)^2 + 6.5 \times \left(\dfrac{65}{98} + \Delta t\right) + 10 + 4.9 \times \left(\dfrac{65}{98}\right)^2 - 6.5 \times \dfrac{65}{98} - 10}{\Delta t}$$

$$= \frac{-4.9 \Delta t \left(\dfrac{65}{49} + \Delta t\right) + 6.5 \Delta t}{\Delta t}.$$

$$\lim_{\Delta t \to 0} \frac{h(t_0 + \Delta t) - h(t_0)}{\Delta t} = \lim_{\Delta t \to 0} \left[-4.9\left(\frac{65}{49} + \Delta t\right) + 6.5\right] = 0,$$

即运动员在 $t_0 = \dfrac{65}{98}$ s 时的瞬时速度为 0 m/s. 说明此时运动员处于跳水运动中离水面最高点处.

五、木材旋切机的利润问题

东方机械厂生产一种木材旋切机械，已知生产总利润 L 元与生产量 x 台之间的关系式为 $L(x) = -2x^2 + 7\,000x + 600$.

① 求产量为 1 000 台时的总利润与平均利润.

② 求产量由 1 000 台提高到 1 500 台时，总利润的平均增量.

③ 求 $L'(1\,000)$ 与 $L'(1\,500)$，并说明它们的实际意义（图 3-6）.

解 ① 产量为 1 000 台时的总利润为

$L(1\,000) = -2 \times 1\,000^2 + 7\,000 \times 1\,000 + 600 = 5\,000\,600$（元）.

平均利润为 $\dfrac{L(1\,000)}{1\,000} = 5\,000.6$（元）.

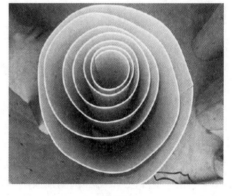

图 3-6

② 当产量由 1 000 台提高到 1 500 台时，总利润的平均增量为

$$\frac{L(1\,500) - L(1\,000)}{1\,500 - 1\,000} = \frac{6\,000\,600 - 5\,000\,600}{500} = 2\,000 \text{（元）}.$$

③ 因为 $L'(x) = (-2x^2 + 7\,000x + 600)' = -4x + 7\,000$，所以

$$L'(1\,000) = -4 \times 1\,000 + 7\,000 = 3\,000 \text{（元）},$$

$$L'(1\,500) = -4 \times 1\,500 + 7\,000 = 1\,000 \text{（元）}.$$

说明：当产量为 1 000 台时，每多生产一台木材旋切机可多获利 3 000 元，而当产量为 1 500 台时，每多生产一台木材旋切机可多获利 1 000 元.

注：生产每台木材旋切机的利润不一定是一样的，利润与生产量台数有关系.

六、银行营利的秘密

某银行准备增设一种定期存款业务,经预测,存款量与利率的平方成正比,比例系数为 k ($k>10$),且知当利率为 1.2% 时,存款量为 1.44 亿,又知贷款的利率为 4.8% 时,银行吸收的存款能全部放贷出去,若存款的利率为 x,$x \in (0, 0.048)$,存款利率为多少时,银行可获得最大收益?

解   设存款的利率为 x,则存款量 $f(x) = kx^2$,当 $x = 1.2\%$ 时,$f(x) = 1.44$,所以 $k = 10\,000$,故存款量 $f(x) = 10\,000x^2$,银行应支付利息

$$g(x) = xf(x) = 10\,000x^3,$$

银行可获收益

$$h(x) = 4.8\%f(x) - g(x) = 480x^2 - 10\,000x^3,$$
$$h'(x) = 30x(32 - 1\,000x).$$

令 $h'(x) = 0$,得 $x = 0.032$,当 $x < 0.032$ 时,$h'(x) > 0$,当 $x > 0.032$ 时,$h'(x) < 0$,所以当 $x = 0.032$ 时,收益 $h(x)$ 有最大值,其值约为 0.164 亿元.

这样的问题在解决的过程中都需要用到导数的思想和方法!

3.2.2   揭秘生活中的导数

一、看看行车停车中的隐形问题吧

交通事故的隐形杀手——内轮差.

问题:由于客流、货流、物流量的增加,大型车辆出入频繁,在拐弯区域造成刮擦、碾压的交通事故增多.通过调查得知发生事故的一部分原因为内轮差,那么什么是内轮差?如何计算内轮差?行人、非机动车人员应站在什么区域才是安全的?作为司机,应如何避免因内轮差引发交通事故?内轮差与哪些因素有关?如何减小内轮差?

观察结果:每个车辆在转弯时,后轮并不是完全沿着前轮的轨迹行驶,会有一定的偏差,转弯形成的偏差就叫"轮差".车辆的车身越长,所形成的"轮差"就越大,"内轮差"的范围也会跟着扩大.

内轮差是车辆转弯时的前内轮的转弯半径与后内轮的转弯半径之差.由于内轮差的存在,车辆在转弯时,前后车轮的运动轨迹并不重合,在行车中如果只注意前轮能够通过而忘记内轮差,就可能造成后内轮驶出规定路面,从而发生交通事故.

内轮差公式:

$$m = \sqrt{\left(\sqrt{r^2 - l^2} - d\right)^2 + l^2} - \sqrt{r^2 - l^2} + d,$$

其中 $\begin{cases} r \geqslant 0, \\ l \geqslant 0, \\ d \geqslant 0 \end{cases}$($r$ 为转弯半径,l 为轴距,d 为后轮距;见图 3-7(b)).

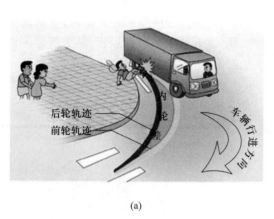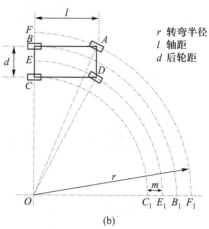

图 3-7

最大内轮差:若要求最大内轮差,需要根据上面给出的内轮差公式,利用导数知识,求出其最大值.

由公式可得内轮差随转弯半径增大而减少,如果要减少内轮差的危害,应增大转弯半径.

如何做:驾驶小型车的驾驶员需要注意,停靠时不要紧贴大型车辆,不要在转弯时强行超车.

非机动车驾驶人也要注意在绿灯放行时,不要抢先超过正在转弯的机动车.更不要在红灯时,将车辆超越斑马线停靠.

行人过马路时要与机动车始终保持一定的安全距离,等待大型车辆转弯后再过马路.

大型车驾驶员在路口转弯时不要占用非机动车道,尽量增大转弯半径,时刻注意车外的情况,减缓车速行驶.

> 通过我们身边最实际的交通问题,引出大家对解决这类问题的思考,实际问题中事物的变化是复杂的,那我们如何用数学语言去描述这样的问题呢,"导数"就会帮我们解决这样的问题!

二、一起揭开"导数"神秘的面纱

导数的概念来源于实际,是研究变化率数学模型的重要工具.导数不仅在自然科学、工程技术等方面有着广泛应用,而且在日常生活及经济领域中也逐渐显示出重要作用.

导数是探讨数学乃至自然科学的重要工具,同时利用它也可以解决我们日常生活中的许多问题.譬如借助导数知识,普通消费者购买商品、旅游花费等可达到最省;借助导数知识,商家能很好地调整经营策略以追求最大利润;借助导数知识,易拉罐等生活用品的形状设计就能节约成本和资源,让商家获得更大的利润;借助导数知识,影院的座位及屏幕设计,能达到合理舒适,不容易造成资源浪费或者顾客不满意等.总之,利用导数这一工具,可以解决生活中的许多优化问题.因此导数的学习是非常重要的.

在本章中主要学习导数的概念及其几何意义,基本初等函数的导数公式,导数的四则运算法则及复合函数、隐函数、参数方程的求导运算,微分的概念及其运算,函数的单调性及极值的求解,函数的最值及最值问题的解决,曲线的凹凸性及曲线的曲率.

3.3   知识纵横——导数之旅

3.3.1   分析变化识导数

变化率的引入

何谓导数?言简意赅,导数就是变化率,反映变化的快慢程度,从曲线上来看,导数就是曲线上某点切线的斜率,而切线的斜率又怎样计算呢?

设有曲线 $C:y=f(x)$ 及 C 上的一点 M(图 3-8),在点 M 外另取 C 上一点 N,作割线 MN,当点 N 沿曲线 C 逐渐趋于点 M 时,割线 MN 绕点 M 旋转,而逐渐趋于极限位置 MT,直线 MT 就称为曲线 C 在点 M 处的切线.

设 $M(x_0,y_0)$ 是曲线 C 上的一点(图 3-9),则在点 M 外另取 C 上一点 $N(x,y)$,割线 MN 的斜率为 $\tan\varphi=\dfrac{y-y_0}{x-x_0}=\dfrac{f(x)-f(x_0)}{x-x_0}$,其中 φ 为割线 MN 与 x 轴正方向的夹角,当点 N 沿曲线 C 趋于点 M 时,$x\to x_0$,如果 $\lim\limits_{x\to x_0}\dfrac{f(x)-f(x_0)}{x-x_0}$ 存在,则此极限就是切线 MT 的斜率 $k=\tan\alpha$,其中 α 是切线 MT 与 x 轴正方向的夹角.

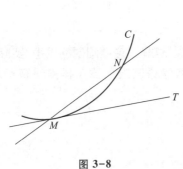

图 3-8

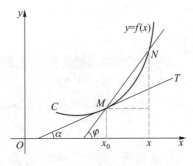

图 3-9

导数的定义   设函数 $y=f(x)$ 在点 x_0 的某一邻域内有定义,当自变量 x 在 x_0 处有增量 $\Delta x(x+\Delta x$ 也在该邻域内)时,相应地函数有增量 $\Delta y=f(x_0+\Delta x)-f(x_0)$,若当 $\Delta x\to 0$ 时 Δy 与 Δx 之比的极限存在,则称这个极限值为 $y=f(x)$ 在 x_0 处的导数,即 $f'(x_0)=\lim\limits_{\Delta x\to 0}\dfrac{f(x_0+\Delta x)-f(x_0)}{\Delta x}$,记为 $y'\big|_{x=x_0}$,还可以记为 $\dfrac{\mathrm{d}y}{\mathrm{d}x}\Big|_{x=x_0}$,$f'(x_0)$ 或 $\dfrac{\mathrm{d}f(x)}{\mathrm{d}x}\Big|_{x=x_0}$.

下面介绍几个利用导数建立的变化率的数学模型.

利用导数定义可以建立变化率模型,下面介绍几个例子.

例 1(电流模型)　设在 $[0,t]$ 这段时间内通过导线横截面的电荷量为 $Q=Q(t)$,求 t_0 时刻的电流.

解　(1)若电流恒定,$i=\dfrac{\text{电荷量}}{\text{时间}}=\dfrac{\Delta Q}{\Delta t}$.

(2)若电流不恒定,平均电流 $\bar{i}=\dfrac{\Delta Q}{\Delta t}=\dfrac{Q(t_0+\Delta t)-Q(t_0)}{\Delta t}$,故 t_0 时刻电流

导数定义

$$i(t_0)=\lim_{\Delta t\to 0}\frac{\Delta Q}{\Delta t}=\lim_{\Delta t\to 0}\frac{Q(t_0+\Delta t)-Q(t_0)}{\Delta t}=\frac{\mathrm{d}Q}{\mathrm{d}t}\bigg|_{t=t_0}.$$

例 2(细杆的线密度模型)　设一质量非均匀分布的细杆放在 x 轴上,在 $[0,x]$ 上的质量 m 是 x 的函数 $m=m(x)$,求杆上 x_0 处的线密度.

解　如果细杆质量分布是均匀的,则长度为 Δx 的一段的质量为 Δm,那么它的线密度为

$$\rho=\frac{\text{质量}}{\text{长度}}=\frac{\Delta m}{\Delta x},$$

而对于质量非均匀分布的细杆,可先求其平均线密度,即平均线密度

$$\bar{\rho}=\frac{\Delta m}{\Delta x}=\frac{m(x_0+\Delta x)-m(x_0)}{\Delta x},$$

故细杆在 x_0 处的线密度为

$$\rho(x_0)=\lim_{\Delta x\to 0}\frac{m(x_0+\Delta x)-m(x_0)}{\Delta x}=\frac{\mathrm{d}m}{\mathrm{d}x}\bigg|_{x=x_0}=m'(x_0).$$

例 3(边际成本模型)　在经济学中,边际成本定义为产量增加一个单位时所增加的总成本.

解　设一产品产量为 x 单位时,总成本为 $C=C(x)$,称 $C(x)$ 为总成本函数.当产量由 x 变为 $x+\Delta x$ 时,总成本函数的增量为 $\Delta C=C(x+\Delta x)-C(x)$.这时,总成本的平均变化率为

$$\frac{\Delta C}{\Delta x}=\frac{C(x+\Delta x)-C(x)}{\Delta x}.$$

它表示产量由 x 变到 $x+\Delta x$ 时,在平均意义下的边际成本.

当总成本函数 $C(x)$ 可导时,其变化率

$$C'(x)=\lim_{\Delta x\to 0}\frac{\Delta C}{\Delta x}=\lim_{\Delta x\to 0}\frac{C(x+\Delta x)-C(x)}{\Delta x}$$

表示该产品产量为 x 时的边际成本,即边际成本是总成本函数关于产量的导数.

例 4(化学反应速率模型)　在化学反应中一物质的浓度 N 和时间 t 的关系为 $N=N(t)$,求在 t 时刻物质浓度的瞬时反应速率.

解　当时间从 t 变到 $t+\Delta t$ 时,浓度的平均变化率为

$$\frac{\Delta N}{\Delta t}=\frac{N(t+\Delta t)-N(t)}{\Delta t},$$

令 $\Delta t\to 0$ 时,该物质在 t 时刻的瞬时反应速率为

$$N'(t)=\lim_{\Delta t\to 0}\frac{\Delta N}{\Delta t}=\lim_{\Delta t\to 0}\frac{N(t+\Delta t)-N(t)}{\Delta t}.$$

导函数的定义　　如果函数 $f(x)$ 在开区间 I 内的每点处都可导,那么就称函数 $f(x)$ 在开区间 I 内可导. 这时对每一个 $x \in I$,都对应着 $f(x)$ 的一个确定的导数值. 这样就构成了一个新的函数,称为 $y = f(x)$ 的导函数,简称为导数,记作 $f'(x)$, y', $\dfrac{\mathrm{d}y}{\mathrm{d}x}$ 或 $\dfrac{\mathrm{d}f(x)}{\mathrm{d}x}$.

> 上述现实模型的相似点是什么呢,理解导数的实际含义了吗?

我们看一个具体的例子,看看怎么用导数的定义来完成求导运算.

例 5　求函数 $y = x$ 的导数.

解　在 x 处给自变量一个增量 Δx,相应函数的增量为

$$\Delta y = f(x + \Delta x) - f(x) = (x + \Delta x) - x = \Delta x,$$

于是 $\dfrac{\Delta y}{\Delta x} = 1$, $\lim\limits_{\Delta x \to 0} \dfrac{\Delta y}{\Delta x} = \lim\limits_{\Delta x \to 0} 1 = 1$,即 $(x)' = 1$.

例 6　求函数 $y = \sqrt{x}$ 的导数.

解　　$\Delta y = f(x + \Delta x) - f(x) = \sqrt{x + \Delta x} - \sqrt{x} = \dfrac{\Delta x}{\sqrt{x + \Delta x} + \sqrt{x}}$,于是 $\dfrac{\Delta y}{\Delta x} = \dfrac{1}{\sqrt{x + \Delta x} + \sqrt{x}}$,

$$\lim\limits_{\Delta x \to 0} \dfrac{\Delta y}{\Delta x} = \lim\limits_{\Delta x \to 0} \dfrac{1}{\sqrt{x + \Delta x} + \sqrt{x}} = \dfrac{1}{2\sqrt{x}}.$$

即 $(\sqrt{x})' = \dfrac{1}{2\sqrt{x}} = \dfrac{1}{2} x^{-\frac{1}{2}}$.

例 7　求函数 $f(x) = \sin x$ 的导数.

解　　$\Delta y = \sin(x + \Delta x) - \sin x = 2\cos\left(x + \dfrac{\Delta x}{2}\right)\sin\dfrac{\Delta x}{2}$,于是

$$\lim\limits_{\Delta x \to 0} \dfrac{\Delta y}{\Delta x} = \lim\limits_{\Delta x \to 0} \dfrac{2}{\Delta x}\cos\left(x + \dfrac{\Delta x}{2}\right)\sin\dfrac{\Delta x}{2}$$

$$= \lim\limits_{\Delta x \to 0} \cos\left(x + \dfrac{\Delta x}{2}\right)\dfrac{\sin\dfrac{\Delta x}{2}}{\dfrac{\Delta x}{2}}$$

$$= \cos x,$$

即 $(\sin x)' = \cos x$.

用类似的方法可求得 $(\cos x)' = -\sin x$.

> 求导数的步骤可以分为三步:
>
> 第一步:求函数的增量:$\Delta y = f(x + \Delta x) - f(x)$.
>
> 第二步:计算 $\dfrac{\Delta y}{\Delta x}$.
>
> 第三步:求极限 $\lim\limits_{\Delta x \to 0} \dfrac{\Delta y}{\Delta x}$.

活动操练-1

1. 求函数 $y = C$（C 是常数）和 $y = x^3$ 在任意点 x 处的导数.

2. 一物体经过时间 t 后,运动方程为 $s = 10t - t^2$（单位:时间 s,长度 m）. 计算:
(1) 物体从 1 s 到 $(1 + \Delta t)$ s 的平均速度.（2) 物体在 2 s 时的瞬时速度.

3. 函数 $f(x) = \sqrt[3]{x}$ 在 $x = 0$ 处是否可导?

攻略驿站

1. 导数是用来分析变化率的工具.
2. 曲线的瞬间斜率就是曲线上各点的切线斜率.
3. 求某一点切线斜率和求函数导数离不开求极限的方法.

3.3.2　简化出秘籍,变形助通关

前面我们根据定义,探究了如何求一个函数的导数,那么函数和其导函数有什么区别呢?

导数基本公式和四则运算法则

为了方便计算和记忆,我们根据定义整理归纳了基本的求导公式及运算法则.

一、利用导数定义和运算法则可归纳出基本初等函数的求导公式

(1) $(C)' = 0$.

(2) $(x^\mu)' = \mu x^{\mu - 1}$.

(3) $(a^x)' = a^x \ln a$.

(4) $(\mathrm{e}^x)' = \mathrm{e}^x$.

(5) $(\log_a x)' = \dfrac{1}{x \ln a}$.

(6) $(\ln x)' = \dfrac{1}{x}$.

(7) $(\sin x)' = \cos x$.

(8) $(\cos x)' = -\sin x$.

(9) $(\tan x)' = \sec^2 x$.

(10) $(\cot x)' = -\csc^2 x$.

(11) $(\sec x)' = \sec x \cdot \tan x$.

(12) $(\csc x)' = -\csc x \cdot \cot x$.

(13) $(\arcsin x)' = \dfrac{1}{\sqrt{1 - x^2}}$.

(14) $(\arccos x)' = -\dfrac{1}{\sqrt{1 - x^2}}$.

(15) $(\arctan x)' = \dfrac{1}{1 + x^2}$.

(16) $(\operatorname{arccot} x)' = -\dfrac{1}{1 + x^2}$.

导数常用公式

　　这些公式都是通过导数的定义推导整理后得出的,为的就是简化计算过程. 可以分类分组来记忆,如"常函数—幂函数—指数函数—对数函数—三角函数—反三角函数",这样记忆更为扎实,不易混乱.

例 8　求函数 $y = \dfrac{1}{x}$ 的导数.

解　$y' = (x^{-1})' = -x^{-2} = -\dfrac{1}{x^2}$.

例 9　求函数 $y = \dfrac{x^2}{\sqrt{x}}$ 的导数.

解　由于 $y = \dfrac{x^2}{\sqrt{x}} = x^{\frac{3}{2}}$,根据公式 $(x^{\mu})' = \mu x^{\mu-1}$,得

$$y' = \left(x^{\frac{3}{2}}\right)' = \frac{3}{2} x^{\frac{1}{2}} = \frac{3}{2}\sqrt{x}.$$

例 10　求 $y = \sin x$ 在 $x = \dfrac{\pi}{6}$ 处的导数.

解　$y' = (\sin x)' = \cos x, y' \big|_{x=\frac{\pi}{6}} = \cos x \big|_{x=\frac{\pi}{6}} = \dfrac{\sqrt{3}}{2}.$

二、利用定义求导数,可推导出导数的四则运算法则

设 $u = u(x)$,$v = v(x)$ 均可导,则

(1) $(u \pm v)' = u' \pm v'.$

(2) $(uv)' = u'v + uv'$,$(Cu) = Cu'$(C 为常数).

(3) $\left(\dfrac{u}{v}\right)' = \dfrac{u'v - uv'}{v^2}$ $(v \neq 0).$

　　一提到四则运算,我们就会想到实数运算的"加减乘除",这里的导数运算也是类似实数运算的加减乘除,只不过要注意结论中的变化.

例 11　求下列函数的导数.

(1) $y = x^5 + 4\sin x - \cos x + 7.$

(2) $y = xe^x.$

(3) $y = (1 - 2x^2)\sin x.$

(4) $y = \dfrac{3x}{2 + 5x^2}.$

(5) $y = \dfrac{1}{\ln x}.$

(6) $y = \tan x.$

解

(1) $y' = (x^5 + 4\sin x - \cos x + 7)' = (x^5)' + 4(\sin x)' - (\cos x)' + (7)' = 5x^4 + 4\cos x + \sin x.$

(2) $y' = (xe^x)' = (x)'e^x + x(e^x)' = e^x + xe^x = (x+1)e^x.$

(3) $y' = ((1 - 2x^2)\sin x)' = (1 - 2x^2)'\sin x + (1 - 2x^2)(\sin x)'$
$\qquad = -4x\sin x + (1 - 2x^2)\cos x.$

(4) $y' = \left(\dfrac{3x}{2 + 5x^2}\right)' = \dfrac{(3x)'(2 + 5x^2) - 3x(2 + 5x^2)'}{(2 + 5x^2)^2} = \dfrac{3(2 + 5x^2) - 3x \cdot 10x}{(2 + 5x^2)^2} = \dfrac{6 - 15x^2}{(2 + 5x^2)^2}.$

(5) $y' = \left(\dfrac{1}{\ln x}\right)' = -\dfrac{(\ln x)'}{(\ln x)^2} = -\dfrac{1}{x\ln^2 x}.$

(6) $y' = (\tan x)' = \left(\dfrac{\sin x}{\cos x}\right)' = \dfrac{\cos^2 x + \sin^2 x}{\cos^2 x} = \dfrac{1}{\cos^2 x} = \sec^2 x.$

同理可求

$$(\cot x)' = -\csc^2 x.$$

间接求解分类

三、基本求导法则

（一）复合函数求导法则

设 $y=f(u)$，而 $u=\varphi(x)$，f，φ 均可导，则复合函数 $y=f[\varphi(x)]$ 的导数为

$$\frac{\mathrm{d}y}{\mathrm{d}x}=\frac{\mathrm{d}y}{\mathrm{d}u}\cdot\frac{\mathrm{d}u}{\mathrm{d}x} \text{ 或 } y'=f'(u)\cdot\varphi'(x).$$

复合函数求导

例 12 求下列函数的导数.

① $y=(x^2+1)^3$. ② $y=\sin 3x^2$. ③ $y=\log_a(x^2+x+1)$ $(a>0$ 且 $a\neq 1)$. ④ $y=\mathrm{e}^{\sqrt{1-3x}}$.

解 ① 设 $u=x^2+1$，则 $y=u^3$. 因为 $y'_u=3u^2$，$u'_x=2x$，所以

$$y'_x=y'_u\cdot u'_x=3u^2\cdot 2x=6(x^2+1)^2\cdot x=6x(x^2+1)^2.$$

② 设 $u=3x^2$，则 $y=\sin u$，而 $y'_u=\cos u$，$u'_x=6x$，所以

$$y'_x=y'_u\cdot u'_x=6x\cos u=6x\cos 3x^2.$$

③ 设 $u=x^2+x+1$，则 $y=\log_a u$，而 $y'_u=\dfrac{1}{u\ln a}$，$u'_x=2x+1$，所以

$$y'_x=y'_u\cdot u'_x=\frac{1}{u\ln a}(2x+1)=\frac{2x+1}{(x^2+x+1)\ln a}.$$

④ 设 $u=\sqrt{v}$，$v=1-3x$，则 $y=\mathrm{e}^u$，而 $y'_u=\mathrm{e}^u$，$u'_v=\dfrac{1}{2\sqrt{v}}$，$v'_x=-3$，故

$$y'_x=y'_u\cdot u'_v\cdot v'_x=-3\mathrm{e}^u\frac{1}{2\sqrt{v}}=-\frac{3}{2\sqrt{1-3x}}\mathrm{e}^{\sqrt{1-3x}}.$$

（二）函数的高阶导数

如果函数 $y=f(x)$ 的导数 $y'=f'(x)$ 仍然是 x 的可导函数，那么称导数 $f'(x)$ 的导数为函数 $y=f(x)$ 的二阶导数，记为

$$y'' \text{ 或 } f''(x) \text{ 或 } \frac{\mathrm{d}^2 y}{\mathrm{d}x^2}.$$

类似可定义函数的 n 阶导数. 二阶导数的导数，叫做三阶导数，三阶导数的导数叫做四阶导数……一般地，$(n-1)$ 阶导数的导数叫做 n 阶导数，分别记作 y'''，$y^{(4)}$，$\cdots$，$y^{(n)}$ 或 $\dfrac{\mathrm{d}^3 y}{\mathrm{d}x^3}$，$\dfrac{\mathrm{d}^4 y}{\mathrm{d}x^4}$，$\cdots$，$\dfrac{\mathrm{d}^n y}{\mathrm{d}x^n}$. 二阶及二阶以上的导数统称为高阶导数.

例 13 求函数 $y=x\ln x$ 的二阶导数.

解 $y'=(x\ln x)'=\ln x+1$，$y''=(y')'=(\ln x+1)'=\dfrac{1}{x}$.

例 14 求函数 $y=\cos^2\dfrac{x}{2}$ 的二阶导数.

解 $y'=2\cos\dfrac{x}{2}\cdot\left(-\sin\dfrac{x}{2}\right)\cdot\dfrac{1}{2}=-\dfrac{1}{2}\sin x$，$y''=-\dfrac{1}{2}\cos x$.

例 15   求指数函数 $y = e^x$ 的 n 阶导数.

解 $y' = e^x, y'' = e^x, y''' = e^x, \cdots$

归纳可得 $y^{(n)} = e^x$.

例 16   求函数 $y = \dfrac{1}{x+1}$ 的 n 阶导数.

解 $y' = -\dfrac{1}{(x+1)^2}, \; y'' = \dfrac{2!}{(x+1)^3}, \; y''' = -\dfrac{3!}{(x+1)^4}, \; y^{(4)} = \dfrac{4!}{(x+1)^5}, \cdots$

以此类推可以得出

$$y^{(n)} = (-1)^n \frac{n!}{(x+1)^{n+1}}.$$

（三）隐函数的导数、对数求导法、参数方程求导法

隐函数求导法   若由方程 $F(x, y) = 0$ 可确定 y 是 x 的函数,则称此函数为隐函数. 由方程 $F(x, y) = 0$ 直接求它确定的隐函数导数的方法叫隐函数求导法,对方程两边关于 x 求导即可,注意 y 是 x 的复合函数.

例 17   求隐函数 $x^3 + y^3 - 4xy = 0$ 的导数 y'.

解   方程两端对 x 求导,得

$$3x^2 + 3y^2 y' - (4y + 4xy') = 0,$$

解得 $y' = \dfrac{4y - 3x^2}{3y^2 - 4x}$.

例 18   求由方程 $y \sin x + \ln y = 1$ 所确定的隐函数的导数.

解   方程两端对 x 求导,得

$$y' \sin x + y \cos x + \frac{1}{y} y' = 0,$$

解得 $y' = -\dfrac{y^2 \cos x}{1 + y \sin x}$.

对数求导法   它适合于含乘、除、乘方、开方的因子所构成的比较复杂的函数.

步骤   （1）两边取对数 .（2）两边对 x 求导 .

例 19   求函数 $y = x^x$ 的导数 .

分析   本例题的底数与指数均含有自变量,不能用幂函数或指数函数的求导公式,可先两边取对数后再求导 .

解   先两边取对数,得

$$\ln y = \ln x^x = x \ln x,$$

方程两边对 x 求导,得

$$\frac{1}{y} y' = \ln x + 1,$$

于是 $y' = y(\ln x + 1) = x^x (\ln x + 1)$.

例 20   求函数 $y = \dfrac{(x+1)^2 \sqrt{x-1}}{(2x+5)^3 e^x}$ 的导数.

解   两边取对数,得

$$\ln y = 2\ln(x+1) + \frac{1}{2}\ln(x-1) - 3\ln(2x+5) - x,$$

两边对 x 求导,得

$$\frac{1}{y}y' = \frac{2}{x+1} + \frac{1}{2(x-1)} - \frac{6}{2x+5} - 1,$$

于是

$$y' = y\left[\frac{2}{x+1} + \frac{1}{2(x-1)} - \frac{6}{2x+5} - 1\right] = \frac{(x+1)^2\sqrt{x-1}}{(2x+5)^3 e^x}\left[\frac{2}{x+1} + \frac{1}{2(x-1)} - \frac{6}{2x+5} - 1\right].$$

参数方程求导法 参数方程 $\begin{cases} x = \varphi(t), \\ y = \psi(t) \end{cases}$,确定 y 与 x 间的函数关系,则称此函数关系所表达的函数为由参数方程所确定的函数. 其求导法则是

$$\frac{dy}{dx} = \frac{dy}{dt} \cdot \frac{dt}{dx} = \frac{dy/dt}{dx/dt} = \frac{\psi'(t)}{\varphi'(t)}.$$

例 21 求参数方程 $\begin{cases} x = a(t-\sin t), \\ y = a(1-\cos t) \end{cases}$,确定的函数的导数.

解 $y' = \dfrac{y'(t)}{x'(t)} = \dfrac{a\sin t}{a(1-\cos t)} = \dfrac{\sin t}{1-\cos t}.$

典型题讲练

拓展题讲练

活动操练-2

1. 利用导数的四则运算法则求下列函数的导数.

(1) $y = 3x^2 - \dfrac{1}{x} + 1.$ (2) $y = \dfrac{2-x^2}{\sin x}.$ (3) $y = x^2\ln x.$

(4) $y = e^x\sin x.$ (5) $y = 2e^x + 3\cos x + 2.$ (6) $y = 2^x - \ln x.$

2. 求下列复合函数的导数.

(1) $y = \sin 3x.$ (2) $y = (3x^2 - 4x + 1)^4.$ (3) $y = e^{-2x}.$

(4) $y = \sqrt{x + \sqrt{x}}.$ (5) $y = \cos\left(3x - \dfrac{\pi}{6}\right).$ (6) $y = \ln(x^3 + 3).$

(7) $y = \dfrac{1}{(2x^2 - 1)^3}.$ (8) $y = e^{4x} + e^{-x^2}.$ (9) $y = e^{2x} + \sin 3x.$

3. 求下列函数的二阶导数.

(1) $y = x^3\ln x.$ (2) $y = \arctan x.$ (3) $y = e^{\sqrt{x}}.$

4. 求下列由隐函数或参数方程确定的函数的导数.

（1）$x^2-y^2=16$.
（2）$x^8+6xy+5y^3=3$.
（3）$y=1+x\sin y$.

（4）$xy=e^{y+x}$.
（5）$y=x^{\sin x}$.
（6）$y=\sqrt{\dfrac{3x-2}{(5-2x)(x-1)}}$.

（7）$y=(1+x)^{\frac{1}{x}}$.
（8）$\begin{cases} x=\sin t, \\ y=t. \end{cases}$
（9）$\begin{cases} x=1-t^2, \\ y=t^3-t. \end{cases}$

（10）$\begin{cases} x=a\cos\theta, \\ y=b\sin\theta. \end{cases}$

攻略驿站

1. 导数的定义是 $f'(x_0)=\lim\limits_{\Delta x\to 0}\dfrac{f(x_0+\Delta x)-f(x_0)}{\Delta x}$，任何函数求导公式都能追溯到此公式上.

2. 对于导数基本公式建议按照学习基本初等函数的顺序去记忆，更加牢固.

3. 公式是为了简化运算的，所以，导数基本公式、四则运算法则、复合函数的求导计算是逐层递进的，注意了解层次关系，严格按照公式展开计算.

3.3.3 拨开云雾见导数

贯通基石

一、洛必达法则求极限

如果当 $x\to a$（或 $x\to\infty$）时，两个函数 $f(x)$ 与 $g(x)$ 趋于零或都趋于无穷大，那么极限 $\lim\limits_{\substack{x\to a \\ (x\to\infty)}}\dfrac{f(x)}{g(x)}$ 可能存在也可能不存在，通常把这种极限叫做未定式，并分别简记为"$\dfrac{0}{0}$"或"$\dfrac{\infty}{\infty}$". 洛必达法则就是以导数为工具求未定式极限的方法.

洛必达法则 若满足如下三个条件，

（1）$\lim\limits_{x\to x_0}f(x)=0$，$\lim\limits_{x\to x_0}g(x)=0$.

（2）$f(x)$ 与 $g(x)$ 在 x_0 的某个邻域（点 x_0 除外）可导，且 $g'(x)\neq 0$.

（3）$\lim\limits_{x\to x_0}\dfrac{f'(x)}{g'(x)}=A$（$A$ 为有限数，也可为 $+\infty$ 或 $-\infty$），则

$$\lim\limits_{x\to x_0}\frac{f(x)}{g(x)}=\lim\limits_{x\to x_0}\frac{f'(x)}{g'(x)}=A.$$

例 22 求 $\lim\limits_{x\to 0}\dfrac{1-\cos x}{x^2}$.

解 $\lim\limits_{x\to 0}\dfrac{1-\cos x}{x^2}=\lim\limits_{x\to 0}\dfrac{\sin x}{2x}=\dfrac{1}{2}\lim\limits_{x\to 0}\dfrac{\sin x}{x}=\dfrac{1}{2}.$

例 23 求 $\lim\limits_{x\to 0}\dfrac{e^x-e^{-x}-2x}{x-\sin x}.$

解 $\lim\limits_{x\to 0}\dfrac{e^x-e^{-x}-2x}{x-\sin x}=\lim\limits_{x\to 0}\dfrac{e^x+e^{-x}-2}{1-\cos x}=\lim\limits_{x\to 0}\dfrac{e^x-e^{-x}}{\sin x}=\lim\limits_{x\to 0}\dfrac{e^x+e^{-x}}{\cos x}=2.$

例 24 求 $\lim\limits_{x\to +\infty}\dfrac{\ln x}{x^3}.$

解 $\lim\limits_{x\to +\infty}\dfrac{\ln x}{x^3}=\lim\limits_{x\to +\infty}\dfrac{\dfrac{1}{x}}{3x^2}=\lim\limits_{x\to +\infty}\dfrac{1}{3x^3}=0.$

例 25 求 $\lim\limits_{x\to +\infty}\dfrac{x^2}{e^x}.$

解 $\lim\limits_{x\to +\infty}\dfrac{x^2}{e^x}=\lim\limits_{x\to +\infty}\dfrac{2x}{e^x}=\lim\limits_{x\to +\infty}\dfrac{x}{e^x}=\lim\limits_{x\to +\infty}\dfrac{1}{e^x}=0.$

对于洛必达法则的几点解释：

（1）上述法则对 $x\to\infty$ 时的未定式"$\dfrac{0}{0}$"同样适用,对 $x\to x_0$ 或 $x\to\infty$ 时的未定式"$\dfrac{\infty}{\infty}$"也有类似的法则.

（2）只要满足条件,可以多次使用洛必达法则,直到能求出极限.

（3）对 $0\cdot\infty$, $\infty\pm\infty$ 型未定式,可通过取倒数、通分等恒等变形化为 $\dfrac{0}{0}$ 型或 $\dfrac{\infty}{\infty}$ 型;对 0^0,1^∞,∞^0 等幂指型未定式,可先取对数,化为 $0\cdot\infty$ 型,然后化为 $\dfrac{0}{0}$ 型或 $\dfrac{\infty}{\infty}$ 型.

洛必达法则

例 26 求 $\lim\limits_{x\to 0^+}x^n\ln x$（$n$ 为正整数）.

解 $\lim\limits_{x\to 0^+}x^n\ln x=\lim\limits_{x\to 0^+}\dfrac{\ln x}{x^{-n}}=\lim\limits_{x\to 0^+}\dfrac{\dfrac{1}{x}}{-nx^{-n-1}}=\lim\limits_{x\to 0^+}\dfrac{x^n}{-n}=0.$

例 27 求 $\lim\limits_{x\to\frac{\pi}{2}}(\sec x-\tan x).$

解 $\lim\limits_{x\to\frac{\pi}{2}}(\sec x-\tan x)=\lim\limits_{x\to\frac{\pi}{2}}\dfrac{1-\sin x}{\cos x}=\lim\limits_{x\to\frac{\pi}{2}}\dfrac{-\cos x}{-\sin x}=0.$

例 28 求 $\lim\limits_{x\to 0^+}x^x.$

解 $\lim\limits_{x\to 0^+}x^x=\lim\limits_{x\to 0^+}e^{x\ln x}=e^{\lim\limits_{x\to 0^+}x\ln x}=1.$

二、大致描绘函数的图形

这里说"大致描绘"而不用"精确描绘",是因为精确描绘一个函数的图像相对要更复杂,而且在实际应用中往往只需知晓函数的大致图像即可,怎么来"大致描绘"呢?首先要找到一些特殊的点,如以前学习三角函数图像时,学习过五点作图法,选取重要的特殊的五个点来对图像进行大致描绘;再如,二次函数的图像是抛物线,那顶点以及两边的对称点都可以看作是特殊点,对于其他函数,我们也试图先找找这类特殊点.

以我们很熟悉的抛物线为例,顶点处的切线是水平的,根据导数的定义,可知此处导数为零,可见导数为零的点应该比较特殊. 而抛物线开口可以向上,也可以向下,这个位置高度在 x 处既不增加也不减小,我们称这样的点为"驻点",即导数等于零的点是驻点.

设函数 $f(x)$ 在点 x_0 的某邻域 $U(x_0)$ 内有定义,如果对于去心邻域 $\overset{\circ}{U}(x_0)$ 内的任一 x,有 $f(x) \leqslant f(x_0)$(或 $f(x) \geqslant f(x_0)$),那么就称 $f(x_0)$ 是函数 $f(x)$ 的一个极大值(或极小值).

函数的极大值与极小值统称为函数的极值.

一般来讲,描绘函数图形的步骤如下:

(1)确定函数的定义域,讨论其对称性及周期性.

(2)确定函数的单调性和极值.

(3)确定曲线的凹凸性和拐点.

(4)确定函数图像与坐标轴的交点.

(5)作图描绘.

定理 1(函数单调性的判定法) 设函数 $y=f(x)$ 在 $[a,b]$ 上连续,在 (a,b) 内可导.

(1)如果在 (a,b) 内 $f'(x)>0$,那么函数 $y=f(x)$ 在 $[a,b]$ 上单调增加.

(2)如果在 (a,b) 内 $f'(x)<0$,那么函数 $y=f(x)$ 在 $[a,b]$ 上单调减少.

例 29 判断函数 $f(x)=x^3-x^2-x+1$ 的单调性和极值.

解 函数的定义域为 $(-\infty,+\infty)$,$f'(x)=3x^2-2x-1=(3x+1)(x-1)$. 令 $f'(x)=0$,得 $x_1=-\dfrac{1}{3}$,$x_2=1$ 两个驻点,列表分析(表 3-2).

表 3-2

x	$\left(-\infty,-\dfrac{1}{3}\right)$	$-\dfrac{1}{3}$	$\left(-\dfrac{1}{3},1\right)$	1	$(1,+\infty)$
$f'(x)$	$+$	0	$-$	0	$+$
$f(x)$	↗	极大值 $\dfrac{32}{27}$	↘	极小值 0	↗

整理一下这种方法,就是利用一阶导数来列表判断单调性和极值,稍微有点儿麻烦,有没有更简单一点的方法呢?其实也可以借助于二阶导数,依据如下:

定理 2(函数极值的判定方法) 设函数 $f(x)$ 在点 x_0 处具有二阶导数且 $f'(x_0) = 0$,$f''(x_0) \neq 0$.

(1)如果 $f''(x_0) < 0$,则 $f(x)$ 在点 x_0 处取得极大值.

(2)如果 $f''(x_0) > 0$,则 $f(x)$ 在点 x_0 处取得极小值.

注:用二阶导数判断时,若二阶导数等于零,还是需要利用单调性判定极值的方法.

在例 29 中由于 $f''(x) = 6x - 2$,显然 $f''\left(-\dfrac{1}{3}\right) = -4 < 0$,$f''(1) = 4 > 0$,故在 $x = -\dfrac{1}{3}$ 处取得极大值,在 $x = 1$ 处取得极小值.

函数单调性与极值

相对来讲,判定函数的极值还是用二阶导数的方法判断起来更简单!那函数是怎样递增的?(图 3-10)?

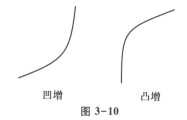

凹增   凸增

图 3-10

凹凸性与拐点

讨论下吧!真是个大家容易忽略的细节!我们接下来就要解决这个问题,即确定函数的凹凸性和拐点,结论如下:

定理 3(曲线的凹凸性和拐点) 设函数 $y = f(x)$ 在 $[a,b]$ 上连续,在开区间 (a,b) 内具有二阶导数.

(1)若在 (a,b) 内 $f''(x) > 0$,则曲线 $y = f(x)$ 在 $[a,b]$ 上是凹的.

(2)若在 (a,b) 内 $f''(x) < 0$,则曲线 $y = f(x)$ 在 $[a,b]$ 上是凸的.

若某一点是连续曲线凹和凸的分界点,则称该点为曲线的拐点,拐点处 $f''(x) = 0$,反之,未必成立. 例如 $y = x^4$,$f''(x) = 12x^2$,$f''(0) = 0$,但曲线 $y = x^4$ 整体都是凹的,$(0,0)$ 不是曲线的拐点.

对于函数 $y = x^3$,$f''(x) = 6x$,显然,当 $x > 0$ 时 $f''(x) > 0$,曲线是凹的,当 $x < 0$ 时 $f''(x) < 0$,曲线是凸的,因此曲线的拐点为 $(0,0)$.

例 30 判断曲线 $y = x^3 - x^2 - x + 1$ 的凹凸性并作出其图像.

解 给定函数 $y = f(x)$ 的定义域为 $(-\infty, +\infty)$.

$$f'(x) = 3x^2 - 2x - 1 = (3x + 1)(x - 1),$$
$$f''(x) = 6x - 2 = 2(3x - 1).$$

令 $f'(x) = (3x+1)(x-1) = 0$，解得 $x = -\dfrac{1}{3}$ 和 1；令 $f''(x) = 2(3x-1) = 0$，解得 $x = \dfrac{1}{3}$. 列表 3-3 讨论分析.

表 3-3

x	$\left(-\infty, -\dfrac{1}{3}\right)$	$-\dfrac{1}{3}$	$\left(-\dfrac{1}{3}, \dfrac{1}{3}\right)$	$\dfrac{1}{3}$	$\left(\dfrac{1}{3}, 1\right)$	1	$(1, +\infty)$
$f'(x)$	$+$	0	$-$	$-$	$-$	0	$+$
$f''(x)$	$-$	$-$	$-$	0	$+$	$+$	$+$
$f(x)$	↗	极大	↘	拐点	↘	极小	↗

函数的极值点为 $x = -\dfrac{1}{3}$，$x = 1$. 在 $x = -\dfrac{1}{3}$ 处有 $f\left(-\dfrac{1}{3}\right) = \left(-\dfrac{1}{3}\right)^3 - \left(-\dfrac{1}{3}\right)^2 - \left(-\dfrac{1}{3}\right) + 1 = \dfrac{32}{27}$，在 $x = 1$ 处有 $f(1) = 1^3 - 1^2 - 1 + 1 = 0$，在 $x = \dfrac{1}{3}$ 处有 $f\left(\dfrac{1}{3}\right) = \left(\dfrac{1}{3}\right)^3 - \left(\dfrac{1}{3}\right)^2 - \left(\dfrac{1}{3}\right) + 1 = \dfrac{16}{27}$.

点 $\left(\dfrac{1}{3}, \dfrac{16}{27}\right)$ 为曲线的拐点.

于是求得函数 $f(x) = x^3 - x^2 - x + 1$ 图形上的三个点 $\left(-\dfrac{1}{3}, \dfrac{32}{27}\right)$，$\left(\dfrac{1}{3}, \dfrac{16}{27}\right)$，$(1, 0)$.

同理可求出 $f(-1) = 0$，即曲线与 x 轴的交点为 $(-1, 0)$. 图像如图 3-11 所示.

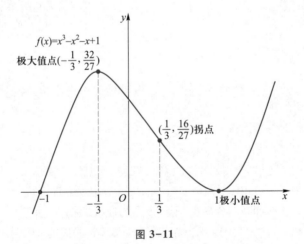

图 3-11

雾里看花

三、曲线的曲率

（1）曲率的基本定义

直觉与经验告诉我们：直线不弯曲，圆周上每一处的弯曲程度是相同的，

导数应用
之曲率

半径较小的圆弯曲得较半径较大的圆要厉害些,抛物线在顶点附近弯曲得比其他位置厉害些.

何为弯曲得厉害些?怎样刻画曲线弯曲的程度呢?让我们先弄清曲线的弯曲与哪些因素有关.

由图 3-12 可看出:弧 $\widehat{M_2M_3}$ 较弧 $\widehat{M_1M_2}$ 弯曲得厉害.动点从 M_1 沿弧线移动到 M_2 时,其切线转过的角度(转角)为 $\Delta\alpha_1$;当从 M_2 移动到 M_3 时,其切线的转角为 $\Delta\alpha_2$.显然 $\Delta\alpha_1<\Delta\alpha_2$.

结语:曲线的弯曲程度与切线的转角有关.

由图 3-13 可以发现:弧 $\widehat{M_1M_2}$ 与弧 $\widehat{N_1N_2}$ 的转角相同,短弧 $\widehat{N_1N_2}$ 较长弧 $\widehat{M_1M_2}$ 弯曲得厉害.

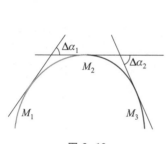

图 3-12

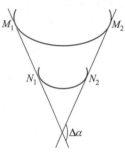

图 3-13

结语:曲线弧段的弯曲程度与弧段的长度有关.

下面,我们给出刻画曲线弯曲程度的数学量——曲率的定义.

曲率的定义　设曲线 C 具有连续的一阶导数,在 C 上选定一点 M_0 作为度量弧的起点.设曲线 C 上的点 M 对应于弧 s,切线的倾角为 α,曲线上的另一点 M' 对应于弧 $s+\Delta s$,切线的倾角为 $\alpha+\Delta\alpha$.那么,弧段 $\widehat{MM'}$ 的长度为 $|\Delta s|$,当切点从点 M 移到点 M' 时,切线转过的角度为 $|\Delta\alpha|$(图 3-14).

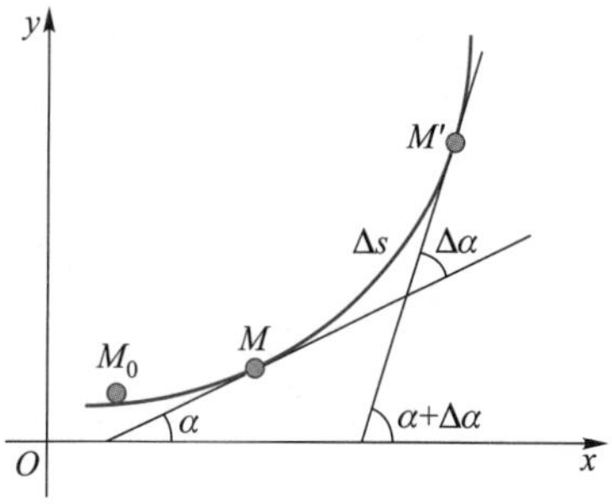

比值 $\left|\dfrac{\Delta\alpha}{\Delta s}\right|$ 表示单位弧段上的切线转角,刻画了弧 $\widehat{MM'}$ 的平均弯曲程度.称它为弧段 $\widehat{MM'}$ 的平均曲率,记作 $\bar{K}$,$\bar{K}=\left|\dfrac{\Delta\alpha}{\Delta s}\right|$.

图 3-14

当 $\Delta s\to 0$ 时(即 $M'\to M$),上述平均曲率的极限就称为曲线在点 M 处的曲率,记作 K,

$$K=\lim_{\Delta s\to 0}\left|\frac{\Delta\alpha}{\Delta s}\right|.$$

当 $\lim\limits_{\Delta s\to 0}\dfrac{\Delta\alpha}{\Delta s}=\dfrac{\mathrm{d}\alpha}{\mathrm{d}s}$ 存在时,有 $K=\lim\limits_{\Delta s\to 0}\left|\dfrac{\Delta\alpha}{\Delta s}\right|=\left|\dfrac{\mathrm{d}\alpha}{\mathrm{d}s}\right|.$

由上述定义知,曲率是一个局部概念,谈曲线的弯曲应该具体地指出是曲线在哪一点处的弯曲,这样才准确.

曲率计算公式

假设曲线方程是 $y = y(x)$,则

$$K = \frac{|y''|}{[1 + (y')^2]^{3/2}}.$$

假设曲线方程是参数方程 $\begin{cases} x = \varphi(t), \\ y = \psi(t), \end{cases}$ 则

$$K = \frac{|\psi''(t)\varphi'(t) - \varphi''(t)\psi'(t)|}{[(\varphi'(t))^2 + (\psi'(t))^2]^{3/2}}$$

例 31   ① 求直线的曲率.② 求圆的曲率.③ 求立方抛物线 $y = x^3$ 上任一点的曲率.

解   ① 对于直线来说,切线和直线本身重合,因此,当点沿直线移动时,切线的倾角 α 不变,如图 3-15 所示.从而 $\Delta\alpha = 0$,于是

$$K = \lim_{\Delta s \to 0} \left| \frac{\Delta\alpha}{\Delta s} \right| = 0.$$

这说明直线上任一点处的曲率都等于零,这与我们直觉认识"直线不弯曲"相一致.

② 如图 3-16 所示,设圆的半径为 R,则圆弧 $\overset{\frown}{MN}$ 上切线的转角 $\Delta\alpha$ 等于圆心角 $\angle MAN$.

圆弧 $\overset{\frown}{MN}$ 的长 $\Delta s = R \cdot \angle MAN = R\Delta\alpha$,于是

$$K = \lim_{\Delta s \to 0} \left| \frac{\Delta\alpha}{\Delta s} \right| = \lim_{\Delta s \to 0} \left| \frac{\Delta\alpha}{R\Delta\alpha} \right| = \frac{1}{R}.$$

这说明,圆上任意一点处的曲率等于半径的倒数,这与我们的直觉认识"圆的弯曲程度到处一样,半径越小,圆弧越弯曲"相一致.

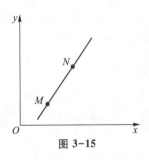

图 3-15

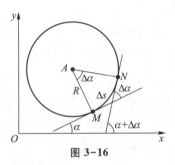

图 3-16

③ $y' = 3x^2$,$y'' = 6x$,$K = \dfrac{6 \cdot |x|}{(1 + 9x^4)^{3/2}}$.

例 32   抛物线 $y = ax^2 + bx + c \ (a \neq 0)$ 上哪一点的曲率最大?

解 $y' = 2ax + b$,$y'' = 2a$.

$$K = \frac{|2a|}{[1 + (2ax + b)^2]^{\frac{3}{2}}},$$

当 $2ax + b = 0$,即 $x = -\dfrac{b}{2a}$ 时,K 有最大值 $|2a|$.

因此,抛物线在顶点 $\left(-\dfrac{b}{2a}, \dfrac{4ac - b^2}{4a} \right)$ 处曲率最大.

（2）曲率圆与曲率半径

设曲线 $y=f(x)$ 在 $M(x,y)$ 处的曲率为 $K(K\neq 0)$，在点 M 处的曲线的法线上，在曲线凹的一侧取一点 D，使 $|DM|=\dfrac{1}{K}=\rho$，以 D 为圆心，以 ρ 为半径作圆，称此圆为曲线在点 M 处的曲率圆，称 D 为曲线在点 M 处的曲率中心，称 ρ 为曲线在点 M 处的曲率半径（图 3-17）.

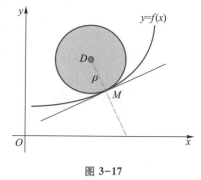

图 3-17

例 33 求抛物线 $y=x^2-4x+3$ 在其顶点处的曲率及曲率半径.

解 抛物线的顶点为 $(2,-1)$，$y'=2x-4$，$y''=2$.

抛物线 $y=x^2-4x+3$ 在其顶点处的曲率

$$K=\left.\frac{|y''|}{(1+(y')^2)^{\frac{3}{2}}}\right|_{(2,-1)}=2,$$

曲率半径 $\rho=\dfrac{1}{K}=\dfrac{1}{2}$.

依据上述定义可以推得：

① 曲率与曲率半径的关系为 $\rho=\dfrac{1}{K}$.

② 曲线与它的曲率圆在同一点处有相同的切线、曲率、凹向. 因此，可用曲率圆在切点处的一段圆弧来近似地替代曲线弧.

四、函数的最值

在工农业生产、工程技术及科学实验中经常会遇到这样一些实际问题:在一定条件下，怎样才能使"产品最多""用料最省""成本最低""效益最高"等问题,这类问题常常可归结为求函数的最大值或最小值问题,这类问题可以利用导数来求解.

我们知道在闭区间上连续的函数一定有最大值和最小值,这在理论上肯定了最值的存在性,但是怎么求出函数的最值呢? 首先假设函数的最大（小）值在开区间 (a,b) 内取得,那么最大（小）值也一定是函数的极大（小）值,由上节的分析知道,使函数取得极值的点一定是函数的驻点或导数不存在的点. 另外函数的最值也可能在区间端点上取得. 因此我们只需把函数的驻点、导数不存在的点及区间端点的函数值一一算出,并加以比较,便可求得函数的最值.

求连续函数 $f(x)$ 在闭区间 $[a,b]$ 上最大（小）值的一般步骤是

（1）求出 $f(x)$ 在 (a,b) 内的全部的驻点与不可导点 x_1，x_2，$\cdots$，x_n.

（2）计算出函数值 $f(x_1)$，$f(x_2)$，$\cdots$，$f(x_n)$，以及 $f(a)$ 与 $f(b)$.

（3）比较上述值的大小.

例 34 求函数 $f(x)=x^5-5x^4+5x^3+1$ 在 $[-1,2]$ 上的最值.

解 因为 $f(x)$ 在 $[-1,2]$ 上连续，所以在该区间上存在最大值和最小值. 又因为

$$f'(x) = 5x^4 - 20x^3 + 15x^2 = 5x^2(x-1)(x-3),$$

令 $f'(x) = 0$,得驻点 $x_1 = 0$, $x_2 = 1$, $x_3 = 3$(舍),由于 $f(-1) = -10$, $f(0) = 1$, $f(1) = 2$, $f(2) = -7$. 比较各值,可得 $f(x)$ 的最大值为 2,最小值为 -10.

例 35　有一块宽为 $2a$ 的长方形铁皮,将长的两个边缘向上折起,做成一个开口水槽(图 3-18),其横截面为矩形,高为 x,问高 x 取何值时水槽的流量最大.

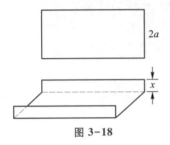

导数应用之最值

图 3-18

解　设两边各折起高 x,则横截面积为 $S(x) = 2x(a-x)$ $(0 < x < a)$,由于 $S'(x) = 2a - 4x$,所以,令 $S'(x) = 0$,得驻点为 $x = \dfrac{a}{2}$.

由实际意义,其最大值在 $x = \dfrac{a}{2}$ 时取得,所以当 $x = \dfrac{a}{2}$ 时,流量最大.

例 36　用输油管把离岸 12 km 的一座海上油井和沿岸往下 20 km 处的炼油厂连接起来(图 3-19),如果水下输油管的铺设成本为每千米 50 万元,而陆地输油管的铺设成本为每千米 30 万元. 问应如何铺设水下和陆地输油管,总的连接费用最小?

解　如图 3-19 所示,设 $CD = x$ (km),那么 $DB = 20 - x$,
$AD = \sqrt{12^2 + x^2} = \sqrt{144 + x^2}$.

从而总的连接费用为

$$y = 50\sqrt{144 + x^2} + 30(20 - x), \quad 0 \leqslant x \leqslant 20.$$

$$y' = \frac{50x}{\sqrt{144 + x^2}} - 30,再令 y' = 0,解得 x = 9.$$

$y(9) = 1\,080$ 万元,$y(0) = 1\,200$ 万元,$y(20) \approx 1\,166$ 万元.

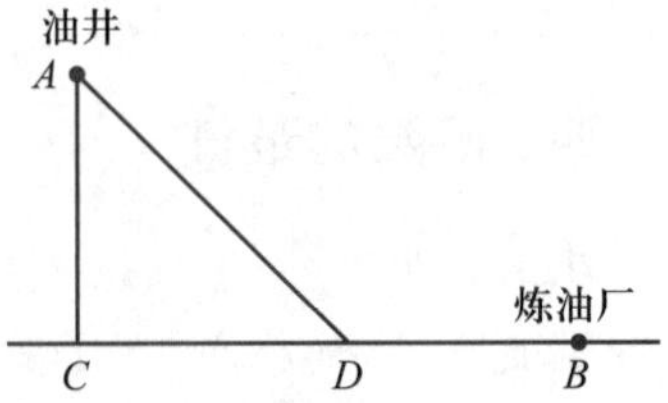

可知,最小的连接成本为 1 080 万元,最优的连接方案为:从炼油厂沿岸在陆地上铺设 11 km 到 D 点,然后在水下铺设 15 km 的管道 AD.

图 3-19

五、微分

微分与导数既密切相关又有本质区别. 导数反映函数在某点变化的快慢程度,而微分则是描述函数的增量的近似值.

在许多实际问题中,我们要研究函数因自变量的微小改变而引起的函数值的改变. 例如:

引例　设有一质地均匀的正方形铁片(图 3-20),当受热膨胀时,其边长由 x_0 变到 $x_0 + \Delta x$,求其面积增量

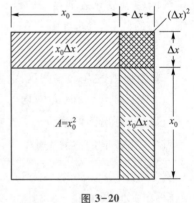

图 3-20

的近似值.

解　设正方形的边长为 x,面积为 A,则 $A = x^2$,当边长由 x_0 变到 $x_0 + \Delta x$ 时,面积 A 对应的增量为

$$\Delta A = (x_0 + \Delta x)^2 - x_0^2 = 2x_0 \Delta x + (\Delta x)^2.$$

上式右边第一项 $2x_0 \Delta x$ 是 Δx 的线性函数,第二项 $(\Delta x)^2$ 是当 $\Delta x \to 0$ 时比 Δx 高阶的无穷小量 $o(\Delta x)$ $(\Delta x \to 0)$. 因此当 $|\Delta x|$ 很小时,面积的增量 ΔA 可近似地用第一项代替,即 $\Delta A \approx 2x_0 \Delta x$.

微分的定义　若函数 $y = f(x)$ 在 x_0 的某一邻域内有定义,在点 x_0 处的增量 $\Delta y = f(x_0 + \Delta x) - f(x_0)$,可表示为 $\Delta y = A\Delta x + o(\Delta x)$. 其中 A 为与 Δx 无关的量,则称函数 $y = f(x)$ 在点 x_0 处可微,$A\Delta x$ 称为函数在点 x_0 的微分,记为 $\mathrm{d}y = A\Delta x$,且有 $A = f'(x_0)$,则 $\mathrm{d}y = f'(x_0)\Delta x$,$A\Delta x$ 是 Δx 的线性函数,称为增量 Δy 的线性主部;$\mathrm{d}y - A\Delta x = o(\Delta x)$ 是 Δx 的高阶无穷小.

注:① 微分是函数增量的主要部分. ② 微分的值与点 x_0 及 Δx 都有关.

微分的几何意义　设函数 $y = f(x)$ 在点 x_0 可微. 如图 3-21 所示,MT 是曲线 $y = f(x)$ 上点 $M(x_0, y_0)$ 处的切线,它的倾斜角为 α,当横坐标 x 有增量 Δx 时,相应地曲线的纵坐标 y 有增量 Δy,对应曲线上的点 $N(x_0 + \Delta x, y_0 + \Delta y)$.

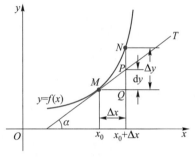

图 3-21

如图 3-21 所示,$MQ = \Delta x$,$QN = \Delta y$,则 $QP = MQ \cdot \tan \alpha = f'(x_0)\Delta x$,即 $\mathrm{d}y = QP$.

几何定义　函数的微分 $\mathrm{d}y$ 是曲线 $y = f(x)$ 在点 M 处切线的纵坐标的相应增量. 而 Δy 是曲线在点 M 处纵坐标的相应增量.

若用 $\mathrm{d}y$ 近似代替 Δy,产生的误差 $PN = (\Delta y - \mathrm{d}y)$ 是 Δx 的高阶无穷小,也就是说在 M 点附近可用切线段近似代替曲线段,即"以直代曲".

例 37　求函数 $y = x^3$ 在 $x = 1$,$\Delta x = 0.1$ 时的增量及微分.

解　$\Delta y = (x + \Delta x)^3 - x^3 = 1.1^3 - 1^3 = 0.331$,在点 $x = 1$ 处,$y'|_{x=1} = 3x^2|_{x=1} = 3$,所以

$$\mathrm{d}y = y' \cdot \Delta x = 3 \times 0.1 = 0.3.$$

注:可见,函数值的增量 0.331 与微分 0.3 十分接近. 很多时候可以用微分近似代替函数增量.

近似公式　当函数 $y = f(x)$ 在 x_0 处的导数 $f'(x_0) \neq 0$,且 $|\Delta x|$ 很小时,有

$$\Delta y = f(x_0 + \Delta x) - f(x_0) \approx f'(x_0)\Delta x$$

或

$$f(x_0 + \Delta x) \approx f(x_0) + f'(x_0)\Delta x.$$

上式中令 $x_0 + \Delta x = x$,则

$$f(x) \approx f(x_0) + f'(x_0)(x - x_0).$$

注:在 Δx 很小,即 $|x - x_0|$ 很小时,左边非线性函数能用右边线性函数近似代替.

例 38 计算 $\sqrt[100]{1.002}$ 的近似值

解 设 $f(x) = \sqrt[100]{x} = x^{\frac{1}{100}}, f'(x) = \frac{1}{100}x^{-\frac{99}{100}}, x_0 = 1, \Delta x = 0.002, f'(1) = \frac{1}{100},$

$$\begin{aligned} \sqrt[100]{1.002} &= f(1.002) = f(1+0.002) \\ &\approx f(1) + f'(1) \times 0.002 \\ &= 1.000\ 02. \end{aligned}$$

例 39 有一批半径为 1 cm 的球, 为了提高球面的光洁度, 要镀上一层铜, 厚度定为 0.01 cm. 估计一下每只球需用铜多少克 (铜的密度是 8.9 g/cm^3)?

解 球体体积为 $V = \frac{4}{3}\pi R^3,$ 则

$$V'\big|_{R=R_0} = \left(\frac{4}{3}\pi R^3\right)'\bigg|_{R=R_0} = 4\pi R_0^2,$$

因此 $\Delta V \approx 4\pi R_0^2 \Delta R,$

将 $R_0 = 1, \Delta R = 0.01$ 代入上式, 得 $\Delta V \approx 4 \times 3.14 \times 1^2 \times 0.01 \approx 0.13 (\text{cm}^3).$

于是镀每只球需用的铜约为 $0.13 \times 8.9 \approx 1.16 (\text{g}).$

活动操练-3

---

1. 利用洛必达法则求极限.

(1) $\lim\limits_{x\to 0}\dfrac{\ln(1+x)}{x}$;　　(2) $\lim\limits_{x\to 0}\dfrac{e^x - e^{-x}}{\sin x}$;　　(3) $\lim\limits_{x\to 0}x^2 e^{\frac{1}{x^2}}$;

(4) $\lim\limits_{x\to\frac{\pi}{2}}\dfrac{\ln\sin x}{(\pi-2x)^2}$;　　(5) $\lim\limits_{x\to 0^+}x^{\sin x}$;　　(6) $\lim\limits_{x\to 1}\left(\dfrac{2}{x^2-1}-\dfrac{1}{x-1}\right).$

2. 求下列函数的单调区间.

(1) $y = x - 2\sin x\ (0 \leqslant x \leqslant 2\pi)$;　　　　(2) $y = 2x + \dfrac{8}{x}\ (x > 0)$;

(3) $y = x + \sqrt{1-x}$;　　　　(4) $y = (x-1)(x+1)^3.$

3. 求下列函数的极值.

(1) $y = |2 + x - x^2|$;　　(2) $y = \dfrac{1}{1+x^2}$;　　(3) $y = \cos x + \dfrac{1}{2}\cos 2x$;　　(4) $y = e^x \cos x.$

4. 求下列函数的最值.

(1) $y = x + \sqrt{1-x}, x \in [-5, 1]$.　　　　(2) $y = 2x^2 - \ln x, x \in \left[\dfrac{1}{3}, 3\right]$.

(3) $y = |x^3 - 9x|, x \in [-3, 5]$.　　　　(4) $y = \sqrt[3]{(x-2)^2}, x \in [0, 5]$.

5. 求下列曲线的凹凸区间和拐点.

(1) $y = xe^{-x}$;　　(2) $y = \ln(x^2+1)$;　　(3) $y = \sqrt{x^2+1}$;　　(4) $y = e^{-x^2}.$

6. 问 a, b 为何值时, 点 $(1, 3)$ 为曲线 $y = ax^3 + bx^2$ 的拐点.

7. 求下列曲线在指定点处的曲率.

（1）$y = \ln x$，$(1, 0)$.
（2）$\begin{cases} x = a\cos^3 t, \\ y = a\sin^3 t, \end{cases}$ $t = \dfrac{\pi}{4}$.

8. 画出下列函数曲线的大致形状.

（1）$y = e^{-x^2}$；
（2）$y = \dfrac{x}{1 + x^2}$.

9. 计算 $\sin 30°30'$ 的近似值.

10. 计算 $\sqrt{1.05}$ 的近似值.

11. 要造一圆柱形油罐，体积为 V，问底半径 r 和高 h 各等于多少时表面积最小？这时底直径与高的比是多少？

12. 一房地产公司有 50 套公寓要出租，当月租金定为 4 000 元时，公寓会全部租出去. 月租金每增加 200 元，就会多一套公寓租不出去，而租出去的公寓平均每月需花费 400 元的维修费. 试问房租定为多少可获得最大收入？

13. 一个边长为 a 的正方形铁片，在四个角各剪去一个边长为 x 的小正方形，然后折成一个无盖长方体容器，问当 x 取何尺寸时容器的容积最大？

攻略驿站

1. 掌握导数应用问题的秘籍
洛必达法则
单调性、极值、凹凸性
2. 挖掘现实生活案例
生活中的曲线弧
经济中的最值问题
实际问题细微化（微分）

3.4　学力训练

3.4.1　基础过关检测

一、单项选择题

1. 导数的定义中，自变量的增量 Δx 满足（　　　）.
A. $\Delta x > 0$　　　　B. $\Delta x < 0$　　　　C. $\Delta x = 0$　　　　D. $\Delta x \neq 0$

2. 导数的定义中，自变量的增量 Δy 满足（　　　）.
A. $\Delta y > 0$　　　　B. $\Delta y < 0$　　　　C. $\Delta y = 0$　　　　D. 以上说法都有可能

3. 当自变量 x 由 x_0 增大到 x_1 时，函数值的增量与相应自变量的增量的比是函数（　　　）.

A. 在区间 $[x_0, x_1]$ 上的平均变化率　　　B. 在 x_1 处的导数

C. 在区间 $[x_0, x_1]$ 上的导数　　　　　　D. 在 x 处的平均变化率

4. 设 $p(x)$ 是函数 $f(x) = \dfrac{1}{6}x^3 + 2x + 1$ 的导函数, 则 $p(-2)$ 的值为(　　　).

A. 0　　　　　　　　B. 4　　　　　　　　C. $-\dfrac{13}{3}$　　　　　　　　D. $-\dfrac{5}{3}$

5. 下列求导运算正确的是(　　　).

A. $\left(x + \dfrac{3}{x}\right)' = 1 + \dfrac{3}{x^2}$　　　　　　　　B. $(\log_2 x)' = \dfrac{1}{x\ln 2}$

C. $(x^2\cos x)' = -2x\sin x$　　　　　　　　D. $(\cot x)' = \csc^2 x$

6. $f(x) = \sin x - \cos x$, 则 $f'\left(\dfrac{\pi}{6}\right) = ($　　　$)$.

A. $\dfrac{1}{2} + \dfrac{\sqrt{3}}{2}$　　　　　B. $\dfrac{1}{2} - \dfrac{\sqrt{3}}{2}$　　　　　C. $-\dfrac{1}{2} + \dfrac{\sqrt{3}}{2}$　　　　　D. $-\dfrac{1}{2} - \dfrac{\sqrt{3}}{2}$

7. $f(x) = x\ln x$, 若 $f'(x_0) = 2$, 则 $x_0 = ($　　　$)$.

A. e^2　　　　　　　　B. e　　　　　　　　C. $\dfrac{\ln 2}{2}$　　　　　　　　D. $\ln 2$

8. 若 $f'(x) = \dfrac{1}{x^2}$, 则函数 $f(x)$ 可以是(　　　).

A. $\dfrac{x-1}{x}$　　　　　B. $\dfrac{1}{x}$　　　　　C. $\dfrac{1}{3}x^{-3}$　　　　　D. $\ln x$

9. 函数 $y = x^2$ 的导数是(　　　).

A. $y' = x$　　　　　　　　B. $y' = 2x$　　　　　　　　C. $y' = x + 1$　　　　　　　　D. 以上答案都不对

10. 函数 $y = 2x + \sin x + \pi^2$ 的导数是(　　　).

A. $y' = 2 + \cos x$　　　　　　　　B. $y' = 2 - \cos x$

C. $y' = 2 + \cos x + 2\pi$　　　　　　　　D. $y' = 2 - \cos x + 2\pi$

11. 设 $f(x) = \sin 2x$, 则 $f'\left(\dfrac{\pi}{3}\right) = ($　　　$)$.

A. $\dfrac{\sqrt{3}}{2}$　　　　　　　　B. $-\sqrt{3}$　　　　　　　　C. 1　　　　　　　　D. -1

12. 函数 $y = \sin^3\left(3x + \dfrac{\pi}{4}\right)$ 的导数是(　　　).

A. $3\sin\left(3x + \dfrac{\pi}{4}\right)\cos\left(3x + \dfrac{\pi}{4}\right)$　　　　　　　　B. $9\sin^2\left(3x + \dfrac{\pi}{4}\right)\cos\left(3x + \dfrac{\pi}{4}\right)$

C. $9\sin^2\left(3x + \dfrac{\pi}{4}\right)$　　　　　　　　D. $-9\sin^2\left(3x + \dfrac{\pi}{4}\right)\cos\left(3x + \dfrac{\pi}{4}\right)$

13. $y = \sin(2 - 4x)$, 则 $y' = ($　　　$)$.

A. $-\sin(2 - 4x)$　　　　B. $2\cos(-4x)$　　　　C. $4\cos(2 - 4x)$　　　　D. $-4\cos(2 - 4x)$

14. 曲线 $xy + \ln y = 1$ 在点 $(1, 1)$ 处的切线方程为(　　　).

A. $x + 2y + 3 = 0$　　　　B. $x - 2y - 3 = 0$　　　　C. $x + 2y - 3 = 0$　　　　D. $x + 2y - 1 = 0$

15. 已知 $xy - \sin(\pi y^2) = 0, y'|_{(0,-1)} = ($ $).$

A. $\dfrac{1}{\pi}$ B. $\dfrac{1}{2\pi}$ C. $-\dfrac{1}{2\pi}$ D. 0

16. 参数方程 $\begin{cases} x = 5\cos\ t, \\ y = 4\sin\ t \end{cases}$ 的导数为 ($ $).

A. $-\dfrac{4}{5}\cot\ t$ B. $-\dfrac{5}{4}\cot\ t$ C. $\dfrac{4}{5}\cot\ t$ D. $\dfrac{4}{5}\cot\ t$

17. 已知 $y = \ln\ x$, 则 $y^{(6)} = ($ $).$

A. $-\dfrac{1}{x^5}$ B. $\dfrac{1}{x^5}$ C. $\dfrac{4!}{x^5}$ D. $-\dfrac{4!}{x^5}$

18. 设 $y = \sin\ x - \cos\ x$, 则 $y^{(n)}(0) = ($ $).$

A. 0   B. 1   C. 2   D. 以上说法都不对

19. 设 $f(x) = e^{2x}$, 则 $f'''(0) = ($ $).$

A. 8   B. 2   C. 0   D. 1

20. $y = x^2\sin\ x, \mathrm{d}y = ($ $).$

A. $(2x\sin\ x + x^2\cos\ x)\mathrm{d}x$ B. $2x\sin\ x + x^2\cos\ x$

C. $(2x\sin\ x + \cos\ x)\mathrm{d}x$ D. $2x\sin\ x + \cos\ x$

21. 将适当函数填入括号内, $\mathrm{d}($ $) = \sin\ \omega x\mathrm{d}x(\omega$ 为常数$).$

A. $-\cos\ \omega x + C$ B. $\sin\ \omega x + C$

C. $-\dfrac{1}{\omega}\cos\ \omega x + C$ D. $\dfrac{1}{\omega}\sin\ \omega x + C$

22. 函数 $y = x^2$ 在 $x = 2$ 处的微分为($ $).

A. $8\mathrm{d}x$ B. 8   C. $4\mathrm{d}x$ D. 4

23. 利用洛必达法则求极限 $\lim\limits_{x\to 0}\dfrac{x - \sin x}{x^3} = ($ $).$

A. 6   B. $\dfrac{1}{6}$ C. 3   D. $\dfrac{1}{3}$

24. 利用洛必达法则求极限 $\lim\limits_{x\to 1}\dfrac{x^2 - 6x + 5}{2x^3 - 2} = ($ $).$

A. $-\dfrac{2}{3}$ B. $\dfrac{1}{2}$ C. $-\dfrac{1}{3}$ D. $\dfrac{1}{3}$

25. 利用洛必达法则求极限 $\lim\limits_{x\to 0}\dfrac{e^x - e^{-x}}{x} = ($ $).$

A. -1 B. 1   C. 2   D. -2

26. 曲线 $y = x^4 - 2x^3 + 1$ 的凸区间为($ $).

A. $(-\infty, 0)$ B. $(1, +\infty)$ C. $(0, 1)$ D. $(0, 4)$

27. 函数 $y = \dfrac{1}{3}x^3 - x^2 - 3x + 3$ 的单调递增区间为($ $).

A. $(-\infty, -1)$和$(3, +\infty)$ B. $(-\infty, -3)$和$(1, +\infty)$

C. $(-1, 3)$ D. $(-3, 1)$

28. 函数 $y=\dfrac{1}{3}x^3-x^2-3x+3$ 的单调递减区间为（　　）.

A.（$-\infty,-1$）和（$3,+\infty$）　　　　　B.（$-\infty,-3$）和（$1,+\infty$）

C.（$-1,3$）　　　　　　　　　　　　　D.（$-3,1$）

29. 函数 $f(x)=x^3-\dfrac{9}{2}x^2+6x+1$ 的极大值为 $f($　　$)=($　　$)$.

A. $-1,3$　　　　B. $1,\dfrac{7}{2}$　　　　C. $-1,5$　　　　D. $1,\dfrac{4}{3}$

30. 函数 $f(x)=x^3-\dfrac{9}{2}x^2+6x+1$ 的极小值为 $f($　　$)=($　　$)$.

A. $-2,3$　　　　B. $2,-3$　　　　C. $2,3$　　　　D. $-2,-3$

31. 函数 $y=x^3-6x^2+9x$ 在区间 $[0,2]$ 上的最小值和最大值分别为（　　）.

A. 0 和 2　　　　B. 1 和 2　　　　C. 0 和 4　　　　D. 1 和 4

二、计算题

1. 求下列函数的导数．

（1）$y=\sqrt[3]{x^2}$；　　　　　（2）$y=x^3\sqrt[5]{x}$；　　　　　（3）$y=\left(\sqrt{2}\right)^x$；

（4）$y=\log_3 x$；　　　　　（5）$\rho=\sqrt{\varphi}\sin\varphi$；　　　　　（6）$y=3\ln x-\dfrac{2}{x}+\tan x$；

（7）$y=\mathrm{e}^x(\sin x+\cos x)$；　　（8）$y=x\tan x-2\sec x$.

2. 求曲线 $y=\sin x$ 在点 $\left(\dfrac{\pi}{4},\dfrac{\sqrt{2}}{2}\right)$ 处的切线斜率．

3. 过点 $A(1,2)$ 作抛物线 $y=2x-x^2$ 的切线，求该切线的方程．

4. 求曲线 $y=x-\dfrac{1}{x}$ 与横轴交点处的切线方程．

5. 求下列函数的导数．

（1）$y=\left(\dfrac{2}{3}\right)^x+x^{\frac{2}{3}}$；　　　　　（2）$y=\mathrm{e}^{\cos x}$；　　　　　（3）$y=\sqrt{\mathrm{e}^{2x}+1}$；

（4）$y=\sin(2^x)$；　　　　　（5）$y=2^{\frac{x}{\ln x}}$；　　　　　（6）$y=\mathrm{e}^x\ln x$；

（7）$y=\arcsin 5x$；　　　　　（8）$y=\arctan \mathrm{e}^{\sqrt{x}}$；　　　　　（9）$y=\arccos(\ln x)$.

6. 求下列隐函数的导数．

（1）$y^5+2y-x-3x^7=0$；　　（2）$xy=\mathrm{e}^{x+y}$；　　　　　（3）$y=1-x\mathrm{e}^y$.

7. 用对数求导法求下列函数的导数．

（1）$y=(\sin x)^x$；　　　　　（2）$y=\sqrt{\dfrac{x(x-1)}{(x-2)(x+3)}}$.

8. 求下列函数的二阶导数．

（1）$y=(x+3)^4$；　　　　　（2）$y=\left(\dfrac{3}{5}\right)^x$；　　　　　（3）$y=(1+x^2)\arctan x$.

9. 已知作直线运动的某物体运动方程为 $s = A\cos(\omega t + \varphi)$（$A, \omega, \varphi$ 均为常数），求物体运动的加速度.

10. 求下列函数的微分.

（1）$y = \dfrac{1}{x} + 2\sqrt{x}$；　　　　（2）$y = \cos 3x$；　　　　（3）$y = 2^{\ln \tan x}$；

（4）$y = e^{-x}\cos(3-x)$；　　　（5）$y = [\ln(1-x)]^2$.

11. 求下列函数的导数.

（1）$y = \dfrac{1}{x} + \dfrac{1}{\sqrt{x}}\dfrac{1}{\sqrt[3]{x}}$；　　　　（2）$y = 2^x(x\sin x + \cos x)$；　（3）$y = x\arctan\dfrac{x}{a} - \dfrac{a}{2}\ln(x^2 + a^2)$；

（4）$y = e^{\sqrt[3]{x+1}}$；　　　　　（5）$y = \ln\dfrac{1}{x + \sqrt{x^2 - 1}}$.

12. 用洛必达法则求下列极限.

（1）$\lim\limits_{x \to 0}\dfrac{\sin ax}{\sin bx}(b \neq 0)$；　　　　　　（2）$\lim\limits_{x \to \pi}\dfrac{\sin 3x}{\tan 5x}$；

（3）$\lim\limits_{x \to 0}\dfrac{e^x - e^{-x}}{\sin x}$；　　　　　　　　（4）$\lim\limits_{x \to \infty}\dfrac{x + \sin x}{x}$.

13. 确定下列函数的单调区间.

（1）$f(x) = 2x^3 - 6x^2 - 18x - 7$；　　　　　（2）$f(x) = 2x^2 - \ln x$；

（3）$f(x) = (x-1)(x+1)^3$；　　　　　　　（4）$f(x) = e^{-x^2}$.

14. 判断下列曲线的凹凸性.

（1）$y = \ln x$；　　　　　（2）$y = 4x - x^2$；　　　　（3）$y = x + \dfrac{1}{x}(x > 0)$；

（4）$y = x\arctan x$.

15. 求下列曲线的拐点和凹凸区间.

（1）$y = 2x^3 + 3x^2 + x + 2$；　　（2）$y = xe^{-x}$；　　　　（3）$y = \ln(x^2 + 1)$；

（4）$y = e^{\arctan x}$.

16. 求下列函数的极值点和极值.

（1）$y = 2x^2 - 8x + 3$；　　　　（2）$f(x) = x + \tan x$；　　　（3）$f(x) = 2e^x + e^{-x}$；

（4）$f(x) = x + \sqrt{1-x}$.

3.4.2　拓展探究练习

一、填空题

（1）若 $\lim\limits_{\Delta x \to 0}\dfrac{f(x_0 + 2\Delta x) - f(x_0)}{\Delta x} = \dfrac{1}{2}$，则 $f'(x_0) = $ _____；

（2）设函数 $f(x) = \begin{cases} x^2, & x \leq 1, \\ ax + b, & x > 1, \end{cases}$ 当 $a = $ ___，$b = $ ___ 时，$f(x)$ 在 $x = 1$ 时可导.

（3）若 $f(x)$ 满足关系式 $f(x)=f(0)+2x+\alpha(x)$，且 $\lim\limits_{x\to0}\dfrac{\alpha(x)}{x}=0$，则 $f'(0)=$ _____ ;

（4）若 $f(\sqrt{x})=\dfrac{\arctan x}{x}$，则 $f'(x)=$ _____ ;

（5）方程 $e^y+xy-2x=1$ 确定 y 为 x 的函数，则 $y'\big|_{x=0}=$ _____ ;

（6）设 $y=f(x^2+b)$，则 $y''=$ _____ ;

（7）已知 $f(x)\sin x-x\cos x$，则 $f''(\pi)=$ _____ ;

（8）函数 $y=\sqrt{1+x}$ 在点 $x=0$ 处，当 $\Delta x=0.04$ 时的微分为 _____ ;

（9）已知函数 $f(x)=k\sin x+\dfrac{1}{3}\sin 3x$，若点 $x=\dfrac{\pi}{3}$ 是其驻点，则常数 $k=$ _____ ;

（10）函数 $y=x^3-12x$ 在闭区间 $[-3,3]$ 上的最大值在点 $x=$ _____ 处取得;

（11）生产某种产品 x 单位的利润是 $L(x)=5\,000+x-0.000\,01x^2$（元），则生产 _____ 单位时获取的利润最大;

（12）某产品总成本 C 为产量 x 的函数 $C=C(x)=a+bx^2\,(a>0,b>0)$，则生产 m 单位产品时的边际成本为 _____ .

二、计算题

1. 根据导数的定义求函数 $f(x)=3x-2$ 的导数.

2. 讨论函数 $f(x)=|x-2|$ 在点 $x=2$ 处的连续性和可导性.

3. 求下列函数的导数.

（1）$y=\ln(1+x^2)$;　　　　（2）$y=\ln\ln x$;　　　　（3）$y=\left(\arcsin\dfrac{x}{2}\right)^2$;

（4）$y=\arcsin(1-2x)$;　　（5）$y=\arctan(\tan x)^2$;　　（6）$y=\ln\tan\dfrac{x}{2}$.

4. 求由下列方程所确定的隐函数的导数.

（1）$xy-e^x+e^y=0$;　　　（2）$y=x+\ln y$;　　　　（3）$y=1+xe^x$;

（4）$\cos(x+y)=x$.

5. 利用对数求导法求下列函数的导数.

（1）$x^y=y^x$;　　　　　　（2）$y=(\cos x)^{\sin x}$;　　　（3）$y=\sqrt{\dfrac{x-1}{x(x+3)}}$.

6. 用适当的函数填入下列各括号中，使各等式成立.

（1）$3x^2\mathrm{d}x=\mathrm{d}(\quad)$;　　　（2）$2\cos 2x\mathrm{d}x=\mathrm{d}(\quad)$;

（3）$\dfrac{1}{x-1}\mathrm{d}x=\mathrm{d}(\quad)$;　　　（4）$\sqrt{a+bx}\,\mathrm{d}x=\mathrm{d}(\quad)$.

7. 求下列函数的二阶导数.

（1）$y=\ln(x+3)$;　　　　（2）$y=x\sin x$;　　　　（3）$y=(1+x^2)\arctan x$.

8. 用洛必达法则求下列极限.

（1）$\lim\limits_{x\to0}\dfrac{\ln(1+x)}{x}$;　　　（2）$\lim\limits_{x\to0}\dfrac{e^x-e^{-x}}{\sin x}$;　　　（3）$\lim\limits_{x\to0}\dfrac{x-\sin x}{e^x+\cos x-x-2}$;

（4）$\lim\limits_{x\to 0}\dfrac{\ln(1+x)}{\arctan x}$.

三、应用题

1. 已知曲线 $y=x^3+ax^2-9x+4$ 在 $x=1$ 有拐点，试确定系数 a，并求曲线的拐点和凹凸区间.

2. a,b 为何值时，点 $(1,3)$ 为曲线 $y=ax^3+bx^2$ 的拐点？

3. 从长为 12 cm，宽为 8 cm 的矩形纸板的四个角剪去相同的小正方形，折成一个无盖的盒子，要使盒子的容积最大，剪去的小正方形的边长应为多少？

4. 把长为 24 cm 的铁丝剪成两段，一段做成圆，另一段做成正方形，应如何剪才能使圆与正方形的面积之和最小？

5. 水管壁的正截面是一个圆环，设它的内径为 r_0，壁厚为 h，求这个圆环面积的近似值（h 相当小）.

6. 某软件公司的收入函数（单位：万元）为

$$R=36x-\dfrac{x^2}{20}.$$

其中 x 为一个月的产量（单位：套）. 某月的产量从 250 套增加到 260 套，试估计该月收入增加了多少？

7. 某车间要靠墙壁盖一间长方形的小屋，现有存砖只够砌 20 m 长的墙壁. 问应围成怎样的长方形才能使这间小屋的面积最大？

8. 把一根直径为 d 的原木锯成截面为矩形的梁，问矩形截面的高 h 和宽 b 应如何选择才能使梁的抗弯截面模量 $W\left(W=\dfrac{1}{6}bh^2\right)$ 最大？

9. 一汽车修理厂家正在测试一款新开发的汽车发动机的效率，发动机的效率 p（单位：%）与汽车的速度 v（单位：km/h）之间的关系为 $p=0.768v-0.000\,04v^3$. 求发动机的最大效率.

10. 某工厂生产的成本函数为 $C(q)=9\,800-36q+0.5q^2$（q 为产品的件数），问该厂生产多少件产品时的平均成本最低？最低是多少？

11. 已知生产某产品的总收入函数为 $R(x)=30x-3x^2$（元），总成本函数为 $C(x)=x^2+2x+2$（元），由于国家要对这种产品征税，厂家要以税率 t 元/单位产量进行纳税，求在这种情况下获得最大利润的产量是多少？国家税收是多少？

12. 铁路线上 AB 段的距离为 100 km，工厂 C 距离 A 处为 20 km，AC 垂直于 AB. 为了运输需要，要在 AB 段上选定一点 D，从 D 向工厂 C 修筑一条公路. 已知铁路上每吨每千米的货运费用与公路上每吨每千米的货运费用之比为 3：5，为了使货物从供应站 B 运到工厂 C 每吨货物的总运费最省，问 D 应选在何处？

13. 将长为 a 的铁丝切成两段，一段围成正方形，另一段围成圆形，问这两段铁丝各长多少时，正方形与圆形面积之和为最小？

14. 用围墙围成面积为 216 m^2 的一块矩形土地，并在长向正中用一堵墙将其隔成两块，问这块地的长和宽选取多大尺寸，才能使所用建材最省？

3.5 服务驿站

3.5.1 软件服务

一、实验目的

（1）熟练掌握在 MATLAB 环境下初等函数的求导方法．
（2）掌握在 MATLAB 环境下隐函数、由参数方程所确定的函数的求导方法．

二、实验过程

（1）初等函数的求导方法

    diff(f) %对默认自由变量 x 求导数

    diff(f,'x',2) %对符号变量 x 求二阶导数

例 40 已知 $f(x) = \dfrac{1}{\sqrt{1-x^2}}$，求 $f(x)$ 的导数和二阶导数．

实验操作：

```
f=sym(1(1-x^2)^1/2)
f=
    1/(1-x^2)^1/2
diff(f)% 求导数
ans=
    1/(1=x^2)^2 * x
diff(f,'x',2) % 求二阶导数
ans=
    4/(1-x^2)^3 * x^2+1/(1-x^2)
```

（2）隐函数的求导方法

    $-$diff(F,'x')/diff(F,'y') %由方程 $F(x,y)=0$ 求 $\dfrac{\mathrm{d}y}{\mathrm{d}x}$

例 41 求由方程 $xy = \mathrm{e}^{x+y}$ 所确定的隐函数 y 的导数 $\dfrac{\mathrm{d}y}{\mathrm{d}x}$．

实验操作：

```
F=sym('x * y-exp(x+y)');
-diff(F,'x')/diff(F,'y')%求 dy/dx
ans=
    y * (x-1)/x/(1-y)
```

（3）由参数方程所确定的函数的求导方法

若参数方程为 $\begin{cases} x=f(t), \\ y=g(t), \end{cases}$ 用 MATLAB 求 $\dfrac{\mathrm{d}y}{\mathrm{d}x}$ 的命令如下：

$$\text{diff}(\,\text{g},'\text{t}')\,/\,\text{diff}(\,\text{f},'\text{t}')$$

例 42　求由参数方程 $\begin{cases} x=t(1-\sin t), \\ y=t\cos t \end{cases}$ 所确定的函数 y 的导数 $\dfrac{\mathrm{d}y}{\mathrm{d}x}$.

实验操作：

```
f=sym(t*(1-sin(t))');
g=sym(t*cos(t)');
diff(g,t')/diff(f,t')%求 dy/dx
ans=
    (cos(t)-t*sin(t))/(1-sin(t)-t*cos(t))
```

三、实验任务

（1）求 $f(x)=(x+2)^3$ 的导数和二阶导数.

（2）求 $f(x)=\ln(x+\sqrt{1-x^2})$ 的导数、二阶导数和三阶导数.

（3）求由方程 $xy+\ln y=1$ 所确定的隐函数 y 的导数 $\dfrac{\mathrm{d}y}{\mathrm{d}x}$.

（4）求由参数方程 $\begin{cases} x=\cos t-\sin t, \\ y=t\sin t \end{cases}$ 所确定的函数 y 的导数 $\dfrac{\mathrm{d}y}{\mathrm{d}x}$.

3.5.2　建模体验

例 43　如图 3-22 所示，有一块半径为 R 的半圆形空地，开发商计划征地建一个矩形游泳池 $ABCD$ 和其附属设施，附属设施占地形状是等腰 $\triangle CDE$，其中 O 为圆心，A，B 在圆的直径上，C，D，E 在圆周上.

（1）设 $\angle BOC=\theta$，征地面积记为 $f(\theta)$，求 $f(\theta)$ 的表达式.

（2）当 θ 为何值时，征地面积最大？

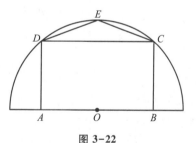

图 3-22

解　（1）连接 OE，可得 $OE=R$，$OB=R\cos\theta$，$BC=R\sin\theta$；$\theta\in\left(0,\dfrac{\pi}{2}\right)$，所以

$$f(\theta)=2S_{梯形OBCE}=R^2(\sin\theta\cos\theta+\cos\theta).$$

（2）$f'(\theta)=-R^2(2\sin\theta-1)(\sin\theta+1)$，令 $f'(\theta)=0$，得 $\sin\theta+1=0$（舍）或者 $\sin\theta=\dfrac{1}{2}$. 因为 $\theta\in\left(0,\dfrac{\pi}{2}\right)$，当 $\theta\in\left(0,\dfrac{\pi}{6}\right)$，$f'(\theta)>0$，当 $\theta\in\left(\dfrac{\pi}{6},\dfrac{\pi}{2}\right)$，$f'(\theta)<0$，所以当 $\theta=\dfrac{\pi}{6}$ 时，$f(\theta)$ 取得最大.

故 $\theta=\dfrac{\pi}{6}$ 时，征地面积最大.

例 44 交管部门遵循公交优先的原则,在某路段开设了一条仅供车身长为 10 m 的公共汽车行驶的专用车道. 据交管部门收集的大量数据分析发现,该车道上行驶着的前、后两辆公共汽车间的安全距离 $d(\text{m})$ 与车速 $v(\text{km/h})$ 之间满足二次函数关系 $d=f(v)$. 现已知车速为 15 km/h 时,安全距离为 8 m;车速为 45 km/h 时,安全距离为 38 m;出现堵车状况时,两车安全距离为 2 m.

(1) 试确定 d 关于 v 的函数关系 $d=f(v)$.

(2) 车速 $v(\text{km/h})$ 为多少时,单位时段内通过这条车道的公共汽车数量最多,最多是多少辆?

解 (1) 由题设可令所求函数关系 $f(v)=av^2+bv+c$. 由题意得 $v=0$ 时,$d=2$ 时;$v=15$ 时,$d=8$ 时;$v=45$ 时,$d=38$. 则

$$\begin{cases} c=2, \\ a\times15^2+15b+c=8, \\ a\times45^2+45b+c=38, \end{cases}$$

所以 d 关于 v 的函数关系为 $d=\dfrac{1}{75}v^2+\dfrac{1}{5}v+2\,(v\geqslant 0)$.

(2) 两车间的距离为 $d(\text{m})$,则一辆车占去的道路长为 $d+10(\text{m})$.

设 1 小时内通过该车道的公共汽车数量为 y 辆,则

$$y=\frac{1\,000v}{\dfrac{v^2}{75}+\dfrac{v}{5}+12},$$

由 $y'=\dfrac{1\,000\left(-\dfrac{v^2}{75}+12\right)}{\left(\dfrac{v^2}{75}+\dfrac{v}{5}+12\right)^2}=0$,解得 $v=30$. 当 $0<v<30$ 时,$y'>0$;当 $v>30$ 时,$y'<0$. 于是函数 $y=\dfrac{1\,000v}{\dfrac{v^2}{75}+\dfrac{v}{5}+12}$ 在区间 $(0,30)$ 上单调增加,在区间 $(30,+\infty)$ 上单调减少,因此 $v=30$ 时函数取最大值 $y=1\,000$.

故汽车车速定为 30 km/h 时,每小时通过这条专用车道的公共汽车数量最多,能通过 1 000 辆.

例 45 某地政府为科技兴市,欲在如图 3-23 所示的矩形 $ABCD$ 的非农业用地中规划出一个高科技工业园区(图 3-23 中阴影部分),形状为直角梯形 $QPRE$(线段 EQ 和 RP 为两个底边),已知 $AB=2$ km,$BC=6$ km,$AE=BF=4$ km,其中 AF 是以 A 为顶点、AD 为对称轴的抛物线段. 试求该高科技工业园区的最大面积.

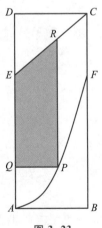

图 3-23

解 以 A 为原点,AB 所在直线为 x 轴建立直角坐标系,则 $A(0,0)$,$F(2,4)$,由题意可设抛物线段所在抛物线的方程为 $y=ax^2\,(a>0)$,由 $4=a\times2^2$ 得 $a=1$,所以 AF 所在抛物线的方程为 $y=x^2$,又 $E(0,4)$,$C(2,6)$,所以 EC 所在直线的方程为 $y=x+4$.

设 $P(x,x^2)(0<x<2)$,则

$$PQ=x, QE=4-x^2, PR=4+x-x^2,$$

所以,工业园区的面积 $S=\dfrac{1}{2}(4-x^2+4+x-x^2)\cdot x=-x^3+\dfrac{1}{2}x^2+4x\ (0<x<2)$,

$$S'=-3x^2+x+4,$$

令 $S'=0$ 得 $x=\dfrac{4}{3}$ 或 $x=-1$(舍去负值),当 x 变化时,S' 和 S 的变化情况如表 3-4 所示.由表 3-4 可知,当 $x=\dfrac{4}{3}$ 时,S 取得最大值 $\dfrac{104}{27}$.

表 3-4

x	$\left(0,\dfrac{4}{3}\right)$	$\dfrac{4}{3}$	$\left(\dfrac{4}{3},2\right)$
S'	$+$	0	$-$
S	$\uparrow$	极大值$\dfrac{104}{27}$	$\downarrow$

故该高科技工业园区的最大面积为 $\dfrac{104}{27}$ km^2.

导数及其应用小结

3.5.3 重要技能备忘录

典型问题	公式及方法	
基本初等函数的求导公式	(1) $(C)'=0.$	(2) $(x^{\mu})'=\mu x^{\mu-1}.$
	(3) $(a^x)'=a^x\ln a(a>0).$	(4) $(e^x)'=e^x.$
	(5) $(\log_a x)'=\dfrac{1}{x\ln a}$	(6) $(\ln x)'=\dfrac{1}{x}.$
	(7) $(\sin x)'=\cos x.$	(8) $(\cos x)'=-\sin x.$
	(9) $(\tan x)'=\sec^2 x.$	(10) $(\cot x)'=-\csc^2 x.$
	(11) $(\sec x)'=\sec x\cdot\tan x.$	(12) $(\csc x)'=-\csc x\cdot\cot x.$
	(13) $(\arcsin x)'=\dfrac{1}{\sqrt{1-x^2}}.$	(14) $(\arccos x)'=-\dfrac{1}{\sqrt{1-x^2}}.$
	(15) $(\arctan x)'=\dfrac{1}{1+x^2}.$	(16) $(\operatorname{arccot} x)'=-\dfrac{1}{1+x^2}.$

续表

典型问题	公式及方法
复合函数求导法则	设 $y=f(u)$，而 $u=\varphi(x)$，f,φ 均可导，则复合函数 $y=f[\varphi(x)]$ 的导数为 $$\frac{\mathrm{d}y}{\mathrm{d}x}=\frac{\mathrm{d}y}{\mathrm{d}u}\cdot\frac{\mathrm{d}u}{\mathrm{d}x}或 y'=f'(u)\cdot\varphi'(x)$$
高阶导数的计算	先求导数，对结果再求导为二阶导数，对结果再求导为三阶，以此类推
隐函数求导	对隐函数方程 $F(x,y)=0$ 两边关于 x 求导即可，注意 y 是 x 的复合函数
对数求导法	适合于含乘、除、乘方、开方的因子所构成的比较复杂的函数．步骤：(1) 两边取对数；(2) 两边对 x 求导，同样注意 y 是 x 的复合函数
参数方程求导法	参数方程 $\begin{cases} x=\varphi(t), \\ y=\psi(t) \end{cases}$ 确定 y 与 x 间的函数关系，则称此函数关系所表达的函数为由参数方程所确定的函数．其求导法则是 $$\frac{\mathrm{d}y}{\mathrm{d}x}=\frac{\mathrm{d}y}{\mathrm{d}t}\cdot\frac{\mathrm{d}t}{\mathrm{d}x}=\frac{\mathrm{d}y/\mathrm{d}t}{\mathrm{d}x/\mathrm{d}t}=\frac{\psi'(t)}{\varphi'(t)}$$
导数的应用 1——洛必达法则求未定式极限	$\dfrac{0}{0}\left(\dfrac{\infty}{\infty}\right)$ 型的洛必达法则： $$\lim_{\substack{x\to a \\ (x\to\infty)}}\frac{f(x)}{g(x)}=\lim_{\substack{x\to a \\ (x\to\infty)}}\frac{f'(x)}{g'(x)} \quad（满足条件的话可多次使用）$$
导数的应用 2——判断函数的单调性	在某个区间 (a,b) 内，如果 $f'(x)>0$，那么函数 $y=f(x)$ 在这个区间内单调增加；如果 $f'(x)<0$，那么函数 $y=f(x)$ 在这个区间内单调减少
导数的应用 3——求函数的极值	步骤：(1) 求定义域；(2) 求导数 $f'(x)$；(3) 令 $f'(x)=0$ 求出驻点；(4) 列表或者求 $f''(x)$ 算出极值
导数的应用 4——求函数的最值	(1) 求 $y=f(x)$ 的全部驻点和不可导点； (2) 求出函数在驻点、不可导点、闭区间端点处（开区间不用求端点）对应的函数值； (3) 比较之后得出函数的最大值和最小值． **注意**：若已知函数必定有最值，且函数在开区间只有唯一的驻点，则此驻点必为最值点
导数的应用 5——判断曲线凹凸性	设函数 $y=f(x)$ 在区间 (a,b) 内具有二阶导数． (1) 如果在 (a,b) 内，$f''(x)>0$，那么曲线 $y=f(x)$ 在 (a,b) 内是凹的． (2) 如果在 (a,b) 内，$f''(x)<0$，那么曲线 $y=f(x)$ 在 (a,b) 内是凸的． 拐点：凹的曲线弧与凸的曲线弧的分界点，叫做曲线的拐点． 求曲线 $y=f(x)$ 的拐点的步骤： (1) 确定函数 $y=f(x)$ 的定义域；(2) 求 $y''=f''(x)$；(3) 求出 $f''(x)=0$ 的点及二阶导数不存在的点；(4) 列表求拐点
导数的应用 6——求曲线的曲率	假设曲线的直角坐标方程为 $y=f(x)$，则 $$K=\lim_{\Delta s\to 0}\left|\frac{\Delta\alpha}{\Delta s}\right|=\frac{|y''|}{[1+(y')^2]^{\frac{3}{2}}}$$

3.5.4 "E" 随行

自主检测

一、单项选择题

请扫描二维码进行自测.

单项选择题

二、填空题

（1）设函数 $y=f(x)=ax^2+2x$，若 $f'(1)=4$，则 $a=$ _____ .

（2）已知函数 $y=ax^2+b$ 在点 $(1,3)$ 处的切线斜率为 2，则 $\dfrac{b}{a}=$ _____ .

（3）函数 $y=xe^x$ 的最小值为_____ .

（4）有一长为 100 m 的篱笆，要围成一个矩形场地，则矩形场地的最大面积是_____ m^2.

（5）曲线 $xy=2$ 在点 $(1,2)$ 的曲率为_____ .

（6）函数 $f(x)=x^3-3x+1$ 在 $[0,2]$ 上的最大值为_____ .

（7）已知 $y=x\ln(x^2+1)$，则它在 $x=1$ 处的微分 $dy\big|_{x=1}=$ _____ .

（8）由参数方程 $\begin{cases} x=te^t, \\ y=e^{2t}+1 \end{cases}$，所确定的函数 $y=y(x)$ 的导数为_____ .

三、解答题

（1）求下列函数的导数：

① $y=3x^2+x\cos x$.

② $y=\dfrac{x}{1+x}$.

③ $y=\lg x-e^x$.

（2）已知抛物线 $y=x^2+4$ 与直线 $y=x+10$，求：

① 它们的交点.

② 抛物线在交点处的切线方程.

（3）已知函数 $f(x)=\dfrac{1}{3}x^3-4x+4$.

① 求函数的极值.

② 求函数在区间 $[-3,4]$ 上的最大值和最小值.

（4）求曲线 $y=2x^3+3x^2-12x+14$ 的凹凸区间和拐点.

四、应用题

已知制作一个背包的成本是 40 元. 如果每一个背包的售出价格为 x 元，售出的背包数由

$$n=\dfrac{a}{x-40}+b(80-x)$$

给出，其中 a,b 为正常数. 问什么样的售出价格能带来最大利润？

3.6　数学文化

英雄出世，谁与争锋——法国数学家拉格朗日

　　拉格朗日（Lagrange）是法国数学家、物理学家及天文学家．拉格朗日 1736 年 1 月 25 日生于意大利西北部的都灵，19 岁时他就在都灵的皇家炮兵学校当数学教授；1766 年应德国的普鲁士国王腓特烈的邀请去了柏林，不久便成为柏林科学院通讯院士，在那里他居住了二十年之久；1786 年普鲁士国王腓特烈逝世后，他应法王路易十六之邀，于 1787 年定居巴黎，其间出任法国米制委员会主任，并先后于巴黎高等师范学院及巴黎综合工科学校任数学教授；最后于 1813 年 4 月 10 日在巴黎逝世．

　　拉格朗日一生的科学研究所涉及的数学领域极其广泛．如他在探讨"等周问题"的过程中，用纯分析的方法发展了欧拉所开创的变分法，为变分法奠定了理论基础；他完成的《分析力学》一书，建立起完整和谐的力学体系；他的两篇著名的论文——《关于解数值方程》和《关于方程的代数解法的研究》，总结出一套标准方法即把方程化为低一次的方程（辅助方程或预解式）以求解，但这并不适用于五次方程，然而他的思想已蕴含着群论思想，这使他成为伽罗瓦建立群论之先导；在数论方面，他也显示出非凡的才能，费马所提出的许多问题都被他一一解答，他还证明了圆周率的无理性，这些研究成果丰富了数论的内容；他的巨著《解析函数论》，为微积分奠定理论基础方面作了独特的尝试，他企图把微分运算归结为代数运算，从而抛弃自牛顿以来一直令人困惑的无穷小量，并想由此出发建立全部分析学；另外他用幂级数表示函数的处理方法对分析学的发展产生了影响，成为实变函数论的起点；而且，他还在微分方程理论中做出奇解为积分曲线族的包络的几何解释，提出线性变换的特征值概念等．数学界近百多年来的许多成就都可直接或间接地追溯于拉格朗日的工作，为此他于数学史上被认为是对现代数学的发展产生全面影响的数学家之一．

3.7　专题："微"入人心，"积"行千里

用导数与微分解锁"港珠澳大桥"设计中的凹凸问题

　　港珠澳大桥于 2009 年动工建设，至 2018 年竣工，东接中国香港，西接广东珠海、中国澳门，桥隧全长 55 千米，大桥全路段呈 S 型曲线，是世界上最长的跨海大桥．港珠澳大桥因其超大的建筑规模、空前的施工难度和顶尖的建造技术而闻名世界，被誉为"新世界七大奇迹"．由于跨海工程面临工程实施环境复杂、工程体量巨大、工程实施保证海洋环境、工程材料节能环保且耐久性、工程质量安全等这些前所未有的技术挑战，中国建造者克服所有挑战，高质量高标准完成超级工程，让我们深刻体会到执着专注、精益求精、追求卓越的工匠精神，是我们学习的榜样和力量．

港珠澳大桥的整体设计是一个 S 型，为什么不直接按照省时省力省钱原则修建成直线型呢？从力学角度看，上水流方向和桥面桥的方向垂直时桥墩受到海浪的冲击力最小．而在海水流向的不同的地方，大桥都会有一个弯，这样不仅在一定程度上降低了海水的冲击力，更是延长了桥梁的使用寿命．而曲线的几何形态，就是本章内容里的凸与凹．假设这条公路的曲线方程为 $f(x)=x^3-6x^2+9x+1$，大家来讨论一下这条公路曲线的凹凸性吧！

第4章
一元函数的积分
及其应用

本章介绍

4.1 单元导读

本章简介：

　　一元函数积分学是高等数学课程中的核心内容,主要包含不定积分和定积分两部分,是与生产应用联系发展起来的,影响现代生活的各个领域,其作用不仅推动了数学各分支的发展,同时也推动了天文学、力学、物理学、化学等学科的发展.

　　本章首先以视频方式导入如何求倾斜卧式油罐容积,又通过几个实际问题了解生活中无处不在的积分,然后从微分与积分的互逆关系入手,详细讲解不定积分和定积分的概念、性质及计算方法,在这个基础上进一步研究其在几何、物理、经济等方面的应用.

本章知识结构图(图4-1):

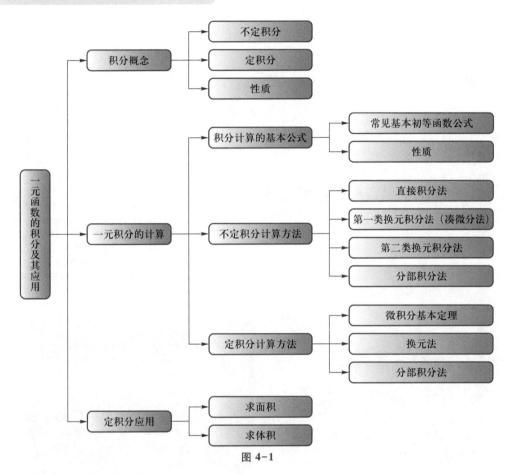

图4-1

 本章教学目标:

1. 理解不定积分和定积分的概念及性质.
2. 掌握不定积分的基本公式.
3. 熟练掌握不定积分和定积分的换元积分法和分部积分法.
4. 理解和掌握微积分基本定理.
5. 掌握用定积分求解几何、物理、经济方面的应用问题.
6. 掌握用 MATLAB 软件求函数的积分.
7. 会建立在工程中常见的一些实际问题的函数模型.

 本章重点:

定积分和不定积分的概念,不定积分基本公式及求解方法,微积分基本定理,定积分的求解方法,定积分的几何和物理应用,用 MATLAB 软件计算积分.

本章难点：▶▶

定积分的概念,积分的计算方法,定积分的应用.

学习建议：▶▶

同学们要开启线上线下混合式的学习模式,即课前依托教材充分预习,并完成线上学习,进行自测;课中认真听课,勤于思考,全身心参与授课教师设计的课堂活动;课下积极整理笔记,完成作业,做好总结.

视频导入：倾斜卧式储油罐容积

加油站是司空见惯的(图 4-2),但加油站里的油罐是我们平时见不到的,它的基本形状如图 4-3 所示,那对于这样的油罐,它的容积怎么计算呢(图 4-4)?

本章导入

图 4-2

图 4-3

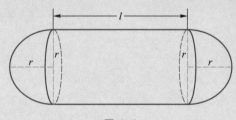

图 4-4

4.2 积分与生活

4.2.1 无处不在的积分

一、正弦曲线有多长

函数 $f(x) = \sin x$ 是我们最熟悉的三角函数之一．它的图像（图 4-5）呈周期性变化，且周期是 2π．但是在这一个周期里，你知道这个正弦曲线有多长吗？

如果你把它看作一段细绳，沿着 x 轴正方向把它拉直，一端固定在原点 O，另一端将在哪里？

二、王国的国土面积

很久以前有一位国王，他有三位既聪明又美丽的公主．三位公主渐渐长大，到了该结婚的年龄．于是国王设计了一道试题，来考察她们的追求者．他向全国臣民宣布，任何人只要能告诉他国土的面积是多少，就可以得到 1 000 块金币的奖赏，并可以娶一位公主为妻．

国土到底是什么样的呢？它是一个不规则四边形，其中三个边界的长度分别为 100 km、110 km 和 10 km，第四条边界是一条弯曲的河流（图 4-6）．你能想办法帮追求者们算出国土的面积吗？

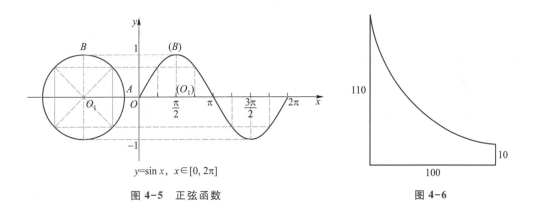

图 4-5　正弦函数　　　　　　　　图 4-6

三、学校的新停车场

随着停车需求的不断增长，你们学校拟划拨一块地建停车场．作为学校的工程师，校长办公会询问你停车场能否用 66 000 元建成？已知清理土地费用为 0.60 元/m^2，而铺设地面费用为 12.00 元/m^2．解决这个问题，我们需要知道这块地的面积有多大．但是如果这是一个不规则的区域，我们就需要用微积分的思想，将此区域细分成若干个小区域，再将其积累起来求和，这就是定积分求不规则图形面积的方法．

四、买客机还是租客机

某航空公司为了发展新航线的航运业务,需要增加 5 架波音 747 客机. 如果购进一架客机需要一次支付 5 000 万美元[①],客机的使用寿命为 15 年. 如果租用一架客机,每年需要支付 600 万美元的租金,租金以均匀货币流的方式支付. 若银行的年利率为 12%,请问购买客机与租用客机哪种方案最佳?

我们假设按年利率为 r 的连续复利计算,总收入现值为

$$A_0 = \int_0^T A\mathrm{e}^{-rt}\mathrm{d}t.$$

根据积分的计算方法可得 $A_0 = \dfrac{A}{r}(1-\mathrm{e}^{-rT})$. 当 $r=12\%$,$A=600$,$T=15$ 时,

$$A_0 \approx 4\ 173.5(万美元).$$

因为租金总额的现值小于 5 000 万美元,所以租客机更合适.

五、草原天路之旅

你和同伴驾驶一辆汽车行进在一段蜿蜒的草原天路上,车的计速器正常工作,而里程表(里程计数器)坏了. 如果要求汽车在 1 分钟行驶的路程,如何计算呢?我们假设这辆汽车的"速度—时间"曲线如图 4-7 所示,求汽车在这 1 分钟行驶的路程.

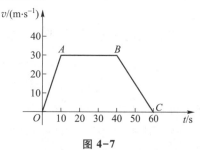

图 4-7

从图 4-7 可知

$$v(t) = \begin{cases} 3t, & 0 \leqslant t \leqslant 10, \\ 30, & 10 < t \leqslant 40, \\ -1.5t+90, & 40 < t \leqslant 60. \end{cases}$$

因此汽车在这 1 分钟行驶的路程是

$$\begin{aligned} s &= \int_0^{10} 3t\mathrm{d}t + \int_{10}^{40} 30\mathrm{d}t + \int_{40}^{60} (-1.5t+90)\,\mathrm{d}t \\ &= \frac{3}{2}t^2 \Big|_0^{10} + 30t \Big|_{10}^{40} + \left(-\frac{3}{4}t^2 + 90t\right) \Big|_{40}^{60} \\ &= 150 + 900 + 300 = 1\ 350(\mathrm{m}). \end{aligned}$$

所以汽车在这 1 分钟行驶的路程是 1 350 m.

六、数学物理问题

数学和物理是息息相关的两门学科,在物理中做功问题就与积分有关. 例如设 40 N 的力使一弹簧从原长 10 cm 拉长到 15 cm. 现要把弹簧由 15 cm 拉长到 25 cm,需做多少功(如图 4-8 所示)?

假设以弹簧所在直线为 x 轴,原点 O 为弹簧不受力时一端的位置. 根据胡克定律,当把弹簧拉长 x 时,所需的力为

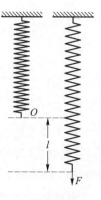

图 4-8

---

① 　1 美元 ≈ 6.733 9 人民币.

$F(x) = kx$, 其中 k 是常数, 为弹性系数.

根据题意得, 当把弹簧由原长 10 cm 拉长到 15 cm 时, 拉伸了 0.05 m, 把 $x = 0.05$, $F(0.05) = 40$ 代入上式可得

$$40 = 0.05k, \quad k = 800,$$

所以 $F(x) = 800x$.

因此当把弹簧由 15 cm 拉长到 25 cm, 即 x 从 $x = 0.05$ 变到 $x = 0.15$ 时, 所需做的功为

$$W = \int_{0.05}^{0.15} 800x\,\mathrm{d}x = 400x^2 \Big|_{0.05}^{0.15} = 8\,(\mathrm{J}).$$

这样的问题在解决的过程中都需要用到积分的思想和方法.

4.2.2 揭秘生活中的积分

一、看看油桶的油量问题吧

问题 当我们进入加油站加油时, 可曾想过地面下深埋的储油罐的形状是什么样子? 它的油量是多少? 每天如何标定油量?

仔细调查一下, 认真思考.

解释: 储油罐的主要形状: 圆柱形, 椭圆柱形, 球形.

我们先来考虑卧式圆柱形的油罐.

油罐直观图见图 4-9. 要计算油的重量只需计算出油的体积, 其体积公式 $V = S \cdot L$, 其中 S 是油液面的弓形面积 (图 4-10 和图 4-11), L 是油罐的长度. 通过分析可知要计算油的体积, 只要知道油液面所成的弓形的面积. 而 S 的大小与油液面的高度 h 有关.

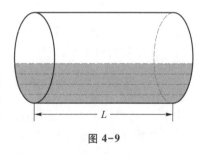

图 4-9

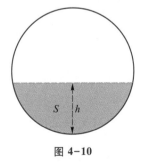

图 4-10

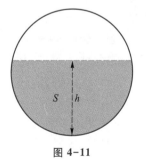

图 4-11

体积 V 与油液面的高度 h 有关.

如何计算 S? 这就用到定积分的知识了 (在下面的积分之旅中详细讲解).

利用定积分可以求平面图形的面积, 下面我们要讨论两种情况:

① $h < r$.　　　② $h \geqslant r$.

解 ① 当 $h<r$ 时，

$$S = 2\int_{-r}^{-r+h} \sqrt{r^2-y^2}\,\mathrm{d}y$$

$$= r^2\left(\frac{\pi}{2}-\arcsin\frac{r-h}{r}\right)-(r-h)\sqrt{r^2-(r-h)^2}.$$

② 当 $h\geq r$ 时，

$$S = \frac{\pi r^2}{2}+2\int_0^{h-r} \sqrt{r^2+y^2}\,\mathrm{d}y$$

$$= r^2\left(\frac{\pi}{2}+\arcsin\frac{h-r}{r}\right)+(h-r)\sqrt{r^2-(h-r)^2}.$$

所以，油的体积 V 为

$$V=\begin{cases}\left[r^2\left(\dfrac{\pi}{2}-\arcsin\dfrac{r-h}{r}\right)-(r-h)\sqrt{r^2-(r-h)^2}\right]L, & h<r,\\[4mm] \left[r^2\left(\dfrac{\pi}{2}+\arcsin\dfrac{h-r}{r}\right)+(h-r)\sqrt{r^2-(h-r)^2}\right]L, & h\geq r.\end{cases}$$

由油罐的油的体积的计算我们了解了定积分的作用，利用定积分可以解决初等几何解决不了的问题(不规则图形的面积的计算).

如果油罐是椭圆柱体，怎么求油量？油罐是球形的呢？又该如何解决？

什么是积分？什么是定积分？定积分如何计算？利用定积分如何求面积？等到学完本章内容后，你就明白了.

二、一起揭开"积分"神秘的面纱

定积分的概念起源于求平面图形的面积这一实际问题. 如古希腊人阿基米德用"穷竭法"计算抛物线弓形的面积，中国魏晋时期刘徽用"割圆术"计算圆的面积和周长，这些都是定积分思想的萌芽，都运用了分割、近似、求和，而直到有了极限理论这个"魔法师"，定积分的概念才建立起来.

定积分这种"**分割→近似代替→求和→取极限**"的思想在其他知识领域中和现实生活中具有普遍意义，但定积分这种四步骤法太繁琐，我们可以简化一下，就出现了常用的"微元法". 所谓"微元法"，就是当我们遇到的问题在整体范围内是变化的，但经过了分割后的局部范围内近似地认为不变时，都可以用"微元法"来解决. 利用"微元法"可以把"变化的""运动的""不规律的"转化成"不变的""静止的""规律的"，所以定积分在数学、物理、工程技术、经济学中都有着广泛应用.

定积分既是一种思想，又是一个强大的工具，利用这个工具我们可以精确地计算出非均匀分布总量问题，譬如封闭图形的面积，旋转体的体积，物理中的变力做功、压力，经济中的经济函数等问题. 所以如何计算一段弯弯曲曲的路径的长度？如何求出不规则图形的面积？如何计算变速运动的位移？这些令人头疼的问题在本章都将被一一解决，从中你也会体会到定积分的强大功能.

在本章主要学习定积分的概念及其性质,不定积分的定义及其性质,不定积分的换元积分法、分部积分法,微积分基本定理,定积分的换元积分法、分部积分法,定积分在几何上的应用,定积分在生活中的应用.

4.3 知识纵横——积分之旅

4.3.1 不定积分与定积分

认识"积分"

积分是反"微分之道"而行,就是把微分的结果还原回去,所以作为运算来讲,积分是导数或微分的逆向运算.

$$导数(微分)\xleftrightarrow{\ 互逆\ }积分$$

什么是互逆运算?就像"乘法"与"除法"的关系一样.在第 3 章,我们学习了导数知识,那么本章的积分知识与导数有着这样密切的关系,掌握它们之间的关系,对于学习积分就不难了.

这里所讲的积分包括不定积分和定积分两个概念.什么是不定积分?什么是定积分?下面我们进行仔细讲解.

一、原函数

我们知道了积分是导数或微分的逆运算,那么作为积分运算结果出现的函数怎么命名呢?

积分概念

原函数的定义 如果在区间 I 上,可导函数 $F(x)$ 的导函数为 $f(x)$,即对任一 $x \in I$,都有
$$F'(x) = f(x) \text{ 或 } dF(x) = f(x)dx,$$
则函数 $F(x)$ 称为 $f(x)$ 在区间 I 上的一个原函数.

那么原函数究竟是什么呢?下面举个例子.

如已知速度函数为 $v(t) = at$,利用速度与距离的关系可知:在时间 t 内所行走的距离对应的正是阴影的面积(图 4-12),$S = \dfrac{1}{2}t \cdot at = \dfrac{1}{2}at^2$. 而由第 2 章导数的知识可知 $s'(t) = \left(\dfrac{1}{2}at^2\right)' = at = v(t)$,因此速度函数与距离函数就是一对有着互逆运算关系的函数,即距离函数为速度函数的一个原函数.

现在有点明白导数与原函数的关系了吧.

例如:$(x^5)' = 5x^4$,$(x^5+1)' = 5x^4$,$(x^5-\sqrt{2})' = 5x^4$,$\cdots$,那么就称 x^5+C 为 $5x^4$ 的全体原函数(C 为常数).

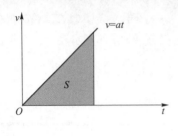
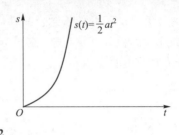

图 4-12

二、不定积分

那么如何把所有的原函数表示出来？这就出现了不定积分的概念.

不定积分的定义　在区间 I 上,函数 $f(x)$ 的全体的原函数 $F(x)+C$ 称为 $f(x)$ 在区间 I 上的不定积分,记作 $\int f(x)\,\mathrm{d}x$. 即

$$\int f(x)\,\mathrm{d}x = F(x)+C \quad (\text{其中 } C \text{ 为任意常数}).$$

$\int f(x)\,\mathrm{d}x$ 读作 $f(x)$ 关于 x 的不定积分;"$\int$" 是积分符号,它是将 Sum(合计)的首字母纵向拉伸得到的;"x" 是积分变量,也就是关于哪个变量求积分.

由定义可知不定积分就是用一个算式把全部的原函数表示出来,但它和导数的关系呢?

$$\frac{\mathrm{d}}{\mathrm{d}x}\int f(x)\,\mathrm{d}x = f(x), \qquad\qquad \mathrm{d}\int f(x)\,\mathrm{d}x = f(x)\,\mathrm{d}x,$$

$$\int \frac{\mathrm{d}}{\mathrm{d}x}\big[F(x)\big]\,\mathrm{d}x = F(x) + C, \quad \int \mathrm{d}F(x)\,\mathrm{d}x = F(x) + C.$$

所以,不定积分与导数(微分)互为逆运算.

不定积分的几何意义　由于不定积分中含有任意常数 C,因此对于每一个给定的 C,都有一个确定的原函数,在几何上,相应地就有一条确定的曲线,称为积分曲线(图 4-13).不定积分在几何上就表示全体积分曲线所组成的积分曲线族.所以积分曲线族中每一条曲线都可以由曲线 $y=F(x)$ 沿 y 轴方向上、下平移得到.曲线在 x 点处的切线斜率就是 $f(x)$.

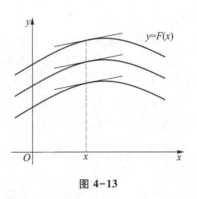

图 4-13

三、定积分

什么是"定"与"不定"呢? 大家畅所欲言吧!

定积分的模样与不定积分没有太大差别,只不过在积分符号上多了两个数字,这两个数字叫做积分上下限.下面我们通过一个例子来探究定积分.

例 1　图 4-14 中阴影部分是由抛物线 $y=x^2$,直线 $x=1$ 以及 x 轴所围成的平面图形的面积 S.

思路:采用分割原理(图 4-15).

(1) 分割　将区间 $[0,1]$ 平均分割成 n 份.

（2）近似代替 对每个小曲边梯形"以直代曲"，即用矩形的面积近似代替小曲边梯形的面积，得到每个小曲边梯形面积的近似值，对这些近似值求和，就得到曲边梯形面积的近似值. 从图 4-15 可以看出**分割越细，面积的近似值就越精确**. 当分割无限变细时，这个近似值就无限逼近所求曲边梯形的面积 S.

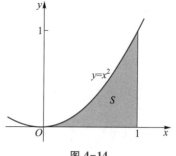

图 4-14

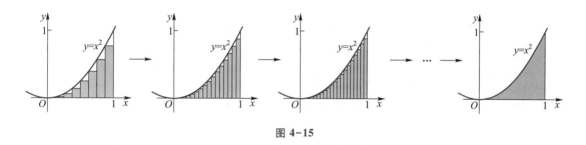

图 4-15

（3）求和 这些小矩形的面积之和为

$$S_n = \sum_{i=1}^{n-1} y_i \cdot \Delta x_i = \sum_{i=1}^{n-1} \left(\frac{i}{n}\right)^2 \cdot \frac{1}{n} = \frac{1}{n^3}\left[1^2 + 2^2 + 3^2 + \cdots + (n-1)^2\right].$$

（4）取极限

$$\lim_{n \to \infty} S_n = \lim_{n \to \infty} \frac{1}{n^3}\left[1^2 + 2^2 + 3^2 + \cdots + (n-1)^2\right] = \frac{1}{3}.$$

在现实生活中许多问题的解决都是用上述方法，因此我们有必要在抽象的形式下研究它，这样就引出了数学上的定积分概念.

定积分的定义 一般地，设函数 $f(x)$ 在区间 $[a,b]$ 上有定义，任取分点

$$a = x_0 < x_1 < x_2 < \cdots < x_{i-1} < x_i < \cdots < x_{n-1} < x_n = b,$$

将区间 $[a,b]$ 分成 n 个小区间 $[x_{i-1}, x_i]$，每个小区间长度为 Δx_i，

$$\Delta x_i = x_i - x_{i-1} \quad (i = 1, 2, \cdots, n),$$

其中最大的小区间长度记作 $\| \Delta x_i \|$.

其次，在每个小区间 $[x_{i-1}, x_i]$ 上任取一点 $\xi_i (i = 1, 2, \cdots, n)$，作和式：

$$A_n = \sum_{i=1}^{n} f(\xi_i) \Delta x_i. \tag{1}$$

最后，如果 $\| \Delta x_i \|$ 无限接近于 0（亦即 $n \to +\infty$）时，和式（1）的极限存在，则称该极限 A 为函数 $f(x)$ 在区间 $[a,b]$ 上的**定积分**.

定积分的表示 极限 A 为函数 $f(x)$ 在区间 $[a,b]$ 上的定积分，记

$$A = \int_a^b f(x)\,\mathrm{d}x = \lim_{\| \Delta x_i \| \to 0} \sum_{i=1}^{n} f(\xi_i) \Delta x_i,$$

其中 : $\int$ 为积分号 ,b 为积分上限 ,a 为积分下限 ;$f(x)$ 为被积函数 ,x 为积分变量 ;$[a,b]$ 为积分区间 ,$f(x)\mathrm{d}x$ 为被积式 .

定积分是什么呢 ? 我们应该如何学习掌握它呢 ?

（1）定积分 $\int_a^b f(x)\mathrm{d}x$ 是一个常数 , 即 A_n 无限趋近的常数 $A(n\to+\infty$ 时) 记为 $\int_a^b f(x)\mathrm{d}x$, 而不是 A_n.

（2）用定义求定积分的一般方法是 :

① 分割 : 对区间 $[a,b]$ 进行 n 份分割 .

② 近似代替 : 取点 $\xi_i \in [x_{i-1},x_i]$, 用 $f(\xi_i)\Delta x_i$ 近似代替小曲边梯形的面积 .

③ 求和 : $\sum_{i=1}^n f(\xi_i)\Delta x_i$.

④ 取极限 : $A = \int_a^b f(x)\mathrm{d}x = \lim_{\|\Delta x_i\|\to 0} \sum_{i=1}^n f(\xi_i)\Delta x_i$.

（3）定积分的一项重要功能就是计算面积 . 例如 , 现实生活中存在的不规则的湖面面积等 .

实际问题中的面积往往都是不规则的 , 比较难求解的 , 所以我们要先探讨规则图形的面积 , 也就是 , 先考虑常见函数图像与坐标轴围成的面积是如何求解的 . 所以由抛物线 $y=x^2$, 直线 $x=1$ 以及 x 轴所围成的平面图形的面积 , 利用定积分就可以表示为

$$A = \int_0^1 x^2 \mathrm{d}x.$$

几何意义 : 从几何上看 , 如果在区间 $[a,b]$ 上的函数 $f(x)$ 连续 , 则有

$$\int_a^b f(x)\mathrm{d}x = \begin{cases} A, & f(x) \geq 0, \\ -A, & f(x) < 0, \end{cases}$$

其中 A 表示由直线 $x=a$,$x=b$,x 轴和曲线 $y=f(x)$ 所围成的曲边梯形的面积 .

由此可见 , 定积分确实有重要的作用 . 利用定积分还可以计算变速直线运动的位移、旋转体的体积、变力做功等几何和物理问题 .

认识了不定积分、定积分的概念 , 那么不定积分、定积分如何计算呢 ? 它们又有什么性质呢 ? 下面我们将继续学习 .

活动操练 -1

---

1. 画出 $y=2^x$,$y=2^{-x}$ 与直线 $x=1$ 所围成的图形 .

2. 一个已知的函数 , 有 _____ 个原函数 , 其中任意两个的差是一个 _____ .

3. $f(x)$ 的 _____ 称为 $f(x)$ 的不定积分 .

4. 把 $f(x)$ 的一个原函数 $F(x)$ 的图形叫做函数 $f(x)$ 的 _____ , 它的方程是 $y=F(x)$, 这样不定积分 $\int f(x)\mathrm{d}x$ 在几何上就表示 _____ , 它的方程是 $y=F(x)+C$.

5. 由 $F'(x)=f(x)$ 可知 , 在积分曲线族 $y=F(x)+C$（C 是任意常数）上横坐标相同的点处作切线 , 这些切线彼此是 _____ 的 .

---

6. 利用导数与不定积分的关系,计算下列不定积分.

(1) $\int 3x^2 \mathrm{d}x$;　　　　　　　　(2) $\int 2^x \mathrm{d}x$;

(3) $\int \mathrm{e}^x \mathrm{d}x$;　　　　　　　　(4) $\int (\sqrt{x} + 1) \mathrm{d}x$.

7. 若 $\int f(x) \mathrm{d}x = \cos x - \sin x + C$,则 $f(x) =$ _____.

8. 利用定积分的几何意义,求下列不定积分.

(1) $\int_0^1 (x + 1) \mathrm{d}x$;　　　　　　　(2) $\int_0^\pi \cos x \mathrm{d}x$;

(3) $\int_{-1}^1 x^3 \mathrm{d}x$;　　　　　　　(4) $\int_0^1 \sqrt{1 - x^2} \mathrm{d}x$.

攻略驿站

1. 原函数的个数不是唯一的,同一个函数的原函数之间相差一个常数 C.
2. 求一个函数的不定积分就是求这个函数的全体原函数.
3. 不定积分的结果是一族函数,而定积分的结果是具体数值.

4.3.2　助力积分的必备法宝

在导数的计算中要掌握求导公式和法则,那么积分有公式吗?

法宝分类

通过上面的体验,大家应该了解了我们所需要的法宝类型,接下来我们就一起深入探究不同法宝的使用方法和策略.

一、必备法宝

法宝 1:基本积分公式

(1) $\int x^\mu \mathrm{d}x = \dfrac{1}{\mu + 1} x^{\mu+1} + C \ (\mu \neq -1)$.　　(2) $\int \dfrac{1}{x} \mathrm{d}x = \ln|x| + C$.

(3) $\int a^x \mathrm{d}x = \dfrac{a^x}{\ln a} + C$.　　(4) $\int \mathrm{e}^x \mathrm{d}x = \mathrm{e}^x + C$.

(5) $\int \cos x \mathrm{d}x = \sin x + C$.　　(6) $\int \sin x \mathrm{d}x = -\cos x + C$.

(7) $\int \sec^2 x \mathrm{d}x = \tan x + C$.　　(8) $\int \csc^2 x \mathrm{d}x = -\cot x + C$.

(9) $\int \sec x \cdot \tan x \mathrm{d}x = \sec x + C$.　　(10) $\int \csc x \cdot \cot x \mathrm{d}x = -\csc x + C$.

(11) $\int \dfrac{1}{\sqrt{1 - x^2}} \mathrm{d}x = \arcsin x + C$.　　(12) $\int \dfrac{1}{1 + x^2} \mathrm{d}x = \arctan x + C$.

法宝 2：不定积分性质

（1）$\left(\int f(x)\mathrm{d}x\right)' = f(x)$ 或 $\mathrm{d}\int f(x)\mathrm{d}x = f(x)$.

（2）$\int F'(x)\mathrm{d}x = F(x) + C$ 或 $\int \mathrm{d}F(x) = F(x) + C$.

（3）$\int kf(x)\mathrm{d}x = k\int f(x)\mathrm{d}x$.

（4）$\int [f(x) \pm g(x)]\mathrm{d}x = \int f(x)\mathrm{d}x \pm \int g(x)\mathrm{d}x$.

　　大家一定要熟练掌握上面的"法宝"啊！在掌握之前，讨论下这些公式和第 3 章的导数常见公式有什么关系吧，如何将二者一起记忆呢？

二、通关秘籍

不定积分如何计算？ 下面我们一起来学习．

方法 1：直接积分法

在计算积分时，可以直接使用基本积分公式和积分性质得到结果，或者经过简单的恒等变形后，利用积分性质，由基本积分公式得到结果，这样的积分方法叫做直接积分法．

不定积分的计算
——直接积分法

例 2　求 $\int\left(3x^2 + \cos x - \dfrac{2}{x}\right)\mathrm{d}x$.

解　根据积分性质，利用基本积分公式，得

$$\int\left(3x^2 + \cos x - \frac{2}{x}\right)\mathrm{d}x = 3\int x^2\mathrm{d}x + \int \cos x\mathrm{d}x - 2\int \frac{1}{x}\mathrm{d}x = x^3 + \sin x - 2\ln|x| + C.$$

例 3　求 $\int \dfrac{3x^2}{1 + x^2}\mathrm{d}x$.

解　需要把被积函数进行等价变形（拆项），得

$$\int \frac{3x^2}{1 + x^2}\mathrm{d}x = 3\int \frac{x^2 + 1 - 1}{1 + x^2}\mathrm{d}x = 3\int\left(1 - \frac{1}{1 + x^2}\right)\mathrm{d}x$$

$$= 3\int \mathrm{d}x - 3\int \frac{1}{1 + x^2}\mathrm{d}x = 3x - 3\arctan x + C.$$

例 4　求 $\int \tan^2 x\mathrm{d}x$.

解　需要把被积函数进行等价变形，得

$$\int \tan^2 x\mathrm{d}x = \int(\sec^2 x - 1)\mathrm{d}x = \int \sec^2 x\mathrm{d}x - \int \mathrm{d}x = \tan x - x + C.$$

例 5　求 $\int \dfrac{1}{\sin^2 x\cos^2 x}\mathrm{d}x$.

解　需要把被积函数进行等价变形，得

$$\int \frac{1}{\sin^2 x \cos^2 x} dx = \int \frac{\sin^2 x + \cos^2 x}{\sin^2 x \cos^2 x} dx = \int \left(\frac{1}{\cos^2 x} + \frac{1}{\sin^2 x} \right) dx$$

$$= \int \sec^2 x dx + \int \csc^2 x dx = \tan x - \cot x + C.$$

附解：直接积分法需要熟练掌握基本积分公式，需要把被积函数等价变形成公式要求的形式，最主要的变形是拆项：① 加一项减一项的拆项；② 乘积拆成代数和；③ 三角等价变形.

方法 2：第一类换元积分法（凑微分法）

设 $\int f(x) dx = F(x) + C$，$\varphi(x)$ 可导，则有

$$\int f[\varphi(x)] \varphi'(x) dx = \int f[\varphi(x)] d(\varphi(x)) = F[\varphi(x)] + C.$$

附解：凑微分法关键在于"**凑**"，就是把积分变量"x"凑成复合函数的中间变量"$\varphi(x)$".

例 6 求 $\int \cos 3x dx$.

$dx = \frac{1}{3} d3x$

解 $\int \cos 3x dx = \int \frac{1}{3} \cos 3x d(3x) = \frac{1}{3} \int \cos \underline{3x} d\underline{3x}$

$$= \frac{1}{3} \sin 3x + C.$$

例 7 求 $\int \frac{1}{2x - 3} dx$.

$dx = \frac{1}{2} d(2x - 3)$

解 $\int \frac{1}{2x - 3} dx = \int \frac{1}{2} \cdot \frac{1}{2x - 3} d(2x - 3) = \frac{1}{2} \int \frac{1}{\underline{2x - 3}} d(\underline{2x - 3})$

$$= \frac{1}{2} \ln|2x - 3| + C.$$

例 8 求 $\int x e^{x^2} dx$.

$x dx = \frac{1}{2} d(x^2)$

解 $\int x e^{x^2} dx = \int e^{x^2} d\left(\frac{1}{2} x^2 \right) = \frac{1}{2} \int e^{x^2} dx^2 = \frac{1}{2} e^{x^2} + C.$

例 9 求 $\int \frac{1}{a^2 + x^2} dx$.

解 $\int \frac{1}{a^2 + x^2} dx = \frac{1}{a^2} \int \frac{1}{1 + \left(\frac{x}{a} \right)^2} dx = \frac{1}{a} \int \frac{1}{1 + \left(\frac{x}{a} \right)^2} d\frac{x}{a} = \frac{1}{a} \arctan \frac{x}{a} + C.$

例 10 求 $\int \frac{1}{x^2 - a^2} dx$.

解 $\int \frac{1}{x^2 - a^2} dx = \int \frac{1}{(x - a)(x + a)} dx = \frac{1}{2a} \left(\int \frac{1}{x - a} dx - \int \frac{1}{x + a} dx \right)$

$$= \frac{1}{2a} \int \frac{1}{x - a} d(x - a) - \frac{1}{2a} \int \frac{1}{x + a} d(x + a)$$

$$= \frac{1}{2a} \ln \left| \frac{x-a}{x+a} \right| + C.$$

例 11　求 $\int \cos^2 x \mathrm{d}x$.

解　$\int \cos^2 x \mathrm{d}x = \int \frac{1+\cos 2x}{2} \mathrm{d}x = \frac{1}{2} \int \mathrm{d}x + \frac{1}{4} \int \cos 2x \mathrm{d}2x = \frac{1}{2}x + \frac{1}{4} \sin 2x + C.$

例 12　求 $\int \tan x \mathrm{d}x$.

解　$\int \tan x \mathrm{d}x = \int \frac{\sin x}{\cos x} \mathrm{d}x = -\int \frac{1}{\cos x} \mathrm{d}(\cos x) = -\ln|\cos x| + C.$

> **注意啦!** 在计算过程中会用到以前学习的三角函数常用关系式,要及时复习巩固.

方法 3:第二类换元积分法

有些积分需要作变量替换,即把变量"x"替换成"t",这种代换积分法叫做第二类换元积分法.

设 $x = \varphi(t)$ 是单调可导函数,且 $\varphi'(t) \neq 0$,又设 $f[\varphi(t)]\varphi'(t)$ 具有原函数 $F(t)$,则换元公式

$$\int f(x) \mathrm{d}x = \int f[\varphi(t)]\varphi'(t) \mathrm{d}t = F(t) + C,$$

$$\xrightarrow[t=\varphi^{-1}(x)]{x=\varphi(t)} F[\varphi^{-1}(x)] + C.$$

附解:此方法关键在于"变",主要是通过改变变量,将复杂的不定积分简化.

注:要把旧变量全部替换成新变量,最后写结果时再换回去.

例 13　求 $\int \frac{1}{1+\sqrt{x}} \mathrm{d}x$.

解　$\int \frac{1}{1+\sqrt{x}} \mathrm{d}x \xrightarrow{\text{令} \sqrt{x}=t} \int \frac{1}{1+t} \mathrm{d}t^2 = \int \frac{2t}{1+t} \mathrm{d}t = 2 \int \frac{t+1-1}{1+t} \mathrm{d}t$

$$= 2 \left(\int \mathrm{d}t - \int \frac{1}{1+t} \mathrm{d}t \right) = 2t - 2\ln|1+t| + C$$

$$\xrightarrow{\text{还原变量 } t=\sqrt{x}} 2\sqrt{x} - 2\ln(1+\sqrt{x}) + C.$$

> 怎么样,明白了吗?注意替换的是哪个变量,别忘了换回来啊!

方法 4:分部积分法

当上述的方法解决不了积分时,可以把不易积分的 $\int u \mathrm{d}v$ 通过分部积分公式变成易积分的 $\int v \mathrm{d}u$. 设 $u = u(x), v = v(x)$ 具有连续的导数,则有

$$\int u \mathrm{d}v = uv - \int v \mathrm{d}u. \qquad\qquad \text{分部积分公式}$$

附解:此方法在于"**分**",就是要选择合适的"u"和"v",并且把二者分开放在不同的位置.一般情况下,根据总结常见类型题的计算方法,可以将五类基本初等函数简称为"幂、指、对、三、反",在所解的被积函数中,按照"**反、对、幂、三、指**"的顺序,哪类函数顺序靠前,就作为"u",其余部分为"$\mathrm{d}v$".

例 14 求 $\int \arctan x \mathrm{d}x$.

解
$$\int \underset{v}{\arctan} \underset{u}{x} \mathrm{d}x = x\arctan x - \int \underset{v}{x} \mathrm{d} \underset{du}{\arctan x}$$
$$= x\arctan x - \int \frac{x}{1+x^2} \mathrm{d}x$$
$$= x\arctan x - \frac{1}{2} \int \frac{1}{1+x^2} \mathrm{d}x^2$$
$$= x\arctan x - \frac{1}{2}\ln(1+x^2) + C.$$

例 15 求 $\int x\cos x \mathrm{d}x$.

解
$$\int \underset{u}{x}\underset{dv}{\cos x \mathrm{d}x} = \int \underset{u}{x}\mathrm{d}\underset{v}{\sin x} = \underset{u}{x}\underset{v}{\sin x} - \int \underset{v}{\sin x}\underset{du}{\mathrm{d}x} = x\sin x + \cos x + C.$$

例 16 求 $\int x\ln x \mathrm{d}x$.

解
$$\int \underset{u}{x}\underset{dv}{\ln x}\, \mathrm{d}\frac{x^2}{2} = \frac{x^2}{2}\underset{u}{\ln x} - \int \underset{v}{\frac{x^2}{2}}\underset{du}{\mathrm{d}\ln x}$$
$$= \frac{x^2}{2}\ln x - \int \frac{x}{2}\mathrm{d}x = \frac{x^2}{2}\ln x - \frac{x^2}{4} + C.$$

以上三种求解方法,各有各的特点,一定要根据不同题型选择便于计算的不同方法.

不定积分的计算——
分部积分法

不定积分的计算——
换元积分法

好了,若以上方法和技巧掌握了,你就可以轻轻松松去闯关了,祝你好运!

在许多情况下,这些规则都能派上用场.

三、定积分的"游戏规则"

规则 1. 性质规则

(1) $\int_a^b f(x)\mathrm{d}x = -\int_b^a f(x)\mathrm{d}x$.

(2) $\int_a^a f(x)\mathrm{d}x = 0$.

(3) $\int_a^b kf(x)\mathrm{d}x = k\int_a^b f(x)\mathrm{d}x$($k$ 为常数).

(4) $\int_a^b [f_1(x) \pm f_2(x)]\mathrm{d}x = \int_a^b f_1(x)\mathrm{d}x \pm \int_a^b f_2(x)\mathrm{d}x$.

（5）$\int_a^b f(x)\,\mathrm{d}x = \int_a^c f(x)\,\mathrm{d}x + \int_c^b f(x)\,\mathrm{d}x.$

规则 2. 计算宝石

微积分基本定理 如果函数 $f(x)$ 在区间 $[a,b]$ 上连续，$F(x)$ 为函数 $f(x)$ 的一个原函数，则

$$\int_a^b f(x)\,\mathrm{d}x = F(x)\,\Big|_a^b = F(b) - F(a),\qquad \textbf{牛顿-莱布尼茨公式}$$

这就是定积分的计算公式. 请看以下几个实例.

例 17　$\int_0^{\frac{\pi}{2}}(2\cos x + \sin x - 1)\,\mathrm{d}x.$

解　$\int_0^{\frac{\pi}{2}}(2\cos x + \sin x - 1)\,\mathrm{d}x = (2\sin x - \cos x - x)\,\Big|_0^{\frac{\pi}{2}} = 3 - \dfrac{\pi}{2}.$

微积分基本定理

例 18　已知 $f(x) = \begin{cases} 2x, & 0 \leqslant x \leqslant 1, \\ 5, & 1 < x \leqslant 2, \end{cases}$ 求 $\int_0^2 f(x)\,\mathrm{d}x.$

解　$\int_0^2 f(x)\,\mathrm{d}x = \int_0^1 f(x)\,\mathrm{d}x + \int_1^2 f(x)\,\mathrm{d}x = \int_0^1 2x\,\mathrm{d}x + \int_1^2 5\,\mathrm{d}x = x^2\,\Big|_0^1 + 5x\,\Big|_1^2 = 6.$

例 19　求 $\int_{-2}^{-1} \dfrac{1}{x}\,\mathrm{d}x.$

解　$\int_{-2}^{-1} \dfrac{1}{x}\,\mathrm{d}x = \ln|x|\,\Big|_{-2}^{-1} = \ln 1 - \ln 2 = -\ln 2.$

定积分的计算利用牛顿-莱布尼茨公式就可以了，下面我们继续探究定积分的计算.

定积分的计算

例 20　$\int_0^{\frac{\pi}{2}}\cos^5 x \sin x\,\mathrm{d}x.$

解　$\int_0^{\frac{\pi}{2}}\cos^5 x \sin x\,\mathrm{d}x = -\int_0^{\frac{\pi}{2}}\cos^5 x\,\mathrm{d}\cos x = -\dfrac{1}{6}\cos^6 x\,\Big|_0^{\frac{\pi}{2}} = \dfrac{1}{6}.$

例 21　$\int_0^8 \dfrac{1}{1 + \sqrt[3]{x}}\,\mathrm{d}x.$

解　令 $\sqrt[3]{x} = t, x = t^3$，当 $x = 0$ 时，$t = 0$；当 $x = 8$ 时，$t = 2.$

$\text{原式} = \int_0^2 \dfrac{1}{1 + t}\,\mathrm{d}t^3 = \int_0^2 \dfrac{3t^2}{1 + t}\,\mathrm{d}t = 3\int_0^2 \dfrac{t^2 - 1 + 1}{1 + t}\,\mathrm{d}t$

$\qquad = 3\int_0^2 (t - 1)\,\mathrm{d}t + 3\int_0^2 \dfrac{1}{1 + t}\,\mathrm{d}t = \left(\dfrac{3}{2}t^2 - 3t\right)\,\Big|_0^2 + 3\ln(1 + t)\,\Big|_0^2 = 3\ln 3.$

这种积分方法在计算不定积分时用过，就是换元积分法.

换元法：

定理 1　假设函数 $f(x)$ 在 $[a,b]$ 上连续，对于函数 $x = \varphi(t)$ 满足下列条件：

（1）$\varphi(\alpha) = a$，$\varphi(\beta) = b$；

（2）函数 $x = \varphi(t)$ 在 $[\alpha, \beta]$ 上是单调的且有连续导数；

（3）当 t 在区间 $[\alpha, \beta]$ 上变化时，相应的 $x = \varphi(t)$ 在 $[a, b]$ 上变化，则

$$\int_a^b f(x)\,dx \xrightarrow{\;x = \varphi(t)\;} \int_\alpha^\beta f[\varphi(t)]\varphi'(t)\,dt.$$

> 定积分的计算不止这一种方法，还有分部积分法，这个方法在不定积分的计算时用过，定积分也有分部积分法，好好观察下二者的异同吧．

分部积分法：

定理 2　设函数 $u(x)$，$v(x)$ 在区间 $[a, b]$ 上具有连续导数，则有

$$\int_a^b u\,dv = uv\Big|_a^b - \int_a^b v\,du. \qquad\qquad \text{——分部积分公式}$$

例 22　求 $\displaystyle\int_0^1 x\mathrm{e}^x\,dx$．

解　$\displaystyle\int_0^1 x\mathrm{e}^x\,dx = \int_0^1 x\,d\mathrm{e}^x = x\mathrm{e}^x\Big|_0^1 - \int_0^1 \mathrm{e}^x\,dx = x\mathrm{e}^x\Big|_0^1 - \mathrm{e}^x\Big|_0^1 = 1$．

例 23　求 $\displaystyle\int_1^{\mathrm{e}} x\ln x\,dx$．

解　$\displaystyle\int_1^{\mathrm{e}} x\ln x\,dx = \int_1^{\mathrm{e}} \ln x\,d\frac{1}{2}x^2 = \frac{1}{2}x^2\ln x\Big|_1^{\mathrm{e}} - \int_1^{\mathrm{e}} \frac{1}{2}x^2\,d\ln x$

$$= \frac{1}{2}\mathrm{e}^2 - \int_1^{\mathrm{e}} \frac{x^2}{2x}\,dx = \frac{1}{2}\mathrm{e}^2 - \frac{1}{4}x^2\Big|_1^{\mathrm{e}} = \frac{1}{4}\mathrm{e}^2 + \frac{1}{4}.$$

> 由上可见，要计算定积分，需要按照计算不定积分的方法先算出原函数，再代入上下限数值得到结果．

典型题讲练

拓展题讲练

活动操练-2

1. 计算下列不定积分．

（1）$\displaystyle\int (x^2 + x + 1)\,dx$；

（2）$\displaystyle\int (2\sin x - 5\cos x)\,dx$；

（3）$\displaystyle\int (\sqrt[3]{x^2} + \mathrm{e}^x)\,dx$；

（4）$\displaystyle\int \frac{2}{\sqrt{1 - x^2}}\,dx$；

（5）$\int e^{2x+1}dx$；

（6）$\int \sin^2 x \cos x dx$；

（7）$\int (2x-1)^{100}dx$；

（8）$\int \frac{1}{x\ln x}dx$；

（9）$\int e^x \sin x dx$；

（10）$\int \ln x dx$.

2. 计算下列定积分.

（1）$\int_0^1 x^{100}dx$；

（2）$\int_0^2 2^x dx$；

（3）$\int_{-1}^1 |x| dx$；

（4）$\int_0^2 |x-1| dx$.

能力提升

3. 计算下列不定积分.

（1）$\int \frac{1}{x^2-1}dx$；

（2）$\int \frac{1}{1+e^x}dx$；

（3）$\int \sqrt{1-x^2}dx$；

（4）$\int \frac{\sqrt{x}}{1+\sqrt{x}}dx$.

4. 计算下列定积分.

（1）$\int_0^4 \frac{1}{1+\sqrt{x}}dx$；

（2）$\int_0^1 \frac{1}{4+x^2}dx$.

攻略驿站

　　1. 求不定积分就是想尽办法把被积函数变成积分公式要求的模样. 观察被积函数，若被积函数带根式，就用方法 3 解决；若是复合函数，就用方法 2 解决；若方法 2 解决不了的，一般用方法 4 解决.

　　2. 微积分基本定理的重点，就是要计算定积分，只需在区间 $[a,b]$ 上找到函数 $f(x)$ 的一个原函数 $F(x)$，并计算它由端点 a 到端点 b 的改变量 $F(b)-F(a)$ 即可.

　　3. 定积分和不定积分的相关性质及公式是有共通性的，注意对比区分其异同.

4.3.3   拨开云雾见积分

雾里看花

掌握了定积分的概念和计算，我们就可以通关了. 定积分在实际中有什么应用呢？

一、求平面图形的面积

具体方法: 在直角坐标系下计算平面图形的面积采用微元法.

具体步骤:

(1)画出曲线图像,确定积分变量和积分区间 $[a,b]$.

(2)求出面积微元 dA.

(3)求出面积 $A = \int_a^b dA$.

例 24 求由曲线 $y = x^2$ 与 $y = 2x - x^2$ 所围图形的面积.

解 (1)先画出所围的图形(图 4-16),解方程组 $\begin{cases} y = x^2, \\ y = 2x - x^2, \end{cases}$ 得两条曲线的交点为 $O(0,0)$,$A(1,1)$,取 x 为积分变量,积分区间为 $[0,1]$.

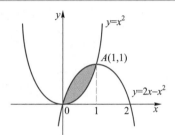

图 4-16

(2)面积微元为 $dA = (2x - x^2 - x^2)dx$.

(3)阴影的面积为 $A = \int_0^1 (2x - x^2 - x^2)dx = \left(x^2 - \frac{2}{3}x^3\right)\bigg|_0^1 = \frac{1}{3}$.

例 25 求曲线 $y^2 = 2x$ 与 $y = x - 4$ 所围图形的面积.

解 画出所围的图形(图 4-17),由方程组 $\begin{cases} y^2 = 2x, \\ y = x - 4, \end{cases}$ 得两条曲线的交点坐标为 $A(2,-2)$,$B(8,4)$,取 y 为积分变量,$y \in [-2,4]$,得所求面积为

$$A = \int_{-2}^4 \left(y + 4 - \frac{1}{2}y^2\right)dy = \left(\frac{1}{2}y^2 + 4y - \frac{1}{6}y^3\right)\bigg|_{-2}^4 = 18.$$

例 26 求椭圆 $\frac{x^2}{a^2} + \frac{y^2}{b^2} = 1$ 所围图形的面积.

解 设椭圆在第一象限部分的面积为 A_1(图 4-18),设 $x = a\sin t$,则 $dx = a\cos t dt$. 当 $x:0 \to a$,则 $t:0 \to \frac{\pi}{2}$.

定积分求面积

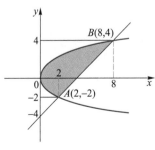

图 4-17

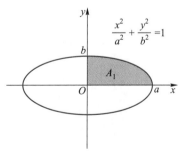

图 4-18

整个椭圆的面积为

$$A = 4A_1 = 4\int_0^a y\mathrm{d}x$$

$$= 4\int_0^{\frac{\pi}{2}} b\cos t(a\cos t)\mathrm{d}t = 4ab\int_0^{\frac{\pi}{2}} \cos^2 t\mathrm{d}t$$

$$= 4ab\int_0^{\frac{\pi}{2}} \frac{1 + \cos 2t}{2}\mathrm{d}t = 4ab\left(\frac{1}{2}t + \frac{1}{4}\sin 2t\right)\Big|_0^{\frac{\pi}{2}} = \pi ab.$$

例 27 求曲线 $y = x^2 - 8$ 与直线 $2x + y + 8 = 0$，$y = -4$ 所围成图形的面积.

解 所围成的图形如图 4-19 所示，

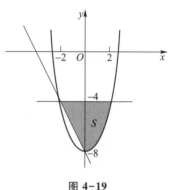

$$S = \int_{-8}^{-4}\left(\sqrt{y + 8} + \frac{1}{2}y + 4\right)\mathrm{d}y$$

$$= \left(\frac{2}{3}(y+8)^{\frac{3}{2}} + \frac{1}{4}y^2 + 4y\right)\Big|_{-8}^{-4}$$

$$= \frac{28}{3}.$$

图 4-19

二、求旋转体的体积

旋转体是一个平面图形绕着平面内的一条直线旋转而成的立体. 这条直线叫做**旋转轴**.

设旋转体是由连续曲线 $y = f(x)(f(x) \geq 0)$ 和直线 $x = a$，$x = b$ 及 x 轴所围成的曲边梯形绕 x 轴旋转一周而形成的(图 4-20).

取 x 为积分变量，它的积分区间为 $[a, b]$，在 $[a, b]$ 上任取一小区间 $[x, x+\mathrm{d}x]$，相应薄片的体积近似于以 $f(x)$ 为底面圆半径，$\mathrm{d}x$ 为高的小圆柱体的体积，从而得到体积微元为 $\mathrm{d}V = \pi[f(x)]^2\mathrm{d}x$，于是，所求旋转体体积为

定积分求体积

$$V = \int_a^b \mathrm{d}V = \pi\int_a^b [f(x)]^2\mathrm{d}x.$$

类似地，由曲线 $x = \varphi(y)$ 和直线 $y = c$，$y = d$ 及 y 轴所围成的曲边梯形绕 y 轴旋转一周而形成的旋转体(图 4-21)的体积为

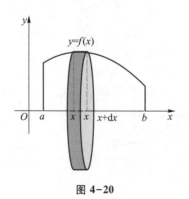

图 4-20

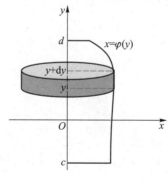

图 4-21

$$V = \int_c^d \mathrm{d}V = \pi \int_c^d \left[\varphi(y)\right]^2 \mathrm{d}y.$$

例 28　求由椭圆 $\dfrac{x^2}{a^2} + \dfrac{y^2}{b^2} = 1$ 绕 x 轴及 y 轴旋转而成的椭球体的体积.

解　（1）绕 x 轴旋转的椭球体（图 4-22），它可看作上半椭圆 $y = \dfrac{b}{a}\sqrt{a^2-x^2}$ 与 x 轴围成的平面图形绕 x 轴旋转而成. 取 x 为积分变量,积分区间为 $[-a,a]$,由公式所求椭球体的体积为

$$\begin{aligned}
V_x &= \pi \int_{-a}^a \left(\frac{b}{a}\sqrt{a^2 - x^2}\right)^2 \mathrm{d}x \\
&= \frac{2\pi b^2}{a^2} \int_0^a (a^2 - x^2) \mathrm{d}x \\
&= \frac{2\pi b^2}{a^2} \left[a^2 x - \frac{x^3}{3}\right]\Big|_0^a \\
&= \frac{4}{3}\pi a b^2.
\end{aligned}$$

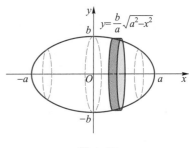

图 4-22

（2）绕 y 轴旋转的椭球体,可看作右半椭圆 $x = \dfrac{a}{b}\sqrt{b^2-y^2}$ 与 y 轴围成的平面图形绕 y 轴旋转而成（图 4-23 所示）,取 y 为积分变量,积分区间为 $[-b,b]$,由公式所求椭球体体积为

$$\begin{aligned}
V_y &= \pi \int_{-b}^b \left(\frac{a}{b}\sqrt{b^2 - y^2}\right)^2 \mathrm{d}y \\
&= \frac{2\pi a^2}{b^2} \int_0^b (b^2 - y^2) \mathrm{d}y \\
&= \frac{2\pi a^2}{b^2} \left[b^2 y - \frac{y^3}{3}\right]\Big|_0^b \\
&= \frac{4}{3}\pi a^2 b.
\end{aligned}$$

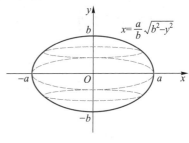

图 4-23

当 $a=b=R$ 时,上述结果为 $V = \dfrac{4}{3}\pi R^3$,这就是大家所熟悉的球体体积公式.

活动操练-3

---

1. 求下列几何图形所围成的平面图形的面积.

（1）$y = x^2, x = 1$ 及 x 轴.

（2）$y = \sin x, x = \dfrac{\pi}{2}$ 及 x 轴.

（3）$y = x^2$ 与 $x = y^2$.

2. 求由 $y = x^3, y = 0$ 及 $x = 1$ 所围成图形绕 x 轴旋转所得旋转体的体积.

3. 求由 $y = 4 - x^2$ 及 $y = 0$ 所围成图形绕 y 轴旋转所得旋转体的体积

能力提升

4. 求由 $y = e^x, y = 0, x = 0$ 及 $x = 1$ 所围成图形绕 x 轴旋转所得旋转体的体积.

5. 已知 $y = x^2, y = \dfrac{1}{x}$ 和直线 $y = 0, x = a(a > 0)$. 试用 a 表示这四条线围成的平面图形绕 x 轴旋转一周所形成的几何体的体积.

攻略驿站

1. 定积分可以计算复杂图形的面积.

2. 当 $f(x) \geqslant 0$ 时,$\displaystyle\int_a^b f(x) \, dx$ 是在 $[a, b]$ 上,曲线 $y = f(x)$ 与 x 轴之间的面积.

3. 积分是乘积的连续求和,如果乘积为负值,其和必然为负,而面积为正值,注意区分.

4. 求解积分大致分以下几步:

(1)思考分割方法.

(2)根据分割方法列出算式.

(3)计算算式.

4.4　学力训练

4.4.1　基础过关检测

一、判断题

1. 若 $f(x)$ 在某个区间上连续,则它一定存在原函数. （　　）

2. $\displaystyle\int e^x \sin x \, dx = \int e^x \, dx \int \sin x \, dx = e^x(-\cos x) + C$. （　　）

3. $\displaystyle\int \frac{1}{x} \, dx = \ln x + C$. （　　）

4. $\displaystyle\int e^{2x+1} \, dx = \int e^{2x+1} \, d(2x + 1)$. （　　）

5. $\displaystyle\int_{-1}^1 |x| \, dx = \int_{-1}^0 x \, dx + \int_0^1 x \, dx$. （　　）

二、填空题

1. $\displaystyle\int \frac{f'(x)}{f(x)} \, dx = (\qquad)$.

2. $\displaystyle\int x f''(x) \, dx = (\qquad)$.

3. 已知 $\int f(x)\mathrm{d}x = \mathrm{e}^x + C$,则 $\int f(\cos x)\cdot\sin x\mathrm{d}x = ($ $).$

4. 已知 $\left[\int f(x)\mathrm{d}x\right]' = \sin x$,则 $f(x) = ($ $).$

5. 根据定积分的几何意义, $\int_{-1}^{2}(2x+3)\mathrm{d}x = ($ $),\int_{0}^{2}\sqrt{4-x^2}\,\mathrm{d}x = ($ $),\int_{0}^{\pi}\cos x\mathrm{d}x =$ ($ $).$

6. 设 $\int_{-1}^{1}2f(x)\mathrm{d}x = 10,$ 则 $\int_{-1}^{1}f(x)\mathrm{d}x = ($ $),\int_{1}^{-1}f(x)\mathrm{d}x = ($ $),\int_{-1}^{1}\frac{1}{5}\left[2f(x)+1\right]\mathrm{d}x =$ ($ $).$

三、单项选择题

1. 设 $F(x)$ 和 $G(x)$ 都是 $f(x)$ 的原函数,则下列式子一定正确的是(   ).

A. $F(x) = G(x)$

B. $F(x)-G(x) = C(C$ 为常数$)$

C. $F(x)+G(x) = C(C$ 为常数$)$

D. $\int F(x)\mathrm{d}x = \int G(x)\mathrm{d}x$

2. 设 $y=f(x)$ 在 $[a,b]$ 上连续,则定积分 $\int_{a}^{b}f(x)\mathrm{d}x$ 的值是(   ).

A. 与区间及被积函数有关

B. 与区间无关,与被积函数有关

C. 与积分变量用何字母表示有关

D. 与被积函数 $f(x)$ 的形式无关

3. 下列各式正确的是(   ).

A. $\int\arctan x\mathrm{d}x = \frac{1}{1+x^2} + C$

B. $\int\sin(-x)\mathrm{d}x = -\cos(-x) + C$

C. $\int\frac{1}{\sqrt{1-x^2}}\mathrm{d}x = -\arccos x + C$

D. $\int x\mathrm{d}x = \frac{1}{2}x^2$

4. 下列计算 $\int\mathrm{e}^{\sin x}\cos x\mathrm{d}x$ 的结果中正确的是(   ).

A. $\mathrm{e}^{\sin x}+C$

B. $\mathrm{e}^{\sin x}\cos x+C$

C. $\mathrm{e}^{\sin x}\sin x+C$

D. $\mathrm{e}^{\sin x}(\sin x-1)+C$

5. 下列等式不成立的是(   ).

A. $\int x^{\alpha}\mathrm{d}x = \frac{1}{\alpha+1}x^{\alpha+1} + C$

B. $\int\cos x\mathrm{d}x = \sin x + C$

C. $\int a^x\mathrm{d}x = a^x + C$

D. $\int\frac{1}{1+x^2}\mathrm{d}x = \tan x + C$

6. 下列计算 $\int_{-a}^{a}x^4\sin\frac{1}{x}\mathrm{d}x$ 的结果中正确的是(   ).

A. 0   B. 1   C. a D. $2a$

7. $\int_{0}^{\pi}|\cos x|\mathrm{d}x = ($ $).$

A. -2 B. 0   C. 1   D. 2

8. 下列积分不为 0 的是(　　　　).

A. $\int_{-\pi}^{\pi} \cos x \mathrm{d}x$

B. $\int_{-\frac{\pi}{2}}^{\frac{\pi}{2}} \sin x \cos x \mathrm{d}x$；

C. $\int_{-\frac{\pi}{4}}^{\frac{\pi}{4}} \dfrac{x}{1 + \cos x} \mathrm{d}x$

D. $\int_{-2}^{2} x^4 \mathrm{d}x$

四、计算题

1. $\int \left(\dfrac{1}{x} - 2^x + 5\cos \dfrac{\pi}{3} \right) \mathrm{d}x$.

2. $\int \left(\mathrm{e}^{-x} + \dfrac{1}{x^2} \mathrm{e}^{-\frac{1}{x}} \right) \mathrm{d}x$.

3. $\int \dfrac{\cos x}{1 + \sin^2 x} \mathrm{d}x$.

4. $\int \left(\dfrac{\sec x}{1 + \tan x} \right)^2 \mathrm{d}x$.

5. $\int x \tan^2 x \mathrm{d}x$.

6. $\int \dfrac{x \mathrm{e}^x}{(1 + x)^2} \mathrm{d}x$.

7. $\int \sqrt{x} \ln x \mathrm{d}x$.

8. $\int \dfrac{x + 1}{\sqrt{1 - x^2}} \mathrm{d}x$.

9. $\int_0^1 (2x + 3) \mathrm{d}x$.

10. $\int_0^1 \dfrac{1 - x^2}{1 + x^2} \mathrm{d}x$.

11. $\int_e^{e^2} \dfrac{\mathrm{d}x}{x \ln x}$.

12. $\int_0^1 \dfrac{\mathrm{e}^x - \mathrm{e}^{-x}}{2} \mathrm{d}x$.

13. $\int_0^{\frac{\pi}{3}} \tan^2 x \mathrm{d}x$.

14. $\int_4^9 \left(\sqrt{x} + \dfrac{1}{\sqrt{x}} \right) \mathrm{d}x$.

15. $\int_0^4 \dfrac{\mathrm{d}x}{1 + \sqrt{x}}$.

16. $\int_{\frac{1}{e}}^{e} \dfrac{1}{x} (\ln x)^2 \mathrm{d}x$.

4.4.2　拓展探究练习

1. 求曲线 $y = x^2$ 及 $y = 2 - x^2$ 所围成的平面图形的面积.

2. 一平面经过半径为 R 的圆柱体的底圆中心,并与底面交成角 α,计算这个平面截圆柱体所得楔形体的体积.

3. 求由 $y = x^3, y = 8$ 及 y 轴所围成的曲边梯形绕 y 轴旋转一周而成的立体的体积.

4.5　服务驿站

4.5.1　软件服务

一、实验目的

熟练掌握在 MATLAB 环境下定积分和不定积分的计算方法.

二、实验过程

(一) 学一学:积分的 MATLAB 命令

MATLAB 中主要用 int 进行符号积分,用 trapz,dblquad,quad,quad8 等进行数值积分.

> R = int(s,v)　%对符号表达式 s 中指定的符号变量 v 计算不定积分. 表达式 R 只是表达式函数 s 的一个原函数,后面没有带任意常数 C.
> R = int(s)　%对符号表达式 s 中确定的符号变量计算不定积分.
> R = int(s,a,b)　%符号表达式 s 的定积分,a, b 分别为积分的上、下限.
> R = int(s,x, a,b)　%符号表达式 s 关于变量 x 的定积分,a, b 分别为积分的上、下限.
> trapz(x,y)　梯形积分法,x 表示积分区间的离散化向量,y 是与 x 同维数的向量,表示被积函数,z 返回积分值.

可以用 help int, help trapz, help quad 等查阅有关这些命令的详细信息.

(二) 动一动:实际操练

例 29　用符号积分命令 int 计算积分 $\int x^2 \sin x \mathrm{d}x$.

MATLAB 代码为

```
>>clear; syms x;
>>int(x^2*sin(x))
```

结果为

```
ans =-x^2*cos(x)+2*cos(x)+2*x*sin(x)
```

如果用微分命令 diff 验证积分正确性,MATLAB 代码为

```
>>clear; syms x;
>>diff(-x^2*cos(x)+2*cos(x)+2*x*sin(x))
```

结果为

```
ans =x^2*sin(x)
```

例 30 计算数值积分 $\int_{-2}^{2} x^4 \mathrm{d}x$.

先用梯形积分法命令 trapz 计算积分 $\int_{-2}^{2} x^4 \mathrm{d}x$,MATLAB 代码为

```
>>clear; x=-2:0.1:2; y=x.^4;   %积分步长为 0.1
>>trapz(x,y)
```

结果为

```
ans = 12.8533
```

实际上,积分 $\int_{-2}^{2} x^4 \mathrm{d}x$ 的精确值为 $\frac{64}{5} = 12.8$. 如果取积分步长为 0.01,MATLAB 代码为

```
>>clear; x=-2:0.01:2; y=x.^4;   %积分步长为 0.01
>>trapz(x,y)
```

结果为

```
ans =12.8005
```

可用不同的步长进行计算,考虑步长和精度之间的关系 . 一般说来,trapz 是最基本的数值积分方法,精度低,适用于数值函数和光滑性不好的函数 .

如果用符号积分法命令 int 计算积分 $\int_{-2}^{2} x^4 \mathrm{d}x$,输入 MATLAB 代码为

```
>>clear; syms x;
>>int(x^4,x,-2,2)
```

结果为

```
ans =64/5
```

三、实验任务

(1)(不定积分)用 int 计算下列不定积分,并用 diff 验证.

$$\int x\sin x^2 \mathrm{d}x, \ \int \frac{\mathrm{d}x}{1+\cos x}, \ \int \frac{\mathrm{d}x}{\mathrm{e}^x+1}, \ \int \arcsin x \mathrm{d}x, \ \int \sec^3 x \mathrm{d}x.$$

(2)(定积分)用 trapz,int 计算下列定积分.

$$\int_0^1 \frac{\sin x}{x} \mathrm{d}x, \ \int_0^1 x^x \mathrm{d}x, \ \int_0^{2\pi} \mathrm{e}^x \sin(2x)\mathrm{d}x, \ \int_0^1 \mathrm{e}^{-x^2}\mathrm{d}x.$$

4.5.2 建模体验

确定排污水泵的规格

城市社区的生活污水在进行净化处理之前,先要进入一个集中储存的大池子,再通过输水管和水泵流向净化处理设备,这种池子称为均流池(图 4-24). 生活污水的流速是时刻变

化的,于是导致均流池的进水流速时刻变化,但出水流速必须相对恒定,以保证后续水处理设施以比较稳定的状态工作,排污水泵的规格就是根据出水流速来确定的.

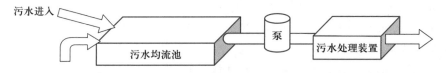

图 4-24 污水处理过程示意图

污水处理厂通过调查,得到以小时为单位间隔、一天的污水流速,见表 4-1.

表 4-1

时间/h	0	1	2	3	4	5	6	7
流速/($m^3 \cdot s^{-1}$)	0.041 7	0.032 1	0.023 6	0.018 5	0.018 9	0.019 9	0.022 8	0.036 9
时间/h	8	9	10	11	12	13	14	15
流速/($m^3 \cdot s^{-1}$)	0.051 4	0.063 0	0.068 5	0.069 7	0.072 5	0.075 4	0.076 1	0.077 5
时间/h	16	17	18	19	20	21	22	23
流速/($m^3 \cdot s^{-1}$)	0.081 0	0.083 9	0.086 3	0.080 7	0.078 1	0.069 0	0.058 4	0.051 9

分析 污水流速是时刻变化的,单凭 24 个时刻的流速来估计污水总量存在着很大的误差,为此可以化离散为连续,利用离散的数据拟合出进水流速函数,之后通过定积分得到进水总量,再去求恒定的出水流速.

求解过程:

(1)画出进水流速的散点图

使用 MATLAB 数学软件,画出进水流速的散点图,观察其变化趋势.为方便起见,首先把流速单位由 m^3/s 换算为 m^3/h,图像如图 4-25 所示.命令:

```
t=0:23;  v= v * 3600;
figure(1),plot(t,v,'ro');
```

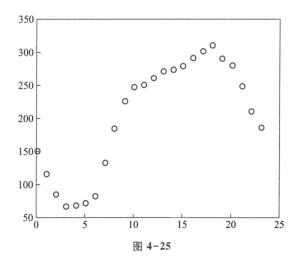

图 4-25

（2）拟合进水流速函数

根据散点图的趋势，为使拟合函数能够较好地贴近数据，同时又简单便于分析，可用五次多项式作为拟合函数，拟合得到的进水流速函数为

$$f(x) = 136.421 + 43.947\ 5x - 40.524x^2 + 8.528\ 4x^3 - 0.594\ 6x^4 - 0.002\ 172x^5.$$

拟合效果如图 4-26 所示．命令：

```
p=polyfit(t,v,5);y=polyval(p,t);
figure(2),plot(t,v,'ro',t,y,'b');
```

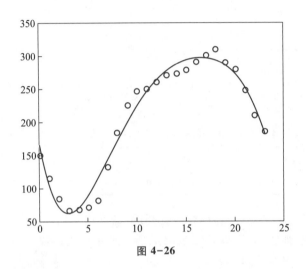

图 4-26

（3）计算恒定出水流速

在 [0,24] 区间对进水流速函数作定积分，得到一天内的污水流入总量：

$$R = \int_0^{24} f(x)\,\mathrm{d}x = 4\ 864.53.$$

由于污水流出量＝流入量，于是可以得到恒定的流出流速：

$$V_{出} = 4\ 864.53/24 = 202.689\ (\mathrm{m}^3/\mathrm{h}).$$

命令：

```
syms x
f=p(1)*x^5+p(2)*x^4+p(3)*x^3+p(4)*x^2+p(5)*x+p(6);
R=int(f,0,24);V出=R/24;
```

（4）确定排污水泵规格

目前常用的排污泵型号有两种，具体参数见表 4-2.

表 4-2

型号	理论流量 /(m³·h⁻¹)	扬程 /m	转速 /r.p.m	功率 /kW	效率 /%	出水口径 /mm	总质量 /kg	配套控制柜型号	工作流量 /(m³·h⁻¹)
150WQ300-13-22	300	13	970	22	73	150	780	WGZP1-22B	219
200WQ250-7-11	250	7	1460	11	70	200	200	WGZP1-11	175

计算得出的污水恒定流出量为 202.689 m³/h,对比两种型号,选择第一种型号的排污泵150WQ300-13-22,其实际工作流量为 219 m³/h,可保证均流池不会溢水.

4.5.3 重要技能备忘录

一、基本积分表

(1) $\int k\mathrm{d}x = kx + C$ (k 是常数).

(2) $\int x^{\mu}\mathrm{d}x = \dfrac{x^{\mu+1}}{\mu+1} + C$ ($\mu \neq -1$).

(3) $\int \dfrac{1}{x}\mathrm{d}x = \ln|x| + C$.

(4) $\int \dfrac{1}{1+x^2}\mathrm{d}x = \arctan x + C$.

(5) $\int \dfrac{\mathrm{d}x}{\sqrt{1-x^2}} = \arcsin x + C$.

(6) $\int \cos x\mathrm{d}x = \sin x + C$.

(7) $\int \sin x\mathrm{d}x = -\cos x + C$.

(8) $\int \dfrac{1}{\cos^2 x}\mathrm{d}x = \tan x + C$.

(9) $\int \dfrac{1}{\sin^2 x}\mathrm{d}x = -\cot x + C$.

(10) $\int \sec x\tan x\mathrm{d}x = \sec x + C$.

(11) $\int \csc x\cot x\mathrm{d}x = -\csc x + C$.

(12) $\int \mathrm{e}^x\mathrm{d}x = \mathrm{e}^x + C$.

(13) $\int a^x\mathrm{d}x = \dfrac{a^x}{\ln a} + C$ ($a > 0$,且 $a \neq 1$).

(14) $\int \dfrac{1}{a^2+x^2}\mathrm{d}x = \dfrac{1}{a}\arctan \dfrac{x}{a} + C$.

(15) $\int \dfrac{1}{x^2-a^2}\mathrm{d}x = \dfrac{1}{2a}\ln \left|\dfrac{x-a}{x+a}\right| + C$.

(16) $\int \dfrac{1}{\sqrt{a^2-x^2}}\mathrm{d}x = \arcsin \dfrac{x}{a} + C$.

(17) $\int \dfrac{1}{\sqrt{a^2+x^2}}\mathrm{d}x = \ln(x + \sqrt{a^2+x^2}) + C$.

(18) $\int \dfrac{\mathrm{d}x}{\sqrt{x^2-a^2}} = \ln\left|x + \sqrt{x^2-a^2}\right| + C$.

(19) $\int \tan x\mathrm{d}x = -\ln|\cos x| + C$.

(20) $\int \cot x\mathrm{d}x = \ln|\sin x| + C$.

(21) $\int \sec x\mathrm{d}x = \ln|\sec x + \tan x| + C$.

(22) $\int \csc x\mathrm{d}x = \ln|\csc x - \cot x| + C$.

注:① 从导数基本公式可得前 13 个积分公式,(14)~(22)式请课后自行证明.

② 以上公式把 x 换成 u 仍成立,其中 u 是以 x 为自变量的函数.

③ 复习三角函数公式:

$$\sin^2 x + \cos^2 x = 1, \quad \tan^2 x + 1 = \sec^2 x, \quad \sin 2x = 2\sin x\cos x,$$

$$\cos^2 x = \frac{1+\cos 2x}{2}, \quad \sin^2 x = \frac{1-\cos 2x}{2}.$$

二、常用凑微分公式

见表 4-3.

表 4-3

	积分类型	换元公式
第一换元积分法	1. $\int f(ax+b)\mathrm{d}x = \dfrac{1}{a}\int f(ax+b)\mathrm{d}(ax+b)$ $(a \neq 0)$	$u = ax+b$
	2. $\int f(x^{\mu})x^{\mu-1}\mathrm{d}x = \dfrac{1}{\mu}\int f(x^{\mu})\mathrm{d}(x^{\mu})$ $(\mu \neq 0)$	$u = x^{\mu}$
	3. $\int f(\ln x) \cdot \dfrac{1}{x}\mathrm{d}x = \int f(\ln x)\mathrm{d}(\ln x)$	$u = \ln x$
	4. $\int f(\mathrm{e}^x) \cdot \mathrm{e}^x\mathrm{d}x = \int f(\mathrm{e}^x)\mathrm{d}\mathrm{e}^x$	$u = \mathrm{e}^x$
	5. $\int f(a^x) \cdot a^x\mathrm{d}x = \dfrac{1}{\ln a}\int f(a^x)\mathrm{d}a^x$	$u = a^x$
	6. $\int f(\sin x) \cdot \cos x\mathrm{d}x = \int f(\sin x)\mathrm{d}\sin x$	$u = \sin x$
	7. $\int f(\cos x) \cdot \sin x\mathrm{d}x = -\int f(\cos x)\mathrm{d}\cos x$	$u = \cos x$
	8. $\int f(\tan x)\sec^2 x\mathrm{d}x = \int f(\tan x)\mathrm{d}\tan x$	$u = \tan x$
	9. $\int f(\cot x)\csc^2 x\mathrm{d}x = -\int f(\cot x)\mathrm{d}\cot x$	$u = \cot x$
	10. $\int f(\arctan x)\dfrac{1}{1+x^2}\mathrm{d}x = \int f(\arctan x)\mathrm{d}(\arctan x)$	$u = \arctan x$
	11. $\int f(\arcsin x)\dfrac{1}{\sqrt{1-x^2}}\mathrm{d}x = \int f(\arcsin x)\mathrm{d}(\arcsin x)$	$u = \arcsin x$

4.5.4 "E" 随行

自 主 检 测

一、单项选择题

请扫描二维码进行自测.

二、填空题

（1）函数 $f(x) = \sin 2x$ 的原函数是＿＿＿＿＿．

（2）若 $f'(x)$ 存在且连续，则 $\left[\int \mathrm{d}f(x)\right]' = $ ＿＿＿＿＿．

（3）若 $\int f(x)\mathrm{d}x = (x+1)^2 + C$，则 $f(x) = $ ＿＿＿＿＿．

（4）若 $\int f(x)\mathrm{d}x = F(x) + C$，则 $\int \mathrm{e}^{-x}f(\mathrm{e}^{-x})\mathrm{d}x = $ ＿＿＿＿＿．

（5）$\displaystyle\int_{-1}^{1}\dfrac{x}{(x+1)^2}\mathrm{d}x = $ ＿＿＿＿＿．

（6）若 $f(x)$ 在某区间上＿＿＿＿，则在该区间上 $f(x)$ 的原函数一定存在．

单项选择题

（7）$x\sqrt{x}\,\mathrm{d}x =$ _____ .

（8）$\dfrac{\mathrm{d}x}{x^2\sqrt{x}} =$ _____ .

（9）$(x^2-3x+2)\,\mathrm{d}x =$ _____ .

（10）$\displaystyle\int(\sqrt{x}+1)(\sqrt{x^3}-1)\,\mathrm{d}x =$ _____ .

（11）$\dfrac{(1-x)^2}{\sqrt{x}}\,\mathrm{d}x =$ _____ .

三、求下列不定积分

（1）$\displaystyle\int\dfrac{x^2}{1+x^2}\,\mathrm{d}x$.

（2）$\displaystyle\int\dfrac{2\cdot 3^x-5\cdot 2^x}{3x}\,\mathrm{d}x$.

（3）$\displaystyle\int\cos^2\dfrac{x}{2}\,\mathrm{d}x$.

（4）$\displaystyle\int\dfrac{\cos 2x}{\cos^2 x\sin^2 x}\,\mathrm{d}x$.

（5）$\displaystyle\int\left(1-\dfrac{1}{x^2}\right)\sqrt{x\sqrt{x}}\,\mathrm{d}x$.

（6）$\displaystyle\int\dfrac{x^2+\sin^2 x}{x^2+1}\sec^2 x\,\mathrm{d}x$.

四、求下列不定积分

（1）$\displaystyle\int x\mathrm{e}^{3x}\,\mathrm{d}x$.

（2）$\displaystyle\int(x+1)\mathrm{e}^x\,\mathrm{d}x$.

（3）$\displaystyle\int x^2\cos x\,\mathrm{d}x$.

（4）$\displaystyle\int(x^2+1)\mathrm{e}^{-x}\,\mathrm{d}x$.

（5）$\displaystyle\int x\ln(x+1)\,\mathrm{d}x$.

（6）$\displaystyle\int\mathrm{e}^{-x}\cos x\,\mathrm{d}x$.

五、求下列定积分

（1）$\displaystyle\int_0^1 x^{100}\,\mathrm{d}x$.

（2）$\displaystyle\int_1^4\sqrt{x}\,\mathrm{d}x$.

（3）$\displaystyle\int_0^1\mathrm{e}^x\,\mathrm{d}x$.

（4）$\displaystyle\int_0^1 100^x\,\mathrm{d}x$.

（5）$\displaystyle\int_0^{\frac{\pi}{2}}\sin x\,\mathrm{d}x$.

（6）$\displaystyle\int_0^1 x\mathrm{e}^{x^2}\,\mathrm{d}x$.

（7）$\displaystyle\int_0^{\frac{\pi}{2}}\sin(2x+\pi)\,\mathrm{d}x$.

（8）$\displaystyle\int_0^{\pi}\cos\left(\dfrac{x}{4}+\dfrac{\pi}{4}\right)\,\mathrm{d}x$.

（9）$\displaystyle\int_1^e\dfrac{\ln x}{2x}\,\mathrm{d}x$.

（10）$\displaystyle\int_0^1\dfrac{\mathrm{d}x}{100+x^2}$.

六、应用题

（1）求由曲线 $y=\dfrac{1}{x}$ 与直线 $y=x,x=2$ 所围成的平面图形的面积.

（2）求由曲线 $y=x^2$ 与直线 $y=x$ 所围成的平面图形绕 x 轴旋转一周所得旋转体的体积.

（3）求由曲线 $r=4\cos\theta\left(-\dfrac{\pi}{2}\leqslant\theta\leqslant\dfrac{\pi}{2}\right)$ 所围成的平面图形的面积.

4.6　数学文化

牛顿与莱布尼茨

17 世纪下半叶,欧洲科学技术迅猛发展,由于生产力的提高和社会各方面的迫切需要,经各国科学家的努力与历史的积累,建立在函数与极限概念基础上的微积分理论应运而生.微积分思想最早可以追溯到希腊由阿基米德等人提出的计算面积和体积的方法.1665 年牛顿创始了微积分,莱布尼茨在 1673—1676 年间也发表了微积分思想的论著.以前,微分和积分作为两种数学运算、两类数学问题,是分别加以研究的.卡瓦列里、巴罗、沃利斯等人得到了一系列求面积(积分)、求切线斜率(导数)的重要结果,但这些结果都是孤立的、不连贯的.只有莱布尼茨和牛顿将积分和微分真正沟通起来,明确地找到了两者内在的直接联系.

微分和积分是互逆的两种运算.而这是微积分建立的关键所在.只有确立了这一基本关系,才能在此基础上构建系统的微积分学,并从对各种函数的微分和求积公式中,总结出共同的算法程序,使微积分方法普遍化,发展成用符号表示的微积分运算法则.因此,微积分是牛顿和莱布尼茨大体上完成的,但不是由他们发明的.

然而关于微积分创立的优先权,数学上曾掀起了一场激烈的争论.实际上,牛顿在微积分方面的研究虽早于莱布尼茨,但莱布尼茨成果的发表则早于牛顿.莱布尼茨 1684 发表在《教师学报》上的论文《一种求极大与极小值和求切线的新方法》,在数学史上被认为是最早发表的微积分文献.牛顿在 1687 年出版的《自然哲学的数学原理》的第一版和第二版也写道:"十年前在我和最杰出的几何学家莱布尼茨的通信中,我表明我已经知道确定极大值和极小值的方法、作切线的方法以及类似的方法,但我在交换的信件中隐瞒了这方法,……这位最卓越的科学家在回信中写道,他也发现了一种同样的方法.他并诉述了他的方法,他与我的方法几乎没有什么不同,除了他的措辞和符号之外."因此,后来人们公认牛顿和莱布尼茨是各自独立地创建微积分的.牛顿从物理学出发,运用集合方法研究微积分,其应用上更多地结合了运动学.莱布尼茨则从几何问题出发,运用分析学方法引进微积分概念、得出运算法则,其数学的严密性与系统性是牛顿所不及的.莱布尼茨认识到好的数学符号能节省思维劳动,运用符号的技巧是数学成功的关键之一.因此,他发明了一套适用的符号系统,如,引入 $\mathrm{d}x$ 表示 x 的微分,$\int$ 表示积分,$\mathrm{d}^n x$ 表示 n 阶微分等.这些符号进一步促进了微积分学的发展.1713 年,莱布尼茨发表了《微积分的历史和起源》一文,总结了自己创立微积分学的思路,说明了自己成就的独立性.

4.7 专题:"微"入人心,"积"行千里

用定积分解锁"中国高铁"的制动距离问题

习近平总书记指出,我国自主创新的一个成功范例就是高铁,从无到有,从引进、消化、吸收再创新到自主创新,现在已经领跑世界. 大家熟知的"复兴号"动车在世界上首次实现了时速 350 km 的自动驾驶. 这让我们感受了中国智造、体验了中国速度. 我国已经成为世界上高铁系统技术最全、集成能力最强、运营里程最长、运行时速最高、在建规模最大的国家,人们也越来越关注高铁的安全工作. 假设某次列车以 324 km/h 的速度匀速行驶,该列车进站时的加速度为-0.45 m/s^2,列车匀减速到站并刚好安全停车. 那么列车应在进站前多长时间以及离车站多远距离开始制动呢?

通过本章内容的学习和查阅拓展资料,类似这样的现实情境问题,我们就会迎刃而解了.

第 5 章

常微分方程初步

本章介绍

5.1 单元导读

　　在解决实际问题时,寻求变量之间的函数关系具有重要的意义.在许多情况下,往往不能直接找出所需要的函数关系,但是可以根据问题所提供的情况,建立待求函数及其导数(或微分)之间的关系式,这样的关系式就是所谓微分方程,微分方程建立以后,对它进行研究,找出所要求的函数,这就是解微分方程,本章主要介绍微分方程的一些基本概念和几种常见的微分方程的解法.

　　本章首先让学习者了解到生活中无处不在的微分方程,然后详细讲解微分方程的概念、可分离变量微分方程的定义及其解法、一阶线性微分方程的定义及其解法、二阶线性微分方程的定义及其解法,最后介绍了微分方程模型的案例及建立方法,利用微分方程解决实际问题.

本章知识结构图(图5-1)：

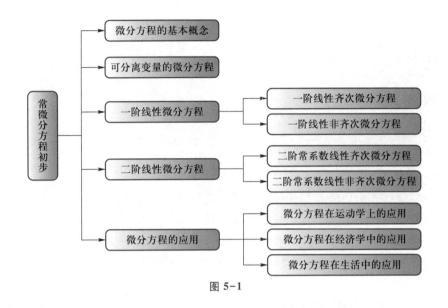

图 5-1

 本章学习目标

1. 了解微分方程及方程的解、阶、通解、初值条件和特解等概念.

2. 熟练掌握可分离变量的微分方程的解法.

3. 会识别一阶线性齐次微分方程和一阶线性非齐次微分方程；熟练地解一阶线性齐次微分方程和一阶线性非齐次微分方程.

4. 会识别二阶常系数线性齐次微分方程和二阶常系数线性非齐次微分方程.

5. 了解二阶常系数线性齐次微分方程解的结构,理解二阶常系数线性齐次微分方程的特征方程的概念；掌握特征根与二阶常系数线性齐次微分方程通解的关系.

6. 了解二阶线性非齐次微分方程解的结构,了解二阶常系数线性非齐次微分方程的特解的形式与形式之间的关系.

7. 熟悉实际问题中的变化率的导数形式及相关定律,了解利用微分方程解决实际问题的步骤.

 教学重点：

1. 可分离变量的微分方程的解法.

2. 一阶线性微分方程的解法,常数变易法求解一阶线性非齐次微分方程.

3. 二阶常系数线性齐次微分方程的解法.

教学难点： ▶▶

1. 齐次微分方程．

2. 常数变易法．

3. 线性微分方程解的性质及解的结构．

学习建议 ▶▶

1. 首先掌握微分方程的定义，主要包括可分离变量的微分方程、线性（非线性）微分方程、齐次（非齐次）微分方程、一阶（二阶）微分方程．

2. 针对不同类型的微分方程对应的解法总结如下：

（1）一阶线性齐次微分方程和可分离变量的微分方程的解法为分离变量法．

（2）一阶线性非齐次微分方程的解法为常数变易法（第一步分离变量求齐次解，第二步将齐次解中的常数变为未知函数求解）．

（3）二阶常系数线性齐次（非齐次）微分方程的解法为特征根判别法．

导入：外星世界，我来啦

人类关于太空的想象和探索从来没有停止过．如果真的有这么一个机会让你去火星，但是，你再也回不到地球上来了，你愿意吗？

那如何能安全着陆到其他星球上呢，科学家们要如何来推导计算出载人的飞船应该满足的条件呢？在估算至少需要多大的初速度才能把飞行器发射到其他星球上去时，我们正是要考虑速度的变化率问题，而这个变化率即是本章要讲的微分方程．

5.2　微分方程与生活

5.2.1　无处不在的微分方程

一、安全"着陆"

从地球向月球发射登月体，如果发射体的初速度过小，由于地球的引力，登月体就会被吸引回来，即发射不上去；而如果发射体的初速度过大，势必会造成浪费，同时登月体与月球会发生剧烈的碰撞而损坏，即无法安全着陆．那么至少需要多大的初速度才能把登月体发射成功呢?

二、人口数量增长问题

人口增长问题是世界上受关注的问题之一. 在许多媒体上,我们都可以看到各种各样关于人口增长的预报,但你是否曾对这些预报作过比较? 假如你曾作过比较,你一定已经发现:不同媒体对同一段时间里人口增长的预报可能会存在着较大的差别. 产生这一现象的原因就在于他们采用了不同的人口模型作为预测的依据. 下面我们将考察马尔萨斯人口模型.

为了便于表述,我们先作如下假设:用 $x(t)$ 表示 t 时刻的人口数量,在这里我们将不区分人口在年龄、性别上的差异,严格地说,人口总数中个体的数目 $x(t)$ 是时间 t 的不连续函数,但由于人口数量一般很大,我们不妨近似地认为 $x(t)$ 是 t 的一个连续可微函数,$x(t)$ 的变化与出生、死亡、迁入和迁出等因素有关,若用 B、D、I 和 E 分别表示人口的出生率、死亡率、迁入率和迁出率并假设它们都是常数,则人口增长的一般模型是马尔萨斯模型

$$\begin{cases} \dfrac{\mathrm{d}x}{\mathrm{d}t} = (B-D+I-E)x, \\ x(t_0) = x_0. \end{cases}$$

三、如何判断是饮酒驾车还是醉酒驾车

全国道路交通事故死亡人数中,酒后驾车造成的占有相当大的比例,《车辆驾驶人员血液、呼气酒精含量阈值与检验》规定,车辆驾驶人员血液中的酒精含量大于或者等于 20 mg/100 mL,小于 80 mg/100 mL 为饮酒驾车,血液中的酒精含量大于或者等于 80 mg/100 mL 为醉酒驾车.

小李在中午 12 点喝了一瓶啤酒,下午 6 点检查时没有违反上述标准,当天晚上 8 点他又喝了一瓶啤酒,但第二天凌晨 2 点检查时却被定为酒后驾车,为什么喝同样多的酒,两次检查结果不一样?

建立饮酒后血液中酒精含量与时间关系的数学模型,并讨论快速或慢速饮 3 瓶啤酒后在多长时间内驾车就会违反上述标准. 怎样估计血液中的酒精含量在什么时间最高? 如果某人天天喝酒,是否还能开车?

虽然饮酒后酒精在体内的分布状况复杂,但酒精的吸收、分解等都在系统内部进行. 酒精进入人体后,经一段时间进入血液,进入血液后,在血液中达到最高浓度后开始逐渐消除,把酒精在体内的代谢过程看为酒精的进与出的过程,这样便会使问题得到简化. 用 $\left(\dfrac{\mathrm{d}x}{\mathrm{d}t}\right)_{\text{in}}$ 和 $\left(\dfrac{\mathrm{d}x}{\mathrm{d}t}\right)_{\text{out}}$ 分别表示酒精输入速率和输出速率. 由于单位时间内血液中酒精的改变即变化率就等于输入与输出速率之差,所以其动力学模型为

$$\frac{\mathrm{d}x}{\mathrm{d}t} = \left(\frac{\mathrm{d}x}{\mathrm{d}t}\right)_{\text{in}} - \left(\frac{\mathrm{d}x}{\mathrm{d}t}\right)_{\text{out}}.$$

四、交通信号灯中黄灯亮多久合适

在十字路口的交通管理中,亮红灯之前,要亮一段时间的黄灯,这是为了让那些正行驶

在十字路口的人注意,告诉他们红灯即将亮起,假如你能够停住,应当马上刹车,以免闯红灯违反交通法规.这里我们不妨想一下:黄灯应当亮多久才比较合适?

停车时,驾驶员踩动刹车踏板产生一种摩擦力,该摩擦力使汽车减速并最终停下.设汽车质量为 m,刹车摩擦系数为 f,$x(t)$ 为刹车后汽车在 t 时刻内行驶的距离,根据刹车规律,可假设刹车制动力为 fmg(g 为重力加速度).由牛顿第二定律,刹车过程中车辆应满足下列运动方程

$$\begin{cases} mx''(t) = -fmg, \\ x(0) = 0, x'(0) = v_0. \end{cases}$$

五、雪是什么时候下的呢

一个冬天的早晨,天空开始下雪,整天不停,且以恒定速率 c 降雪.一台扫雪机从上午 8 点开始在公路上扫雪.到 9 点前进了 2 km,到 10 点前进了 3 km.问何时开始下雪(图 5-2)?

图 5-2

设 $h(t)$ 为开始下雪起到 t 时刻时的积雪深度,设 $x(t)$ 为扫雪机从开始下雪到 t 时刻走过的距离,假设扫雪机前进的速度与雪的厚度成反比,反比例系数为 k,记上午 8 点为 $t=0$,则有

$$\begin{cases} \dfrac{\mathrm{d}h(t)}{\mathrm{d}t} = c, \\ \dfrac{\mathrm{d}x(t)}{\mathrm{d}t} = \dfrac{k}{h(t)}, \\ x(0) = 0, x(1) = 2, x(2) = 3. \end{cases}$$

六、科学美体

随着社会的进步和发展,人们的生活水平在不断提高,饮食营养摄入量的改善和变化、生活方式的改变,使得肥胖成了社会关注的一个问题,为此,联合国世界卫生组织曾推荐肥胖分型标准身体质量指数(简记 BMI):体重(单位:kg)除以身高(单位:m)的平方,规定 BMI 在 18.5 至 25 为正常,大于 25 为超重,超过 30 则为肥胖.无论从健康的角度,还是从审美的角度,人们越来越重视瘦身塑型.不少自感肥胖的人加入了减肥的行列.可是盲目的减肥,

只能维持一时,那么如何科学减轻体重并维持下去? 这就要建立一个简单的体重变化规律模型,并由此通过合理的饮食与运动制定有效的减肥计划.

假设:D 为脂肪的能量转化系数,$W(t)$ 为人体的体重关于时间 t 的函数,r 为每千克体重每小时运动所消耗的能量,b 为每千克体重每小时所消耗的能量,A 为平均每小时摄入的能量.

按照能量的平衡原理,任何时间段内由于体重的改变所引起的人体内能量的变化应该等于这段时间内摄入的能量与消耗的能量之差.

选取某一段时间 $(t,t+\Delta t)$,在 $(t,t+\Delta t)$ 内考虑能量的改变:

设能量的增量为 ΔW,则有

$$\Delta W = [W(t+\Delta t) - W(t)]D.$$

设摄入与消耗的能量之差为 ΔM,则有

$$\Delta M = [A - (b+r)W(t)]\Delta t.$$

根据能量平衡原理,有

$$\Delta W = \Delta M,$$
$$[W(t+\Delta t) - W(t)]D = [A - (b+r)W(t)]\Delta t.$$

取 $\Delta t \to 0$,可得

$$\begin{cases} \dfrac{\mathrm{d}W}{\mathrm{d}t} = a - pW, \\ W(0) = W_0, \end{cases}$$

其中 $a = A/D$,$p = (b+r)/D$,$t = 0$(模型开始考察时刻).

5.2.2　揭秘生活中的微分方程

一、生活中瘦身的问题

问题:某女士每天摄入含有 2 500 cal[①] 热量的食物,1 200 cal 用于基础新陈代谢(即自动消耗),并以每千克体重消耗 16 cal 用于日常锻炼,其他的热量转化为身体的脂肪(假设10 000 cal 可转换成 1 kg 脂肪). 在星期天晚上她的体重是 57.152 6 kg,周四那天她没控制饮食,摄入了含有 3 500 cal 热量的食物. 估计她在周六时的体重;为了不增加体重,每天她最多的食物摄入量是多少?

怎么样? 我想大家一定很想知道答案吧! 请仔细考虑,待会儿公布答案.

期待中……

答案:该女士周六的体重是 57.482 7 kg,最多摄入 2 114 cal.

呀! 长肉啦! 看来控制体重必须要结合饮食了. 这是怎么计算出来的? 这里就用到了

---

① 1 cal = 4.186 J.

微分方程模型和一阶微分方程的求解.

解 设该女士的体重为 $w(t)$, 时间 t 从周日晚上开始计时.

建立微分方程为

$$\begin{cases} \dfrac{\mathrm{d}w}{\mathrm{d}t} = \dfrac{1\,300 - 16w}{10\,000}, \\ w(0) = 57.152\,6, \end{cases}$$

其中 $1\,300 = 2\,500 - 1\,200$. 解微分方程,得其解为

$$w(t) = 81.25 - 24.097\,4\,\mathrm{e}^{-0.001\,6t}. \tag{1}$$

假设时间 t 以天为计时单位,记 $w(3)$ 为周三晚上的体重. 把 $t=3$ 代入(1)式,得 $w(3) = 57.268\,0$.

记 β 为每天纯摄入量,在 $t=4$ 时,摄入量已发生变化,这时 $\beta=2\,300$,其微分方程为

$$\begin{cases} \dfrac{\mathrm{d}w}{\mathrm{d}t} = \dfrac{2\,300 - 16w}{10\,000}, \\ w(3) = 57.268\,0. \end{cases}$$

解此微分方程,得其解为

$$w(t) = 143.75 - 86.898\,1\,\mathrm{e}^{-0.001\,6t}. \tag{2}$$

把 $t=4$ 代入(2)式计算出 $w(4) = 57.406\,3$.

在 $t>4$ 时,摄入量又改变为 $\beta=1\,300$,再建立微分方程为

$$\begin{cases} \dfrac{\mathrm{d}w}{\mathrm{d}t} = \dfrac{1\,300 - 16w}{10\,000}, \\ w(4) = 57.406\,3, \end{cases}$$

解微分方程,得其解为

$$w(t) = 81.25 - 23.991\,8\,\mathrm{e}^{-0.001\,6t}. \tag{3}$$

把 $t=6$ 代入(3)式,得

$$w(6) = 57.482\,7.$$

所以这位女士在周六的体重为 57.482 7 kg.

若想不增加体重,即 $\beta - 16w(0) = 0$,所以食物的摄入量 β 为

$$\beta = 1\,200 + 16 \times 57.152\,6 = 2\,114.$$

明白了吧,这就是学习微分方程的重要性. 减肥不可盲目,要保持科学理性.

二、一起揭开"微分方程"神秘的面纱

从上面的案例可以看出,微分方程是伴随着微积分的产生和发展成长起来的一门学科. 微分方程广泛应用在物理学、工程学、经济学、生物学、医学、军事等各个领域中,是解决实际问题的有力工具. 那么如何使用微分方程解决问题? 其具体做法:首先要对实际研究问题作具体分析,然后利用已有规律,或者模拟,或近似得到各个因素变化率之间的关系,从而建立一个微分方程.

从案例中可知:解决问题的关键是要建立一个微分方程,如何建立微分方程?

常见的方法有:

① 按规律直接列方程

在数学、物理、化学等学科中许多自然现象所满足的规律已为人们所熟悉,并可直接由微分方程所描述.如牛顿第二定律、放射性物质的放射性规律等.我们常利用这些规律对某些实际问题列出微分方程.

② 微元分析法与任意区域上取积分的方法

自然界中也有许多现象所满足的规律是通过变量的微元之间的关系式来表达的.对于这类问题,我们不能直接列出自变量和未知函数及其变化率之间的关系式,而是通过微元分析法,利用已知的规律建立一些变量(自变量与未知函数)的微元之间的关系式,然后再通过取极限的方法得到微分方程,或等价地通过任意区域上取积分的方法来建立微分方程.

③ 模拟近似法

在生物、经济等学科中,许多现象所满足的规律并不很清楚而且相当复杂,因而需要根据实际资料或大量的实验数据,提出各种假设.在一定的假设下,给出实际现象所满足的规律,然后利用适当的数学方法列出微分方程.

其实在实际的问题中,往往是上述方法的综合应用,不论应用哪种方法,通常要根据实际情况,作出一定的假设与简化,并要把模型的理论或计算结果与实际情况进行对照验证,以修改模型使之更准确地描述实际问题并进而达到预测预报的目的.

有了微分方程这把利器,就可以解决登月问题、人口问题、交通信号灯问题、瘦身问题等.

在本章中我们要学习微分方程的基本概念,可分离变量微分方程的定义及其解法,一阶线性微分方程的定义及其解法,二阶线性微分方程的定义及其解法,利用微分方程来解决实际问题.

5.3 知识纵横——微分方程之旅

5.3.1 独上微分高楼,认识微分方程

我们一起分析以前学过的方程和微分方程有什么区别.以前学过的方程是指含有未知数的等式,而微分方程是指描述未知函数的导数与自变量之间的关系的方程.接下来我们探究一下微分方程的定义.

一、微分方程的定义

含有未知数的等式叫做方程,而含有未知函数的导数(或微分)的方程就是微分方程.

定义 1 含有未知函数的导数(或微分)的方程,叫做**微分方程**.

未知函数为一元函数的微分方程,称为**常微分方程**;未知函数为多元函数的微分方程,称为**偏微分方程**.本章只讨论常微分方程,以后简称微分方程.

定义 2 微分方程中出现的未知函数的最高阶导数的阶数,叫做**微分方**

认识微分方程

程的阶(图 5-3).

例如:

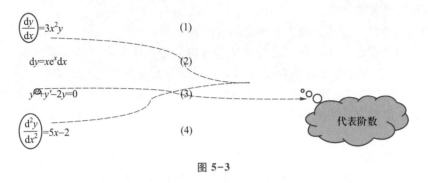

$$\frac{dy}{dx}=3x^2y \qquad\qquad (1)$$

$$dy=xe^x dx \qquad\qquad (2)$$

$$y''+y'-2y=0 \qquad\qquad (3)$$

$$\frac{d^2y}{dx^2}=5x-2 \qquad\qquad (4)$$

代表阶数

图 5-3

方程(1)(2)(3)(4)都是微分方程.

方程(1)和(2)是一阶微分方程,方程(3)和(4)是二阶微分方程.

定义 3 如果将函数 $y=f(x)$ 及其导数代入微分方程,能够使得方程成立,则称此函数为该**微分方程的解**.或者说,满足微分方程的任何函数,都叫做**微分方程的解**.

如果微分方程的解中含有独立的任意常数的个数与微分方程的阶数相等,这样的解叫做微分方程的**通解**.不含任意常数的解叫做微分方程的**特解**.用于确定通解中常数 C 的值的条件,叫做**初值条件**.

求微分方程解的过程,叫做**解微分方程**.

例 1 验证函数 $y=\frac{1}{2}x^2+x+C$ 是微分方程 $y'-x-1=0$ 的通解,并求满足初值条件 $y|_{x=2}=0$ 的特解.

解 $y=\frac{1}{2}x^2+x+C$,$y'=x+1$.

将 y,y'代入已知方程,得 $(x+1)-x-1=0$,满足方程,所以函数 $y=\frac{1}{2}x^2+x+C$ 是微分方程的解.由于解中有 1 个任意常数,与微分方程的阶数相同,所以 $y=\frac{1}{2}x^2+x+C$ 是微分方程 $y'-x-1=0$ 的通解.

将初值条件代入,$x=2$ 时,$y=0$,即 $\frac{1}{2}\cdot 4+2+C=0$,解得 $C=-4$,所以满足题中初值条件的特解为 $y=\frac{1}{2}x^2+x-4$.

了解了微分方程的定义,肯定想马上知道它的应用吧!

研究实际问题时,最希望可以找到变量之间的函数关系,然而,由于实际问题的复杂性,往往很难建立函数关系,但有时可以找到事物变化的规律或者改变量的规律,而这种包含导数(变化率)和微分(改变量的近似值)规律的方程,即为微分方程.

现实意义:微分方程用来描述事物变化的规律.

二、微分方程的实际应用

微分方程模型的应用非常广泛. 例如:

微分方程在运动学中的应用:(1) 自由落体运动模型;(2) 飞机安全降落模型.

微分方程在医学中的应用:(1) 饮酒问题模型;(2) 传染病模型.

微分方程在社会学中的应用:(1) 嫌疑犯问题;(2) 人口模型;(3) 赝品鉴定.

微分方程在经济学中的应用:(1) 产品销售;(2) 广告效果.

> 接下来,我们通过下面的实例深入分析如何应用微分方程吧!

某地出现了多例原因不明、危及生命的呼吸系统疾病,该疾病具有较强传染性,如果不进行预防和控制,将会在各地乃至更大范围爆发,造成不可估计的后果. 所以各地医学家马上对病毒传染规律展开研究,期望能尽快控制病毒传播,同时致力研发疫苗找到治愈方法,消灭病毒.

如果用 y 代表感染人数,t 代表时间,y 和 t 的函数关系很难找到,但我们容易分析感染者数量 y 随着时间 t 的变化情况,应该是初期感染者数量增长很快,之后因预防控制,感染人数增长缓慢,最终找到治愈方法,感染者数量趋于稳定. 感染者数量趋势大致如图 5-4 所示.

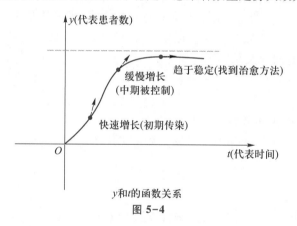

y和t的函数关系

图 5-4

假设感染者的相对增长率为 r,单位时间内感染者数量的增长率为 $\dfrac{\Delta y}{\Delta t}$,则随着感染者数量增加,增长率 $\dfrac{\Delta y}{\Delta t}$ 减小,可以做一个最简单的处理,不妨假设 $\dfrac{\Delta y}{\Delta t} = r - ky$,$k$ 为比例系数,且当 y 达到最大值记为 y_m 时,$\dfrac{\Delta y}{\Delta t} = 0$,从而得到 $k = \dfrac{r}{y_m}$,则增长率 $\dfrac{\Delta y}{\Delta t} = r\left(1 - \dfrac{y}{y_m}\right)$,从而得到下列微分方程图 5-5:

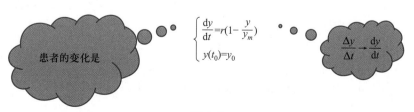

图 5-5

之后通过求解这个微分方程,可以找到患者数量 y 与时间 t 的函数关系,进而寻找控制病毒传播的方法或预防措施.

活动操练-1

---

1. 下列等式中哪些是微分方程? 若是,指出其阶数.

(1) $y'-2yy'+y=0$；　　　(2) $x^2y''-xy'+y=0$；　　　(3) $xy'''-2y''+x^2y=0$；

(4) $y^2+xy-3=0$；　　　(5) $\sqrt{1-x^2}\,dy=4x\,dx$；　　　(6) $\dfrac{dy}{dx}+\dfrac{y}{x}=\dfrac{\sin x}{x}$.

2. 验证下列各函数是否为所给微分方程的解.

(1) $xy'=2y, y=5x^2$；　　　　　　　(2) $y'-2xy=0, y=Ce^{x^2}$；

(3) $(x+y)\,dx+x\,dy=0, y=-\dfrac{x}{2}$；　　　(4) $y''-\dfrac{2x}{1+x^2}y'=0, y=x^3+3x+C$；

(5) $\dfrac{d^2y}{dx^2}=a, y=\dfrac{1}{2}at^2+C_1t+C_2$；　　　(6) $2y''+18y-2x=1, y=5\cos 3x+\dfrac{x}{9}+\dfrac{1}{18}$.

3. 一物体以初速度 v_0 竖直上抛,设此物体的运动只受重力作用,试确定该物体运动路程 s 与时间 t 的函数关系.

4. 一滴球形雨滴,以与它表面积成正比的速度蒸发,求其体积 V 与时间 t 的关系式.

5. 加热后的物体在空气中冷却的速度与每一瞬时物体温度与空气温度之差成正比,试确定物体温度与时间的关系.

攻略驿站

---

1. 微分方程里的未知函数是 y,而不是 x.

2. 寻找变量与其瞬间变化率之间的关系式就是建立微分方程的过程.

3. 注意阶数的书写形式.

5.3.2　望闻问切类型,求解微分方程

一、可分离变量的微分方程

定义 4　形如 $\dfrac{dy}{dx}=f(x)g(y)$（或 $y'=f(x)g(y)$）的微分方程,叫做**可分离变量的微分方程**.

例 2　观察下列方程中哪些是可分离变量的微分方程?

(1) $y'=2xy$；　　　　　(2) $3x^2+5x-y'=0$；　　　　　(3) $(x^2+y^2)\,dx-xy\,dy=0$；

(4) $y'=1+x+y^2+xy^2$；　　(5) $y'=10^{x+y}$；　　　　　(6) $y'=\dfrac{x}{y}+\dfrac{y}{x}$.

解　(1)(2)(4)(5)是可分离变量微分方程；(3)(6)不是.

(1) $y^{-1}\,dy=2x\,dx$．　(2) $dy=(3x^2+5x)\,dx$．　(4) $y'=(1+x)(1+y^2)$．　(5) $10^{-y}\,dy=10^x\,dx$．

当 $g(y)\neq0$ 时,可分离变量的微分方程解法如下:

（1）分离变量$\dfrac{\mathrm{d}y}{g(y)}=f(x)\mathrm{d}x$；

（2）两边积分$\displaystyle\int\dfrac{\mathrm{d}y}{g(y)}=\int f(x)\mathrm{d}x$；

（3）得通解$G(y)=F(x)+C$（C为常数）．

其中$G(y)$，$F(x)$分别是$\dfrac{1}{g(y)}$，$f(x)$的一个原函数，这种解方程的方法称为分离变量法．

> 解可分离变量的微分方程的步骤：
> ① 把含x的函数与$\mathrm{d}x$放在等式的右边，含y的函数与$\mathrm{d}y$放在等式的左边．
> ② 等式两边分别积分．

例 3 求微分方程$\dfrac{\mathrm{d}y}{\mathrm{d}x}=\mathrm{e}^{x-y}$的通解．

解 将方程改写为$\dfrac{\mathrm{d}y}{\mathrm{d}x}=\dfrac{\mathrm{e}^x}{\mathrm{e}^y}$，分离变量得
$$\mathrm{e}^y\mathrm{d}y=\mathrm{e}^x\mathrm{d}x,$$
两边积分得
$$\int\mathrm{e}^y\mathrm{d}y=\int\mathrm{e}^x\mathrm{d}x,$$
求出积分得
$$\mathrm{e}^y=\mathrm{e}^x+C（C\text{为任意常数}）.$$

例 4 求微分方程$\dfrac{\mathrm{d}y}{\mathrm{d}x}=\dfrac{3x^2}{2y}$的通解．

解 此方程为可分离变量方程，分离变量后得
$$2y\mathrm{d}y=3x^2\mathrm{d}x,$$
两边积分得
$$\int 2y\mathrm{d}y=\int 3x^2\mathrm{d}x,$$
求积分，所以方程的通解为
$$y^2=x^3+C（C\text{为任意常数}）.$$

例 5 求微分方程$\dfrac{\mathrm{d}y}{\mathrm{d}x}=1+x+y^2+xy^2$的通解．

解 原方程可化为
$$\dfrac{\mathrm{d}y}{\mathrm{d}x}=(1+x)(1+y^2),$$
分离变量后得
$$\dfrac{1}{1+y^2}\mathrm{d}y=(1+x)\mathrm{d}x,$$
两边积分得
$$\int\dfrac{1}{1+y^2}\mathrm{d}y=\int(1+x)\mathrm{d}x,\text{即}\arctan y=\dfrac{1}{2}x^2+x+C.$$

于是原方程的通解为

$$y = \tan\left(\frac{1}{2}x^2 + x + C\right)(C \text{ 为任意常数}).$$

例 6 设降落伞从跳伞塔下落后,所受空气阻力与速度成正比,并设降落伞离开跳伞塔时速度为零.求降落伞下落速度与时间的函数关系.

解 设降落伞下落速度为 $v(t)$,降落伞所受外力为 $F = mg - kv$(k 为比例系数).根据牛顿第二运动定律 $F = ma$,得函数 $v(t)$ 应满足的方程为 $m\dfrac{\mathrm{d}v}{\mathrm{d}t} = mg - kv$($g$ 为重力加速度),初值条件为 $v|_{t=0} = 0.$

方程分离变量后得

$$\frac{\mathrm{d}v}{mg - kv} = \frac{\mathrm{d}t}{m},$$

两边积分,得

$$\int \frac{\mathrm{d}v}{mg - kv} = \int \frac{\mathrm{d}t}{m},$$

求积分

$$-\frac{1}{k}\ln(mg - kv) = \frac{t}{m} + C_1,$$

即

$$v = \frac{mg}{k} + Ce^{-\frac{k}{m}t}\left(C = -\frac{e^{-kC_1}}{k}\right),$$

将初值条件 $v|_{t=0} = 0$ 代入通解得 $C = -\dfrac{mg}{k}.$

所以降落伞下落速度与时间的函数关系为 $v = \dfrac{mg}{k}\left(1 - e^{-\frac{k}{m}t}\right).$

二、一阶线性微分方程

一阶微分方程

定义 5 形如 $y' + P(x)y = Q(x)$ 的微分方程,叫做**一阶线性微分方程**.

当 $Q(x) = 0$ 时,方程称为**一阶线性齐次微分方程**;

当 $Q(x) \neq 0$ 时,方程称为**一阶线性非齐次微分方程**.

(一) 一阶线性齐次微分方程

$Q(x) = 0$,对应的齐次微分方程为 $y' + P(x)y = 0$,可用分离变量法求得方程通解.

分离变量可得 $\dfrac{\mathrm{d}y}{y} = -P(x)\mathrm{d}x$,两端积分可得 $\ln|y| = -\displaystyle\int P(x)\mathrm{d}x + \ln C_1$,所以方程的通解为 $y = Ce^{-\int P(x)\mathrm{d}x}$($C = \pm e^{C_1}$).

> 一阶线性齐次微分方程的通解为 $y = Ce^{-\int P(x)\mathrm{d}x}$.

例 7 求微分方程 $\dfrac{\mathrm{d}y}{\mathrm{d}x} = 2xy$ 的通解.

解 **方法一**:将方程分离变量后得

$$\frac{1}{y}\mathrm{d}y = 2x\mathrm{d}x,$$

两边积分得

$$\int \frac{1}{y}\mathrm{d}y = \int 2x\mathrm{d}x, \quad 即 \ln|y| = x^2 + C_1(C_1 \text{ 为任意常数}).$$

即 $y = \pm e^{C_1} \cdot e^{x^2}$

显然 $y=0$ 也是方程的解,所以方程的通解为 $y = Ce^{x^2}(C$ 为任意常数$)$.

方法二:原方程可写成 $y'-2xy=0$,$P(x)=-2x$,根据一阶线性齐次微分方程通解公式可得:

$$y = Ce^{-\int P(x)\mathrm{d}x} = Ce^{-\int -2x\mathrm{d}x} = Ce^{x^2}.$$

所以方程的通解为 $y = Ce^{x^2}(C$ 为任意常数$)$.

(二) 一阶线性非齐次微分方程

$Q(x) \neq 0$,方程 $y'+P(x)y=Q(x)$ 为一阶线性非齐次微分方程,可用**常数变易法**(将常数变易为待定函数的方法)求解方程通解.

将对应的线性齐次微分方程 $y'+P(x)y=0$ 通解中的 C,变易为待定函数 $C(x)$,即假设线性非齐次微分方程的解为 $y = C(x)e^{-\int P(x)\mathrm{d}x}$.

对其求导得

$$y' = C'(x)e^{-\int P(x)\mathrm{d}x} - C(x)e^{-\int P(x)\mathrm{d}x} \cdot P(x),$$

将 y 和 y' 代入原方程得

$$C'(x) = Q(x)e^{\int P(x)\mathrm{d}x},$$

两端积分后可得

$$C(x) = \int Q(x)e^{\int P(x)\mathrm{d}x}\mathrm{d}x + C.$$

所以,一阶线性非齐次微分方程的通解为 $y = e^{-\int P(x)\mathrm{d}x}\left(\int Q(x)e^{\int P(x)\mathrm{d}x}\mathrm{d}x + C\right)$.

一阶线性非齐次微分方程的通解为 $y = e^{-\int P(x)\mathrm{d}x}\left(\int Q(x)e^{\int P(x)\mathrm{d}x}\mathrm{d}x + C\right)$.

例 8 求微分方程 $y'-2y=e^{-x}$ 的通解.

此方程为一阶线性非齐次微分方程.

解 方法一:常数变易法

先求出对应的齐次方程 $y'-2y=0$ 的通解为 $y = Ce^{2x}$.

设原方程的解为 $y = C(x)e^{2x}$,把它代入原方程,得

$$C'(x)e^{2x} = e^{-x}, \quad C(x) = -\frac{1}{3}e^{-3x} + C(C \text{ 为任意常数}).$$

则方程的通解为 $y = e^{2x}\left(-\frac{1}{3}e^{-3x} + C\right) = -\frac{1}{3}e^{-x} + Ce^{2x}(C$ 为任意常数$)$.

方法二:利用非齐次微分方程通解公式

由于 $P(x) = -2$,$Q(x) = e^{-x}$,$y = e^{-\int P(x)\mathrm{d}x}\left(\int Q(x)e^{\int P(x)\mathrm{d}x}\mathrm{d}x + C\right)$.

其中 $\int P(x)\,\mathrm{d}x = \int -2\mathrm{d}x = -2x$，$\int Q(x)\,\mathrm{e}^{\int P(x)\,\mathrm{d}x}\,\mathrm{d}x = \int \mathrm{e}^{-x}\mathrm{e}^{-2x}\,\mathrm{d}x = -\dfrac{1}{3}\mathrm{e}^{-3x}$.

所以原方程的通解为 $y = \mathrm{e}^{2x}\left(-\dfrac{1}{3}\mathrm{e}^{-3x}+C\right) = -\dfrac{1}{3}\mathrm{e}^{-x}+C\mathrm{e}^{2x}$（$C$ 为任意常数）.

例 9　求微分方程 $x^2\mathrm{d}y+(2xy-x+1)\,\mathrm{d}x=0$ 在 $y\big|_{x=1}=0$ 时的特解.

解　直接利用一阶线性齐次微分方程解的公式求解.

方程可化为 $\dfrac{\mathrm{d}y}{\mathrm{d}x}+\dfrac{2}{x}y=\dfrac{x-1}{x^2}$，可知 $P(x)=\dfrac{2}{x}$，$Q(x)=\dfrac{x-1}{x^2}$，根据一阶线性齐次微分方程通解

公式可得：$y = \mathrm{e}^{-\int\frac{2}{x}\mathrm{d}x}\left(\int \dfrac{x-1}{x^2}\mathrm{e}^{\int\frac{2}{x}\mathrm{d}x}\,\mathrm{d}x + C\right)$.

求解可得 $y = \dfrac{1}{2}-\dfrac{1}{x}+\dfrac{C}{x^2}$.

将初值条件 $y\big|_{x=1}=0$ 代入上面通解中，可得 $C=\dfrac{1}{2}$，所以所求特解为

$$y = \dfrac{1}{2}-\dfrac{1}{x}+\dfrac{1}{2x^2}.$$

一阶线性非齐次微分方程的求解步骤：

① 先求出对应齐次方程的通解.

② 把齐次方程通解中的 C 换成未知函数 $C(x)$，即设非齐次的通解为 $y=C(x)\mathrm{e}^{-\int P(x)\,\mathrm{d}x}$.

③ 把上式代入原方程中，求出 $C'(x)$，两边积分，得 $C(x)$.

④ 把 $C(x)$ 代入 $y=C(x)\mathrm{e}^{-\int P(x)\,\mathrm{d}x}$，得到原方程的通解.

三、二阶常系数线性微分方程

定义 6　形如 $y''+p(x)y'+q(x)y=f(x)$ 的方程，称为**二阶线性微分方程**.

当 $f(x)=0$ 时，方程变为 $y''+p(x)y'+q(x)y=0$，此方程称为**二阶线性齐次微分方程**.

二阶常系数线性微分方程

当 $f(x)\neq 0$ 时，方程 $y''+p(x)y'+q(x)y=f(x)$ 称为**二阶线性非齐次微分方程**.

定理 1　如果 y_1,y_2 是微分方程 $y''+P(x)y'+Q(x)y=0$ 的两个解，那么
$$y=C_1 y_1+C_2 y_2$$
也是该方程的解，其中 C_1,C_2 为任意常数.

定义 7　如果 $\dfrac{y_2}{y_1}=k$（k 为常数，$y_1\neq 0$），那么称 y_1 与 y_2 **线性相关**；如果 $\dfrac{y_2}{y_1}\neq k$（k 为常数，$y_1\neq 0$），那么称 y_1 与 y_2 **线性无关**.

定理 2　如果 y_1 与 y_2 是方程 $y''+P(x)y'+Q(x)y=0$ 的两个线性无关的特解，那么
$$y=C_1 y_1+C_2 y_2$$
就是此方程的通解，其中 C_1 和 C_2 为任意常数.

当 $p(x),q(x)$ 为常数时，方程称为**二阶常系数线性微分方程**.

（一）二阶常系数线性齐次微分方程

定义 8　形如 $y''+py'+qy=0(p,q$ 为常数)的微分方程,称为**二阶常系数线性齐次微分方程**.

代数方程 $r^2+pr+q=0$ 称为线性齐次微分方程 $y''+py'+qy=0$ 的**特征方程**,它的根称为该微分方程的**特征根**.

二阶常系数线性齐次微分方程的通解形式与微分方程对应的特征方程的特征根的情况如表 5-1 所示:

表 5-1

特征方程 $r^2+pr+q=0$ 的特征根	方程 $y''+py'+qy=0$ 的通解
有两个不等的实根 r_1 和 r_2	$y=C_1\mathrm{e}^{r_1x}+C_2\mathrm{e}^{r_2x}$
有两个相等的实根 $r_1=r_2=r$	$y=(C_1+C_2x)\mathrm{e}^{rx}$
有一对共轭复根 $r_1=\alpha+\mathrm{i}\beta,r_2=\alpha-\mathrm{i}\beta$	$y=(C_1\cos\beta x+C_2\sin\beta x)\mathrm{e}^{\alpha x}$

> 二阶常系数线性齐次微分方程求解流程:
> ① 先写出对应的特征方程.
> ② 求出特征方程对应的特征根.
> ③ 根据特征根情况,写出对应的通解.

例 10　求微分方程 $y''-2y'-3y=0$ 的通解.

解　特征方程为 $r^2-2r-3=0$,特征根为 $r_1=-1,r_2=3$,所以微分方程的通解为
$$y=C_1\mathrm{e}^{-x}+C_2\mathrm{e}^{3x}.$$

例 11　求微分方程 $y''-4y'+4y=0$ 的通解.

解　特征方程为 $r^2-4r+4=0$,特征根为 $r_1=r_2=2$,所以微分方程的通解为
$$y=(C_1+C_2x)\mathrm{e}^{2x}.$$

例 12　求微分方程 $y''-6y'+13y=0$ 的通解.

解　特征方程为 $r^2-6r+13=0$,两个共轭复根为 $r_1=3+2\mathrm{i},r_2=3-2\mathrm{i}$,所以微分方程的通解为
$$y=\mathrm{e}^{3x}(C_1\cos 2x+C_2\sin 2x).$$

（二）二阶常系数线性非齐次微分方程

形如 $y''+py'+qy=f(x)(p,q$ 为常数)的微分方程,称为**二阶常系数线性非齐次微分方程**.

二阶常系数线性非齐次微分方程的通解形式为 $y=Y+\bar{y}.$ 其中 Y 为方程对应的齐次方程的通解,$\bar{y}$ 为方程的一个特解.$\bar{y}$ 的形式如表 5-2 所示:

表 5-2

$f(x)$ 的形式	特解 $\bar{y}$ 的形式
$f(x)=\mathrm{e}^{\lambda x}P(x)$	$\bar{y}=x^kQ(x)\mathrm{e}^{\lambda x},k=\begin{cases}0,\lambda\text{ 不是特征根,可设 }\bar{y}=Q(x)\mathrm{e}^{\lambda x},\\1,\lambda\text{ 是单根,可设 }\bar{y}=Q(x)x\mathrm{e}^{\lambda x},\\2,\lambda\text{ 是重根,可设 }\bar{y}=Q(x)x^2\mathrm{e}^{\lambda x}\end{cases}$　其中 $Q(x)$ 是与 $P(x)$ 同次的多项式

活动操练-2

1. 用分离变量法求解下列微分方程.

（1）$y'=2xy$；　　　　　　（2）$xy'=y$；　　　　　　（3）$xy'-y\ln y=0$；

（4）$y'+y\cos x=0$；　　　（5）$\dfrac{\mathrm{d}y}{\mathrm{d}x}=\dfrac{y}{x-1}$；　　　（6）$xy'+y=y^2$.

2. 求解下列一阶线性微分方程.

（1）$y'-3y=1$；　　　　　　（2）$2y'-y=\mathrm{e}^x$；　　　　（3）$y'+y\cos x=\cos x$；

（4）$\dfrac{\mathrm{d}y}{\mathrm{d}x}+\dfrac{y}{x}=\dfrac{\sin x}{x}$；　　（5）$\dfrac{\mathrm{d}y}{\mathrm{d}x}+\dfrac{y}{x}=\dfrac{x+1}{x}$；　　（6）$y'-\dfrac{2}{x+1}y=(x+1)^3$.

3. 求解下列二阶常系数线性微分方程.

（1）$y''+2y'-3y=0$；　　　（2）$y''-6y'+9y=0$；　　　（3）$y''-2y'+3y=0$；

（4）$y''-5y'+\dfrac{25}{4}y=0$；　　（5）$y''+2y'+5y=0$；　　　（6）$\dfrac{\mathrm{d}^2y}{\mathrm{d}x^2}-4\dfrac{\mathrm{d}y}{\mathrm{d}x}+4y=0$.

4. 求下列微分方程的特解.

（1）$xy'-y=1+x^3,y\big|_{x=1}=1$；　　　　　（2）$y'-y=2x\mathrm{e}^{2x},y\big|_{x=0}=1$；

（3）$\dfrac{\mathrm{d}y}{\mathrm{d}x}+\dfrac{y}{x}=\dfrac{x+1}{x},y\big|_{x=2}=3$；　　　（4）$y''-6y'+9y=0,y(1)=\mathrm{e}^3,y'(0)=4$；

（5）$y''+25y=0,y(0)=2,y'(0)=5$；　　　（6）$y''-3y'-4y=0,y(0)=0,y'(0)=-5$.

5. 已知曲线通过原点，并且它在点(x,y)处的切线斜率等于$2x+y$，求此曲线的方程.

攻略驿站

1. 常数变易法就是把对应的齐次方程通解中的 C 变成 $C(x)$ 后就成了非齐次的通解.

2. 二阶微分方程的求解关键在于求它对应的特征方程.

5.3.3　众里寻他特征，建立微分方程

例 13　假定一个雪球半径为 r，其融化时体积的变化率与雪球的表面积成正比，比例常数为 $k>0$（与空气温度等有关），已知两小时内融化了体积的 $\dfrac{1}{4}$，问其余部分在多长时间内融化完.

解　假设在融化过程中雪球保持球形不变，设雪球的半径为 r，则其体积为 V，表面积为 S，这里的 V 和 S 均为时间 t 的可微函数，此外，我们假设雪球体积的衰减率和雪球表面曲面的面积呈正比. 至此我们得到微分方程为

$$\frac{\mathrm{d}V}{\mathrm{d}t}=-kS\,(k>0).$$

根据上述假设,比例系数 k 是常数,负号表示体积是不断缩小的,它依赖于很多因素,诸如周围空气的温度和湿度以及是否有阳光等.

假设在最前面的两个小时里雪球融化掉 $\frac{1}{4}$ 的体积,由 $V = \frac{4}{3}\pi r^3$,$S = 4\pi r^2$ 得到如下微分方程:

$$4\pi r^2 \frac{\mathrm{d}r}{\mathrm{d}t} = -k4\pi r^2,$$

化简整理得微分方程:

$$\frac{\mathrm{d}r}{\mathrm{d}t} = -k,$$

注:由于融化现象发生在雪球的表面,故改变表面积的大小也能改变雪球的融化速度

解微分方程,得 $r(t) = r_0 - kt$,于是得 $r(2) = r_0 - 2k$,其中记 $r_0 = r\mid_{t=0}$. 又因为

$$V(2) = \frac{3}{4}V_0 = \frac{3}{4} \cdot \frac{4}{3}\pi r_0^3 = \pi r_0^3,$$

所以有

$$\frac{4}{3}\pi (r_0 - 2k)^3 = \pi r_0^3,$$

解得

$$k = \frac{1}{2}\left(1 - \sqrt[3]{\frac{3}{4}}\right) r_0,$$

所以得到半径与时间的关系式为

$$r(t) = r_0 - \frac{1}{2}\left(1 - \sqrt[3]{\frac{3}{4}}\right) r_0 t.$$

最后令 $r = 0$,解得时间 $t \approx 22$.

这说明,如果在两小时里有 $\frac{1}{4}$ 体积的雪球被融化掉,那么融化掉其余部分雪球所需时间约为 22 小时.

当然,我们也可以研究其他类型的问题,如有多少冰块在运输过程中融化掉,要多长时间才能把冰转化成可用的水等,这些都有待于作进一步的探讨.

例 14 在公路交通事故的现场,常会发现事故车辆的车轮底下留有一段拖痕,这是紧急刹车后制动片抱紧制动箍使车轮停止了转动,由于惯性作用,车轮在地面上摩擦滑动留下的. 如果在现场测得拖痕的长度为 10 m,现场地面与车轮的摩擦系数 $\lambda = 1.02$(此系数由路面质地、车轮与地面接触面积等因素决定),那么事故车辆在刹车前的速度大约是多少?

解 设拖痕所在的直线为 x 轴,并令拖痕的起点为原点,车辆的滑动位移为 x,滑动速度为 v.

当 $t = 0$ 时,$x = 0$,$v = v_0$;

当 $t = t_1$ 时(t_1 是车辆停止时间),$x = 10$,$v = 0$.

假设在车轮滑动过程中只受到摩擦力 f,由牛顿第二定律: $F_{合}=ma$,列出微分方程: $m\left(\dfrac{d^2x}{dt^2}\right)=\lambda mg$,解微分方程,得

$$x(t)=-\frac{\lambda g}{2}t^2+v_0t,$$

把 $x=10,v=0$ 代入得 $v_0=\sqrt{20\lambda g}\approx 50.9$,这就是车辆开始刹车时的速度.

建模——登月体模型

建模——饮酒驾车问题

5.4　学力训练

5.4.1　基础过关检测

一、填空题

1. 微分方程 $\dfrac{dy}{dx}=2xy$ 的通解是_____.

2. 二阶常系数线性齐次微分方程的特征根为 $r_{1,2}=-1\pm\sqrt{3}\,i$,那么它的微分方程是_____.

3. 作变速直线运动的物体在任一时刻的加速度为 $x^{\frac{3}{2}}$,在求该物体的运动规律 $s=s(t)$ 时,建立的微分方程是_____.

4. $f'(x)+\dfrac{1}{x}f(x)=1$, $f(x)=$_____.

5. 微分方程 $y''-2y'-3y=0$ 的通解是_____.

6. 二阶常系数线性齐次微分方程的特征根为 $r_1=0,r_2=1$,那么微分方程为_____.

7. 如果二阶常系数线性齐次微分方程线性无关的两个特解是 e^{-x} 和 e^x,那么微分方程为_____.

8. 有一质点运动的加速度 $a=-2v-5s$,那么建立的运动方程为_____.

二、单项选择题

1. 下列微分方程是线性微分方程的是(　　).

A. $y'+y^3=0$ 　　　B. $y'+y\cos y=x$ 　　　C. $\dfrac{dy}{dx}+xy+x^2=0$ 　　　D. $\dfrac{dy}{dx}-\cos y+y=x$

2. 微分方程 $\left(\dfrac{\mathrm{d}y}{\mathrm{d}x}\right)^3+\dfrac{\mathrm{d}^2y}{\mathrm{d}x^2}+y^4+x^5=0$ 的阶数是(　　　).

A. 二　　　　　　　B. 三　　　　　　　C. 四　　　　　　　D. 五

3. 下列微分方程中属于可分离变量微分方程的是(　　　).

A. $(xy^2+x)\mathrm{d}x+(x^2y-y)\mathrm{d}y=0$ 　　　　B. $\dfrac{\mathrm{d}y}{\mathrm{d}x}=x^2+y^2$

C. $x\mathrm{d}y+y\mathrm{d}x+1=0$ 　　　　　　　　D. $\dfrac{\mathrm{d}y}{\mathrm{d}x}=x^3-y^3$

4. 下列微分方程中属于二阶常系数线性非齐次微分方程的是(　　　).

A. $y''-xy=\dfrac{\mathrm{d}y}{\mathrm{d}x}$ 　　　　　　　　B. $\left(\dfrac{\mathrm{d}y}{\mathrm{d}x}\right)^2+\sqrt{\dfrac{1-y}{1-x}}=0$

C. $(y')^2+y^2=x^2$ 　　　　　　　　D. $\dfrac{\mathrm{d}^2y}{\mathrm{d}x^2}+3\dfrac{\mathrm{d}y}{\mathrm{d}x}=2y-x^3$

5. 微分方程 $\dfrac{\mathrm{d}^2y}{\mathrm{d}x^2}+4\dfrac{\mathrm{d}y}{\mathrm{d}x}+4y=0$ 的两个线性无关的特解是(　　　).

A. e^{2x} 与 e^{-2x} 　　B. e^{2x} 与 $3\mathrm{e}^{-2x}$ 　　C. e^{2x} 与 $3\mathrm{e}^{2x}$ 　　D. e^{-2x} 与 $x\mathrm{e}^{-2x}$

6. 微分方程 $2y''+3y-4=0$ 对应的齐次方程的特征方程是(　　　).

A. $2r^2+3r-4=0$ 　　　　　　　　B. $r^2+3r-2=0$

C. $r^2-2=0$ 　　　　　　　　　　D. $r^2+\dfrac{3}{2}=0$

7. $y_1(x)$ 是微分方程 $y'+P(x)y=Q(x)$ 的一个特解, C 是任意常数, 那么方程的通解是(　　　).

A. $y=y_1+\mathrm{e}^{-\int P(x)\,\mathrm{d}x}$ 　　　　　　B. $y=y_1+C\mathrm{e}^{-\int P(x)\,\mathrm{d}x}$

C. $y=y_1+\mathrm{e}^{-\int P(x)\,\mathrm{d}x}+C$ 　　　　D. $y=y_1+\mathrm{e}^{\int P(x)\,\mathrm{d}x}$

8. 若 $y=C_1y_1(x)+C_2y_2(x)$ (C_1,C_2 是任意常数) 是 $y''+P(x)y'+Q(x)y=0$ 的通解, 则 $y_1(x),y_2(x)$ 是该方程的(　　　).

A. 两个特解 　　　　　　　　B. 任意两个解

C. 两个线性无关的解 　　　　　D. 两个线性相关的解

9. 以 $y_1=\cos x,y_2=\sin x$ 为二阶常系数线性齐次微分方程的解, 那么这个方程是(　　　).

A. $y''-y=0$ 　　B. $y''+y'=0$ 　　C. $y''-y'=0$ 　　D. $y''+y=0$

10. 微分方程 $xy'=y+x^3$ 的通解是(　　　).

A. $\dfrac{x^3}{4}+\dfrac{C}{x}$ 　　B. $\dfrac{x^3}{2}+Cx$ 　　C. $\dfrac{x^3}{3}+C$ 　　D. $\dfrac{x^3}{4}+Cx$

三、计算题

1. 已知一物体的运动速度 $v=2\cos t$. 当 $t=\dfrac{\pi}{4}$ 时, 所经路程为 $s=10$, 求该物体的运动规律.

2. 求下列可分离变量微分方程的通解或满足初值条件的特解.

（1）$(1+y)\,dx+(x-1)\,dy=0$；

（2）$y'=\dfrac{x^3}{y^3}$；

（3）$dy-y\sin^2 x\,dx=0$；

（4）$e^{-s}\dfrac{ds}{dt}=1$；

（5）$(1+x^2)y'-y\ln y=0$；

（6）$xy'-y=0,y\big|_{x=1}=2$；

（7）$2y'\sqrt{x}=y,y\big|_{x=4}=1$；

（8）$y'=e^{2x-y},y\big|_{x=0}=0$；

（9）$\dfrac{dy}{dx}=y^2\cos x,y\big|_{x=0}=1$；

（10）$\cos x\sin y\,dy=\cos y\sin x\,dx,y\big|_{x=0}=\dfrac{\pi}{4}$.

3. 求微分方程 $\dfrac{dy}{dx}+\dfrac{e^{y^2+3x}}{y}=0$ 的通解．

4. 求解微分方程 $(x+1)\dfrac{dy}{dx}-ny=e^x\,(x+1)^{n+1}$.

5. 求一曲线,使其切线在纵轴上的截距等于切点横坐标的平方,且该曲线过点 $(1,1)$.

6. 求方程 $y'-\dfrac{2}{x+1}y=(x+1)^2$ 的通解．

7. 求下列方程的通解或特解．

（1）求 $y'+y=e^{-x}$ 的通解；

（2）求方程 $y'+\dfrac{2y}{y^2-6x}=0$ 的通解；

（3）求微分方程 $y'+y\cos x=\sin x\cos x$ 满足初值条件 $y\big|_{x=0}=1$ 的特解；

（4）求方程 $y''-5y'-6y=0$ 的通解；

（5）求方程 $y''+6y'+9y=0$ 的通解；

（6）求方程 $y''+4y'+5y=0$ 的通解；

（7）求方程 $y''-4y'+3y=0$ 满足初值条件 $y\big|_{x=0}=6,y'\big|_{x=0}=10$ 的特解；

（8）求微分方程 $y'+2xy=xe^{-x^2}$ 的通解；

（9）求微分方程 $y'=\dfrac{y}{x+y^2}$ 的通解；

（10）求微分方程 $y'+y\tan x=2x\cos x$ 满足初值条件 $y(0)=0$ 的特解；

（11）求微分方程① $y''-9y'=0$,② $y''-9y=0$,③ $y''+9y=0$ 的通解；

（12）求微分方程 $\dfrac{d^2 s}{dt^2}+2\dfrac{ds}{dt}+2s=0$ 满足初值条件 $s(0)=2,s'(0)=0$ 的特解；

（13）已知 $y=C_1 e^x+C_2 e^{-2x}$ 是 $y''+y'-2y=0$ 的解,求满足初值条件 $y(0)=1,y'(0)=1$ 的特解.

8. 已知二阶常系数线性齐次微分方程的特征根为 $r_1=-1,r_2=3$,求此微分方程．

四、应用题

冷却问题:将一加热到 100℃ 的物体,放在室温 20℃ 的房间里,经过 20 min,测得温度已降到 60℃,问还需要多长时间温度降到 30℃（已知物体冷却速度与物体温度和环境温度之差成正比）.

5.4.2　拓展探究练习

1. 有一盛满了水的圆锥形漏斗,高为 10 cm,顶角为 60°,漏斗下面有面积为 0.5 cm² 的孔,求水面高度变化的规律及流完所需时间.

2. 已知养鱼池内的鱼数 $y = y(t)$ 的变化率与鱼数 y 及 $1\,000 - y$ 成正比,且若放养 100 尾时,三个月后即可增至 250 尾,求放养 t 个月后养鱼池内的鱼数 $y(t)$.

3. 某生物群体的平均出生率为常数 a,平均死亡率与群体的大小成正比,比例系数为 b. 设时刻 $t = 0$ 时群体总数为 x_0,求时刻 t 时群体总数 $x(t)$(提示:在 t 到 $t+dt$ 时间段内,出生数为 $axdt$,死亡数为 $-(bx)xdt$,群体总数变化为 dx).

4. 一链条悬挂在光滑的钉子上,起动时一端离开钉子 8 cm,另一端离开钉子 10 cm,求整个链条滑过钉子所需要的时间.

5.5　服务驿站

5.5.1　软件服务

一、实验目的

(1) 学会用 MATLAB 求简单微分方程的解析解.
(2) 学会用 MATLAB 求微分方程的数值解.

二、实验过程

(1) 求简单微分方程的通解.
(2) 求简单微分方程的特解.
(3) 画出函数的图像(作图题).
(4) 会求微分方程的数值解.

三、动一动:实际操练

(一) 求解常微分方程的通解

命令格式:dsolve('方程','自变量')

注:记号:在表达微分方程时,用字母 D 表示求微分,D2,D3 等表示求高阶微分. 任何 D 后所跟的字母为因变量,自变量可以指定或由系统规则选定为缺省.

例 15　解微分方程:$\dfrac{\mathrm{d}y}{\mathrm{d}t} = 1 + y^2$.

解　输入命令:

```
dsolve('Dy=1+y^2','t')
```

结果:

$y = \tan(t + C)$

例 16 求 $\dfrac{\mathrm{d}y}{\mathrm{d}t} = 1 + y - t$ 的通解.

解 输入命令:

```
dsolve('Dy=1+y-t','t')
```

结果:

$y(t) = t + C\mathrm{e}^t$

(二) 求常微分方程的特解

命令格式:dsolve('方程','初值条件', '自变量')

例 17 求方程 $y'' = y$ 满足初值条件 $y\big|_{x=0} = 2, y'\big|_{x=0} = 1$ 的特解.

解 输入命令:

```
dsolve('D2y=y','y(0)=2,Dy(0)=1','x')
```

结果:

$$y(x) = \frac{1}{2}\mathrm{e}^{-x}(1 + 3\mathrm{e}^{2x})$$

例 18 求微分方程 $y'' + 4y' + 12y = 0$ 满足初值条件 $y\big|_{x=0} = 0, y'\big|_{x=0} = 5$ 的特解.

解 输入命令:

```
dsolve('D2y+4*Dy+12*y=0','y(0)=0,Dy(0)=5','x')
```

结果:

$$y(x) = \frac{5\sqrt{2}}{4}\sin(2\sqrt{2}x)\mathrm{e}^{-2x}$$

(三) 求常微分方程的数值解

在生产和科研中所处理的微分方程往往很复杂且大多得不出一般解. 而在实际上对初值问题, 一般是要求得到解在若干个点上满足规定精确度的近似值, 或者得到一个满足精确度要求的便于计算的表达式.

命令格式:$[\mathrm{t}, \mathrm{y}] = \mathrm{solver}('\mathrm{f}', \mathrm{ts}, \mathrm{y0}, \mathrm{options})$

其中 t 是自变量, y 是未知函数, solver 为 ode45, ode23, ode113, 'f' 是由待解方程写成的 M 文件名, ts 是求解区间, y0 是初值.

例 19 $\begin{cases} \dfrac{\mathrm{d}^2 x}{\mathrm{d}t^2} - 1\,000(1 - x^2)\dfrac{\mathrm{d}x}{\mathrm{d}t} - x = 0, \\ x(0) = 2, x'(0) = 0. \end{cases}$

解 令 $y_1 = x, y_2 = y_1'$, 则微分方程变为一阶微分方程组:

$$\begin{cases} y_1' = y_2, \\ y_2' = 1\,000(1 - y_1^2)y_2 - y_1, \\ y_1(0) = 2, \ y_2(0) = 0. \end{cases}$$

① 建立 M-文件 vdp1000. m 如下:

```
Function dy=vdp1000(t,y)
dy=zero(2,1)
```

```
dy(1) = y(2)
dy(2) = 1000 * (1-y(1)^2) * y(2) -y(1);
```

② 取 $t_0 = 0, t_f = 300$, 输入命令：

```
[T,Y] = ode15s('vdp1000',[0 3000],[2 0]);
plot(T,Y(:,1),'-')
```

结果：如图 5-6 所示.

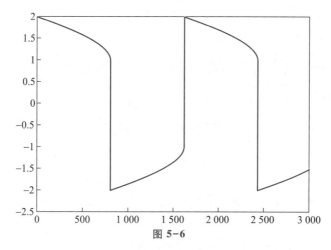

图 5-6

③ 画函数的图像

二维曲线

命令格式：$\text{plot}(x, y, '颜色+线型+点型', \cdots)$

三维曲线

命令格式：$\text{plot3}(x, y, z, '颜色+线型+点型', \cdots)$

四、实验任务

用 MATLAB 软件计算下列方程：

（1）$\mathrm{d}y - y\sin x\,\mathrm{d}x = 0$.

（2）$y' - y = 2x$.

（3）$y'' - 2y' + y = 0$.

（4）$xy' - y = 0, y\big|_{x-1} = 2$.

（5）$y'' - 4y' + 3y = 0, y\big|_{x-0} = 6, y'\big|_{x-0} = 0$.

（6）$\begin{cases} \dfrac{\mathrm{d}^2 y}{\mathrm{d}t^2} - \mu(1-y^2) + y = 0, \\ y(0) = 1,\ y'(0) = 0. \end{cases}$

5.5.2　建模体验

例 20（刑事案件中死亡时间的鉴定）　某地发生一起谋杀案,警察下午 4:00 到达现场,法医测得尸体温度是 30℃,室温是 20℃,已知尸体在最初 2 小时内降低 2℃,估计谋杀发生的时间.

（1）模型假设与变量说明

① 假设尸体的温度按牛顿冷却定律开始下降,即尸体冷却的速度与尸体温度和空气温度之差成正比.

② 假设尸体的最初温度为 37℃,且周围空气的温度保持 20℃ 不变.

③ 假设尸体被发现时温度是 30℃,时间是下午 4 点整.

④ 假设尸体的温度为 $u(t)$（t 从谋杀时计）.

（2）模型的分析与建立

由于尸体的冷却速度 $\dfrac{\mathrm{d}u}{\mathrm{d}t}$ 与尸体温度 $u(t)$ 和空气温度之差成正比,设比例系数为 $k(k>0$ 为常数）,则有

$$
\begin{cases}
\dfrac{\mathrm{d}u(t)}{\mathrm{d}t} = -k(u-20), \\
u(0) = 37.
\end{cases}
$$

（3）模型求解

解   求通解:$u(t) = 20 + Ce^{-kt}$,把初值条件 $u(0) = 37$ 代入通解,得

$$u(t) = 20 + 17e^{-kt},$$

再把 $u(2) = 35$ 代入,求出 $k \approx 0.063$. 所以得到尸体温度函数为

$$u(t) = 20 + 17e^{-0.063}.$$

再将 $u = 30$ 代入得 $t \approx 8.5$.

练习   某乡村水塘原有 50 000 t 清水（不含有害杂质）,从时间 $t = 0$ 开始,含有 5% 有害物质的浊水流入该水塘,流入的速度为 2 t/min,在水塘中充分混合（均匀）后,又以 2 t/min 速度流出水塘.问经过多长时间后水塘中有害物质的浓度达到 4%？第 100 天时水塘中含有害物质的量是多少？并分析水塘中有害物质的最终浓度为多少.

5.5.3   重要技能备忘录

（1）若 $y' = p$,则 $y'' = p\dfrac{\mathrm{d}p}{\mathrm{d}x}$;若 $u = \dfrac{y}{x}$,则 $\dfrac{\mathrm{d}y}{\mathrm{d}x} = u + x\dfrac{\mathrm{d}u}{\mathrm{d}x}$.

（2）一阶微分方程及其解法

其一般形式为 $y' = F(x, y)$.

（3）可分离变量的方程

化为形如 $g(y)\mathrm{d}y = f(x)\mathrm{d}x$,即 $\displaystyle\int g(y)\mathrm{d}y = \int f(x)\mathrm{d}x$,得到 $G(y) = F(x) + C$（C 为任意常数）.

（4）一阶线性微分方程

形如 $\dfrac{\mathrm{d}y}{\mathrm{d}x} + P(x)y = Q(x)$,其中 $Q(x)$ 为自由项.

① 若 $Q(x) = 0$,为一阶线性齐次微分方程,其通解为 $y = Ce^{-\int P(x)\mathrm{d}x}$（$C$ 为任意常数）.

② 若 $Q(x) \neq 0$,为一阶线性非齐次微分方程,其通解为

$$y = \left[\int Q(x) e^{\int P(x)\mathrm{d}x}\mathrm{d}x + C \right] e^{-\int P(x)\mathrm{d}x} \ (C \text{ 为任意常数}).$$

(5)二阶常系数线性齐次方程的解法

一般形式为 $y''+py'+qy=0$,形如 $r^2+pr+q=0$.

特征方程的根 r_1,r_2	方程 $y''+py'+qy=0$ 的通解
两个不相等的实数根 r_1,r_2	$y=C_1 e^{r_1 x}+C_2 e^{r_2 x}$
两个相等的实数根 $r_1=r_2=r$	$y=(C_1+C_2 x)e^{rx}$
一对共轭复根 $r=a\pm\mathrm{i}\beta$	$y=e^{ax}(C_1\cos\beta x+C_2\sin\beta x)$

(6)二阶常系数线性非齐次方程的解法

一般形式为 $y''+py'+qy=f(x)$,其通解为 $y=Y+\overline{y}$,其中 Y 是微分方程的通解,而 $\overline{y}$ 为微分方程的特解.

$f(x)=e^{\lambda x}P(x)$,其特解可设为

$$\overline{y}=x^k Q(x)e^{\lambda x}, \ k=\begin{cases} 0,\lambda \text{ 不是特征根,可设} \overline{y}=Q(x)e^{\lambda x}, \\ 1,\lambda \text{ 是单根,可设} \overline{y}=Q(x)xe^{\lambda x}, \\ 2,\lambda \text{ 是重根,可设} \overline{y}=Q(x)x^2 e^{\lambda x} \end{cases} \text{ 其中 } Q(x) \text{ 是与 } P(x) \text{ 同次的多项式}.$$

5.5.4 "E"随行

自 主 检 测

一、单项选择题

请扫描二维码进行自测

二、填空题

(1)方程 $\left(\dfrac{\mathrm{d}y}{\mathrm{d}x}\right)^4 + y^3 + x = 0$ 的阶数为_____.

(2)微分方程 $\dfrac{\mathrm{d}y}{\mathrm{d}x}=2xy$ 的通解是_____.

单项选择题

(3)微分方程 $y'=e^{2x-y}$ 满足初值条件 $y\big|_{x=0}=0$ 的特解是_____.

(4)作变速直线运动的物体在任一时刻的加速度 $a=x^{\frac{3}{2}}$,该物体的运动规律 $s(t)$ 满足的微分方程是_____.

(5)一条曲线过原点,且它每一点处的切线斜率等于 $2x+y$,则该曲线的方程是_____.

(6)微分方程 $y''-2y'-3y=0$ 的特征根是_____,通解是_____.

(7)若 $r_1=0,r_2=-1$ 是二阶常系数线性齐次微分方程的特征根,则该方程的通解是_____.

三、计算题

(1)求下列微分方程的通解.

① $dy-y\sin 2x dx=0$.　　　　② $y'=2x$.

③ $y'=2xy$.　　　　④ $y''-4y'+3y=0$.

⑤ $y'+y=e^x$.　　　　⑥ $y''+y=0$.

（2）求下列微分方程满足初值条件的特解.

① $xy'-y=0$，$y\big|_{x=1}=2$.

② $y'=e^{2x-y}$，$y\big|_{x=0}=0$.

③ $2y''-2\sqrt{6}y'+3y=0$，$y\big|_{x=0}=0$，$y'\big|_{x=0}=1$.

5.6　数学文化

常微分方程简介

常微分方程是伴随着微积分发展起来的，微积分是它的母体，生产生活实践是它生命的源泉. 常微分方程的历史大约有三百多年，它诞生于数学与自然科学（物理学等）进行崭新结合的 16、17 世纪，成长于生产实践和数学的发展进程，表现出强大的生命力和活力，蕴含着丰富的数学思想方法.

由于物质运动和它的变化规律在数学上是用函数关系来描述的，因此，这类问题就是要去寻求满足某些条件的一个或者几个未知函数. 也就是说，凡是这类问题都不是简单地去求一个或者几个固定不变的数值，而是要求一个或者几个未知的函数. 解这类问题的基本思想和初等数学解方程的基本思想很相似，也是要把研究的问题中已知函数和未知函数之间的关系找出来，从列出的包含未知函数的一个或几个方程中去求得未知函数的表达式. 但是无论在方程的形式、求解的具体方法、求出解的性质等方面，都和初等数学中的解方程有许多不同的地方. 在数学上，解这类方程要用到微分和导数的知识. 因此，凡是表示未知函数的导数以及自变量之间的关系的方程，就叫做微分方程.

微分方程差不多是和微积分同时先后产生的，苏格兰数学家耐普尔创立对数的时候，就讨论过微分方程的近似解. 牛顿在建立微积分的同时，对简单的微分方程用级数来求解. 后来瑞士数学家雅各布·伯努利、欧拉，法国数学家克雷洛、达朗贝尔、拉格朗日等人又不断地研究和丰富了微分方程的理论.

常微分方程的形成与发展是和天文学、物理学以及其他科学技术的发展密切相关的. 数学的其他分支的新发展，如复变函数、李群、组合拓扑学等，都对常微分方程的发展产生了深刻的影响，当前计算机的发展更是为常微分方程的应用及理论研究提供了非常有力的工具.

牛顿研究天体力学和机械力学的时候，利用了微分方程这个工具，从理论上得到了行星运动规律. 后来，法国天文学家勒维烈和英国天文学家亚当斯使用微分方程各自计算出那时尚未发现的海王星的位置. 这些都使数学家更加深信微分方程在认识自然、改造自然方面的巨大力量.

随着微分方程的理论得到逐步完善，利用它就可以精确地表述事物变化所遵循的基本规律，而简单易行的计算法则，使它成为绝大多数应用领域的有力支撑工具，因此微分方程也就成了富有生命力的数学分支.

5.7 专题:"微"入人心,"积"行千里

用常微分方程解锁第二宇宙速度的计算问题

中国航天发展史,在独立奋进中不断前行,在一代又一代科研人员、航天专家的努力下,历尽千辛万苦,获得一次又一次的突破,取得领先世界的航天成绩. 神舟十三号载人飞行任务的圆满完成,神舟十四号载人飞船的成功发射,再次增强了我们的民族自信心.

从研究两个质点在万有引力作用下的运动规律出发,人们通常把航天器达到环绕地球、脱离地球和飞出太阳系所需要的最小速度,分别称为第一宇宙速度、第二宇宙速度和第三宇宙速度. 航天器沿地球表面作圆周运动时必须具备的速度,称为第一宇宙速度,也叫环绕速度. 按照力学理论可以计算出 $v_1 = 7.9\,\mathrm{km/s}$. 当航天器超过第一宇宙速度 v_1 达到一定值时,它就可以摆脱地球引力的束缚,飞离地球进入环绕太阳运行的轨道,不再绕地球运行,这个脱离地球引力的最小速度就是第二宇宙速度,也称脱离速度. 按照力学理论可以计算出第二宇宙速度 $v_2 = 11.2\,\mathrm{km/s}$. 从地球表面发射航天器,飞出太阳系,到浩瀚的银河系中漫游所需要的最小速度,就叫做第三宇宙速度. 按照力学理论可以计算出第三宇宙速度 $v_3 = 16.7\,\mathrm{km/s}$.

学习了本章的内容,同学们可查阅拓展资料,推导计算发射人造卫星的最小速度,即第一宇宙速度,看看常微分方程是如何应用其中的.

第 6 章

空间解析几何
与向量代数

6.1 单元导读

本章简介：▶

　　空间解析几何的基本思想是利用代数的方法研究空间几何问题. 空间解析几何是平面解析几何的自然推广, 它利用空间直角坐标系, 建立起空间中的点与三元有序实数组之间的一一对应关系, 进而将空间中的图形与三元方程建立起联系. 空间解析几何也是学习多元函数微积分的基础.

　　本章首先介绍空间直角坐标系, 并引进在工程技术中用途很广的向量这一概念, 然后以向量为工具, 讨论平面与空间直线, 并介绍空间中一些常见的曲面和曲线的方程及其图形.

本章知识结构图(图 6-1)：▶▶

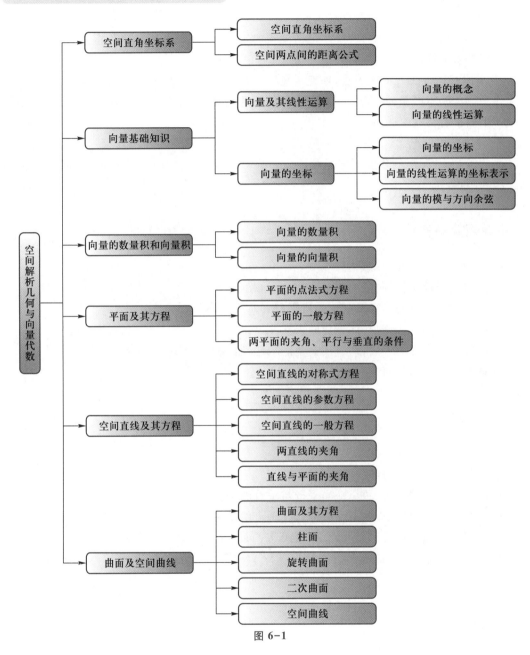

图 6-1

本章教学目标：▶▶

1. 理解空间直角坐标系的概念,掌握空间中两点之间的距离公式.

2. 理解向量的概念,掌握向量的线性运算.

3. 理解向量的方向角的概念,能写出向量的单位向量,掌握向量的坐标表达式及方向余弦的计算.

4. 理解向量的数量积与向量积的物理意义,掌握数量积与向量积的计算.

5. 掌握两个向量平行和垂直的条件.

6. 掌握平面方程的求法,理解两平面夹角的定义,掌握两平面夹角的求法,掌握两个平面平行与垂直的条件.

7. 掌握空间直线方程的求法,理解两直线夹角的定义,掌握两直线夹角的求法,掌握两条直线平行与垂直的条件,理解直线与平面夹角的定义,掌握直线与平面夹角的求法,掌握直线与平面平行与垂直的条件.

8. 理解曲面的概念,掌握球面方程和椭球面方程. 理解旋转曲面及母线平行于坐标轴的柱面的概念,会写出旋转曲面方程及母线平行于坐标轴的柱面方程. 了解常用的二次曲面的方程和图形.

 本章重点:

1. 空间中两点之间的距离公式.

2. 向量的线性运算,向量的数量积与向量积的计算.

3. 向量方向余弦的计算及两个向量平行和垂直的条件.

4. 平面方程的求法,两平面夹角的求法.

5. 空间直线方程的求法,两直线夹角的求法,直线与平面夹角的求法.

6. 球面方程和椭球面方程.

 本章难点:

1. 向量方向余弦的计算.

2. 向量的数量积与向量积的物理意义.

3. 两平面夹角的求法,两个平面平行与垂直的条件.

4. 两直线夹角的求法,两条直线平行与垂直的条件.

5. 直线与平面夹角的定义及计算,直线与平面平行与垂直的条件.

6. 曲面的概念,旋转曲面方程及母线平行于坐标轴的柱面方程,常用的二次曲面的方程和图形.

 学习建议:

本章学习的目的在于培养学生的空间想象能力. 内容分为 6 个方面:(1) 空间直角坐标系,(2) 向量的坐标表示及运算,(3) 平面及其方程,(4) 空间直线及其方程,(5) 空间直线与平面的位置关系,(6) 常见曲面的方程及图形.

本章内容丰富,层次分明,重难点突出. 建议学生深刻理解相关概念,牢记公式. 学习中,要课前预习,课中认真听讲,课后及时完成练习,做好总结. 注重打好基础,循序渐进,勤学多练.

6.2 空间解析几何与向量代数与生活

6.2.1 无处不在的空间解析几何与向量代数

17 世纪中叶,费马(Fermat)和笛卡儿(Descartes)把二维平面解析几何推广到三维空间中. 他们指出,三维空间中的几何图形,可用三维空间中动点的轨迹来表达;而空间中的一个动点,则是三元不定方程的一组解(x,y,z),并且这个不定方程的所有解,构成了三维空间中的曲面.

空间解析几何与向量代数是高等数学的重要组成部分,在天文、航海、建筑及大地测量等领域都有着广泛的实际应用,同时与日常生活也息息相关.

一、球面

球面是理想的对称体,是古典几何学中重要的研究对象,其性质极其丰富. 麦哲伦的环球航行,证明了地球表面是一个近似球面的封闭曲面. 在实际生活中,许多数学模型都可以采用球面模型,从而使问题得到简化.

二、平面

数学中,极小曲面是指平均曲率为零的曲面. 简单说,就是满足某些约束条件的面积最小的曲面. 平面、悬链面、螺旋面都是极小曲面. 极小曲面应用在建筑上可以产生连续流动的曲面,国家游泳中心水立方和上海世博轴阳关谷(图 6-2,图 6-3)就是利用其中的原理. 我们这里主要研究平面(图 6-4).

图 6-2 国家游泳中心水立方

图 6-3 上海世博轴阳光谷

图 6-4 篮球场地——平面

三、单叶双曲面

单叶双曲面上有两组直母线,各组内母线彼此不相交,它们构成一个单叶双曲面. 单叶双曲面具有良好的稳定性和漂亮的外观,常常应用于一些大型的建筑结构,如火力发电厂的冷却塔、广州电视塔(图 6-5,图 6-6).

图 6-5   火力发电厂的冷却塔

图 6-6   广州电视塔

四、双曲抛物面

双曲抛物面又称"马鞍面". 它所形成的结构可以抵抗压缩和拉伸,易于在建筑中实施. 薯片的形状就是马鞍面. 马鞍面不仅能承受拉扯,也能承受挤压,在压力、拉力间形成巧妙的平衡,所以薯片再薄,也特别稳固(图 6-7,图 6-8).

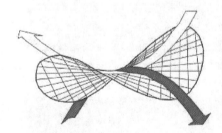

图 6-7   薯片   1 个马鞍面

图 6-8   霍奇米洛克餐厅   4 个"马鞍面"

世界上著名的混凝土建筑的霍奇米洛克餐厅坐落在墨西哥城,建于 1958 年. 设计者坎德拉利用双曲抛物面,创造了一个无缝的混凝土结构.

向量是数学课程中的重要内容,早在 19 世纪就已成为数学家和物理学家研究的对象. 向量具有丰富的物理背景,既是几何的研究对象,又是代数的研究对象,是沟通代数、几何的桥梁,是重要的数学模型. 力、位移和力矩都是向量.

五、常力做功

一个物体,在力 F 的作用下,沿直线从点 A 移到点 B,求力 F 对物体所做的功(图 6-9).

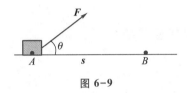

图 6-9

六、力矩

物理学中常常遇到求解力矩的问题. 若常力 F 作用在点 A 处,如图 6-10 所示,求力矩 M.

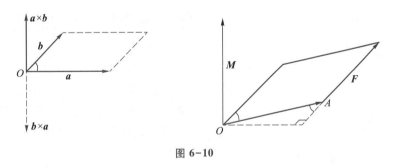

图 6-10

6.2.2　揭秘生活中的空间解析几何与向量代数

上小节提到的 6 个引例所抽象出的数学模型对应的方程或表达式分别是:

1　球面方程: $x^2+y^2+z^2=R^2$.

2　平面方程: $A(x-x_0)+B(y-y_0)+C(z-z_0)=0$.

3　单叶双曲面方程: $\dfrac{x^2}{a^2}+\dfrac{y^2}{b^2}-\dfrac{z^2}{c^2}=1$.

4　双曲抛物面方程: $\dfrac{-x^2}{2p}+\dfrac{y^2}{2q}=z(p,q$ 同号$)$.

5　常力做功: $W=F\cdot s=|F|\cdot|s|\cos\theta$.

6　力矩:力矩 M 的大小为: $|M|=|F\times OP|=|F|\cdot|OP|\sin\theta$, M 的方向:按右手法则来确定.

6.3　知识纵横——空间解析几何与向量代数之旅

6.3.1　空间直角坐标系与向量代数

本节我们将建立空间直角坐标系,并把空间中的点与三元有序实数组一一对应起来,然后介绍向量的概念.

一、空间直角坐标系和向量的概念

1. 空间直角坐标系

在平面解析几何中,人们建立了平面直角坐标系,使得平面上的点与有序实数对 (x,y) 有了一一对应关系. 同样,为了把空间中的点与有序实数组对应起来,需要建立空间直角坐标系.

过空间一点 O(称为**原点**)作三个两两垂直的数轴,分别称为 x 轴(横轴),y 轴(纵轴),z 轴(竖轴),统称为坐标轴,三个轴的正向符合右手法则,即用右手握住 z 轴,四指由 x 轴正向以 $\frac{\pi}{2}$ 角度转到 y 轴正向时,大拇指的指向为 z 轴的正向(图 6-11). 这样的三条坐标轴和原点就组成了一个**空间直角坐标系**.

三个坐标轴两两决定的三个平面 xOy 平面、yOz 平面和 zOx 平面统称为**坐标平面**. 三个坐标平面将空间分成八个部分,每个部分叫做一个**卦限**. 这八个卦限分别用罗马数字 Ⅰ、Ⅱ、Ⅲ、Ⅳ、Ⅴ、Ⅵ、Ⅶ、Ⅷ表示,其中含 x 轴、y 轴和 z 轴正半轴的那个卦限是第 Ⅰ 卦限,在 xOy 面上方的其他三个卦限按逆时针方向确定,依次为第 Ⅱ、Ⅲ、Ⅳ 卦限,第 Ⅴ 到第 Ⅷ 卦限分别在第 Ⅰ 到第 Ⅳ 卦限的下方(图 6-12).

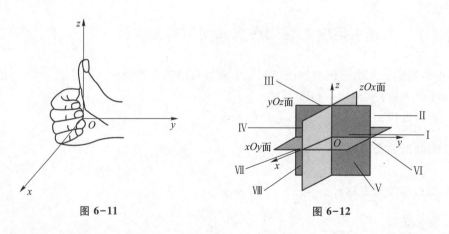

图 6-11　　　　　　　　　　　　图 6-12

设 M 是空间中任意一点(图 6-13),过点 M 分别作与三条坐标轴垂直的平面,它们分别交 x 轴于 P 点,交 y 轴于 Q 点,交 z 轴于 R 点,这三点在各自的轴上的坐标依次为 x、y、z,这样,空间中的一点就对应了一个有序实数组 (x,y,z). 反之,给定了有序实数组 (x,y,z),我们

分别在 x 轴、y 轴和 z 轴取与 x、y、z 对应的点 P、Q、R，过这三点分别作垂直于 x 轴、y 轴、z 轴的平面，这三个平面的交点 M 就是以有序实数组 (x,y,z) 为坐标的点. 于是，有序实数组 (x,y,z) 也对应了空间中的一个点 M. 这样，通过空间直角坐标系，空间中的点与有序实数组建立了一一对应关系，我们将有序实数组 (x,y,z) 称为点 M 的**空间直角坐标**，简称为**坐标**，记作 $M(x,y,z)$，x、y 和 z 分别称为点 M 的横坐标、纵坐标和竖坐标（图 6-13）.

2. 空间两点间的距离公式

已知空间两点 $M_1(x_1,y_1,z_1)$ 和 $M_2(x_2,y_2,z_2)$，求 M_1 和 M_2 之间的距离 d.

过 M_1 和 M_2 各作三个分别垂直于三条坐标轴的平面，这六个平面围成一个以 M_1M_2 为对角线的长方体（图 6-14）.

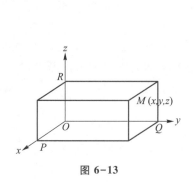

图 6-13

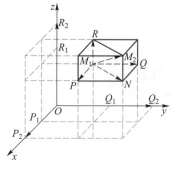

图 6-14

由于 $\triangle M_1NM_2$ 为直角三角形，$\angle M_1NM_2$ 是直角，所以 $d=|M_1M_2|=\sqrt{|M_1N|^2+|NM_2|^2}$.

又因为 $\angle M_1PN$ 是直角，所以 $|M_1N|=\sqrt{|M_1P|^2+|PN|^2}$. 由于 $|M_1P|=|x_2-x_1|$，$|PN|=|y_2-y_1|$，$|NM_2|=|z_2-z_1|$，所以

$$d=|M_1M_2|=\sqrt{(x_2-x_1)^2+(y_2-y_1)^2+(z_2-z_1)^2}. \tag{1}$$

（1）式即为空间中两点之间的距离公式.

例 1 设点 $A(1,2,3)$，$B(3,1,4)$，求 $|\overrightarrow{AB}|$.

解 $|\overrightarrow{AB}|=\sqrt{(3-1)^2+(1-2)^2+(4-3)^2}=\sqrt{6}$.

例 2 求证以 $M_1(4,3,1)$、$M_2(7,1,2)$、$M_3(5,2,3)$ 三点为顶点的三角形是一个等腰三角形.

证
$$|M_1M_2|=\sqrt{(7-4)^2+(1-3)^2+(2-1)^2}=\sqrt{14},$$
$$|M_2M_3|=\sqrt{(5-7)^2+(2-1)^2+(3-2)^2}=\sqrt{6},$$
$$|M_3M_1|=\sqrt{(4-5)^2+(3-2)^2+(1-3)^2}=\sqrt{6}.$$

故 $|M_2M_3|=|M_3M_1|$，即 $\triangle M_1M_2M_3$ 为等腰三角形.

3. 向量的概念

在客观世界中，我们常常遇到两种类型的量，一种是如时间、质量、长度、功等只有大小的量，这种量叫做**数量（标量）**；另一种是如力、速度、力矩等既有大小、又有方向的量，这种量叫做**向量（矢量）**.

向量通常用黑体小写拉丁字母 $\boldsymbol{a}$，$\boldsymbol{b}$，$\boldsymbol{c}$ 等来表示（手写时，可用小写拉丁字母上加一箭头表示，如 $\vec{a}$，$\vec{b}$ 等）. 向量也常用有向线段表示. 起点为 A，终点为 B 的向量记为 $\overrightarrow{AB}$.

向量的大小叫做向量的**模**,用 $|\boldsymbol{a}|$ 或 $|\overrightarrow{AB}|$ 来表示. 模为 1 的向量叫做**单位向量**,模为 0 的向量叫做**零向量**,记作 $\boldsymbol{0}$,零向量的方向是任意的.

如果向量 $\boldsymbol{a}$ 和 $\boldsymbol{b}$ 的模相等而且方向相同,则称向量 $\boldsymbol{a}$ 和 $\boldsymbol{b}$ **相等**,记为 $\boldsymbol{a}=\boldsymbol{b}$.

如果向量 $\boldsymbol{a}$ 和 $\boldsymbol{b}$ 模相等而且方向相反,则称向量 $\boldsymbol{b}$ 是向量 $\boldsymbol{a}$ 的**负向量**,记作 $\boldsymbol{b}=-\boldsymbol{a}$.

二、向量的线性运算

1. 向量的加法和减法

设向量 $\boldsymbol{a}=\overrightarrow{OA}$,$\boldsymbol{b}=\overrightarrow{OB}$,以 OA、OB 为邻边作平行四边形 $OACB$,连接对角线 OC,记 $\boldsymbol{c}=\overrightarrow{OC}$,我们称向量 $\boldsymbol{c}$ 为向量 $\boldsymbol{a}$ 和 $\boldsymbol{b}$ 的**和**(图 6-15),记作 $\boldsymbol{c}=\boldsymbol{a}+\boldsymbol{b}$,这就是向量加法的**平行四边形法则**.

由于向量可以平移,所以若把 $\boldsymbol{b}$ 的起点平移到 $\boldsymbol{a}$ 的终点上,则以 $\boldsymbol{a}$ 的起点为起点,$\boldsymbol{b}$ 的终点为终点的向量即为 $\boldsymbol{a}+\boldsymbol{b}$. 这种表示向量和的方法称为向量加法的**三角形法则**.

向量的加法满足:

(1)交换律:$\boldsymbol{a}+\boldsymbol{b}=\boldsymbol{b}+\boldsymbol{a}$;

(2)结合律:$(\boldsymbol{a}+\boldsymbol{b})+\boldsymbol{c}=\boldsymbol{a}+(\boldsymbol{b}+\boldsymbol{c})$.

向量的减法 $\boldsymbol{a}-\boldsymbol{b}$ 定义为 $\boldsymbol{a}+(-\boldsymbol{b})$,向量的减法是加法的逆运算,如图 6-16 所示.

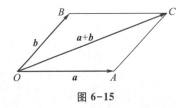

图 6-15

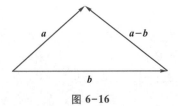

图 6-16

2. 向量与数的乘法

实数 λ 与向量 $\boldsymbol{a}$ 的乘积 $\lambda\boldsymbol{a}$ 为一个向量,其模等于 $|\lambda|\cdot|\boldsymbol{a}|$,且当 $\lambda>0$ 时,$\lambda\boldsymbol{a}$ 与 $\boldsymbol{a}$ 同向;当 $\lambda<0$ 时,$\lambda\boldsymbol{a}$ 与 $\boldsymbol{a}$ 反向;当 $\lambda=0$ 或 $\boldsymbol{a}=\boldsymbol{0}$ 时,规定 $\lambda\boldsymbol{a}=\boldsymbol{0}$.

对于任意向量 $\boldsymbol{a}$,$\boldsymbol{b}$ 以及任意实数 λ,μ,有以下运算规则:

(1)结合律:$\lambda(\mu\boldsymbol{a})=\mu(\lambda\boldsymbol{a})=(\lambda\mu)\boldsymbol{a}$;

(2)分配律:$(\lambda+\mu)\boldsymbol{a}=\lambda\boldsymbol{a}+\mu\boldsymbol{a}$,$\lambda(\boldsymbol{a}+\boldsymbol{b})=\lambda\boldsymbol{a}+\lambda\boldsymbol{b}$.

向量的加(减)法及数乘运算统称为向量的**线性运算**.

设 $\boldsymbol{a}$ 是一个非零向量,与 $\boldsymbol{a}$ 同方向的单位向量记作 $\boldsymbol{a}°$,显然 $\boldsymbol{a}=|\boldsymbol{a}|\boldsymbol{a}°$,即任何非零向量都可以表示为它的模与同向单位向量的乘积. 同时,$\boldsymbol{a}°=\dfrac{1}{|\boldsymbol{a}|}\boldsymbol{a}$,即与非零向量同向的单位向量可由该向量乘它的模的倒数得到.

例 3 化简 $\boldsymbol{a}-\boldsymbol{b}+5\left(-\dfrac{1}{2}\boldsymbol{b}+\dfrac{\boldsymbol{b}-3\boldsymbol{a}}{5}\right)$.

解 $\boldsymbol{a}-\boldsymbol{b}+5\left(-\dfrac{1}{2}\boldsymbol{b}+\dfrac{\boldsymbol{b}-3\boldsymbol{a}}{5}\right)=(1-3)\boldsymbol{a}+\left(-1-\dfrac{5}{2}+\dfrac{1}{5}\cdot 5\right)\boldsymbol{b}=-2\boldsymbol{a}-\dfrac{5}{2}\boldsymbol{b}$.

如果向量 $\boldsymbol{a}$ 和 $\boldsymbol{b}$ 方向相同或相反,那么称 $\boldsymbol{a}$ 和 $\boldsymbol{b}$ 平行,记作 $\boldsymbol{a}/\!/\boldsymbol{b}$. 特别地,零向量和任何

向量都平行. 容易证明, 向量 a 和 b 平行的充要条件是存在 $\lambda \in \mathbf{R}$, 使 $a = \lambda b$ 或 $b = \lambda a$.

三、向量的坐标

在空间直角坐标系中, 沿 x 轴、y 轴和 z 轴的正方向各取一单位向量, 分别记作 i、j 和 k, 称为该坐标系的**基本单位向量**.

对于任一向量 a, 将 a 平移, 使原点 O 为 a 的起点, 设此时 a 的终点为 $M(a_1, a_2, a_3)$, 即 $a = \overrightarrow{OM}$ (图 6-17), 过 M 点作垂直于三个坐标轴的平面, 分别交 x 轴、y 轴、z 轴于点 M_1、M_2、M_3, 过 M 作坐标平面 xOy 的垂线, 垂足为 M', 根据向量加法的三角形法则有

$$\overrightarrow{OM} = \overrightarrow{OM'} + \overrightarrow{M'M},$$

而 $\overrightarrow{OM'} = \overrightarrow{OM_1} + \overrightarrow{OM_2}$, $\overrightarrow{M'M} = \overrightarrow{OM_3}$, 所以

$$\overrightarrow{OM} = \overrightarrow{OM_1} + \overrightarrow{OM_2} + \overrightarrow{OM_3}.$$

由向量的数乘可知

$$\overrightarrow{OM_1} = a_1 i, \overrightarrow{OM_2} = a_2 j, \overrightarrow{OM_3} = a_3 k,$$

于是有

$$a = \overrightarrow{OM} = a_1 i + a_2 j + a_3 k.$$

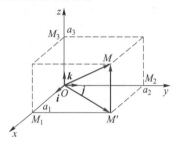

图 6-17

上式称为向量 a 的**坐标分解式**, 式中三个系数组成的数组 (a_1, a_2, a_3) 正好是点 M 的坐标, 因此向量 a 与点 M 是一一对应的, 我们称 (a_1, a_2, a_3) 为**向量 a 的坐标**, 我们将

$$a = (a_1, a_2, a_3)$$

称为**向量 a 的坐标表示式**.

四、向量的模与方向余弦

向量的模可以用向量的坐标表示, 任给一个向量 $a = (a_1, a_2, a_3)$, 从图 6-17 可以看出它的模 (长度) 是

$$|a| = |\overrightarrow{OM}| = \sqrt{|\overrightarrow{OM_1}|^2 + |\overrightarrow{OM_2}|^2 + |\overrightarrow{OM_3}|^2}.$$

于是

$$|a| = |\overrightarrow{OM}| = \sqrt{a_1^2 + a_2^2 + a_3^2}. \tag{2}$$

即向量的模 (长度) 等于其坐标平方和的算术平方根.

下面讨论如何用坐标表示向量的方向. 非零向量 a 与 x 轴、y 轴和 z 轴正向的夹角 α、β 和 γ (规定 $0 \leqslant \alpha, \beta, \gamma \leqslant \pi$), 称为向量 a 的**方向角**, 它们的余弦 $\cos \alpha$, $\cos \beta$ 和 $\cos \gamma$ 统称为向量 a 的**方向余弦**. 当三个方向角 (或方向余弦) 确定后, 向量的方向也就确定了 (图 6-18).

对于非零向量 $a = a_1 i + a_2 j + a_3 k$, 其方向余弦为

$$\cos \alpha = \frac{a_1}{|a|} = \frac{a_1}{\sqrt{a_1^2 + a_2^2 + a_3^2}},$$

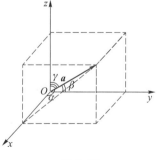

图 6-18

$$\cos \beta = \frac{a_2}{|\boldsymbol{a}|} = \frac{a_2}{\sqrt{a_1^2 + a_2^2 + a_3^2}}, \tag{3}$$

$$\cos \gamma = \frac{a_3}{|\boldsymbol{a}|} = \frac{a_3}{\sqrt{a_1^2 + a_2^2 + a_3^2}}.$$

不难证明非零向量 $\boldsymbol{a}$ 的三个方向余弦满足

$$\cos^2 \alpha + \cos^2 \beta + \cos^2 \gamma = 1.$$

因而,向量 $\boldsymbol{a}^\circ = (\cos \alpha, \cos \beta, \cos \gamma)$ 是与向量 $\boldsymbol{a}$ 同方向的单位向量.

例 4　设 $\boldsymbol{a} = (1, \sqrt{2}, -1)$,求向量 $\boldsymbol{a}$ 的模、方向余弦和方向角.

解　向量 $\boldsymbol{a}$ 的模为

$$|\boldsymbol{a}| = \sqrt{1^2 + (\sqrt{2})^2 + (-1)^2} = \sqrt{4} = 2.$$

向量 $\boldsymbol{a}$ 的方向余弦

$$\cos \alpha = \frac{1}{2}, \cos \beta = \frac{\sqrt{2}}{2}, \cos \gamma = -\frac{1}{2},$$

从而方向角 $\alpha = \dfrac{\pi}{3}, \beta = \dfrac{\pi}{4}, \gamma = \dfrac{2}{3}\pi$.

五、向量的线性运算的坐标表示

利用向量的坐标,可以将向量的线性运算转化为实数的运算.

设向量 $\boldsymbol{a} = a_1 \boldsymbol{i} + a_2 \boldsymbol{j} + a_3 \boldsymbol{k}$,向量 $\boldsymbol{b} = b_1 \boldsymbol{i} + b_2 \boldsymbol{j} + b_3 \boldsymbol{k}$,则

$$\boldsymbol{a} \pm \boldsymbol{b} = (a_1 \pm b_1) \boldsymbol{i} + (a_2 \pm b_2) \boldsymbol{j} + (a_3 \pm b_3) \boldsymbol{k},$$

$$\lambda \boldsymbol{a} = (\lambda a_1) \boldsymbol{i} + (\lambda a_2) \boldsymbol{j} + (\lambda a_3) \boldsymbol{k}.$$

由向量的数乘运算可知,向量 $\boldsymbol{a} = (a_1, a_2, a_3)$ 与向量 $\boldsymbol{b} = (b_1, b_2, b_3)$ 平行的充分必要条件是

$$\frac{a_1}{b_1} = \frac{a_2}{b_2} = \frac{a_3}{b_3} (\text{当某个分母为零时,规定相应的分子也为零}).$$

例 5　设 $\boldsymbol{a} = 2\boldsymbol{i} + 3\boldsymbol{j} - \boldsymbol{k}, \boldsymbol{b} = \boldsymbol{i} - 4\boldsymbol{j}$,求 $3\boldsymbol{a} - 2\boldsymbol{b}$.

解　$3\boldsymbol{a} - 2\boldsymbol{b} = 3(2\boldsymbol{i} + 3\boldsymbol{j} - \boldsymbol{k}) - 2(\boldsymbol{i} - 4\boldsymbol{j}) = (6\boldsymbol{i} + 9\boldsymbol{j} - 3\boldsymbol{k}) - (2\boldsymbol{i} - 8\boldsymbol{j}) = 4\boldsymbol{i} + 17\boldsymbol{j} - 3\boldsymbol{k}.$

活动操练-1

---

1. 说明下列各点的位置:

　$A(2,0,0)$;　　　　　　　$B(0,3,4)$;　　　　　　　$C(0,0,-1)$;

　$D(1,0,2)$;　　　　　　　$E(0,-2,0)$;　　　　　　　$F(2,1,0)$.

2. 已知 $A(4,1,9), B(2,4,3)$,求 A、B 两点之间的距离.

3. 已知 $\boldsymbol{a} = 2\boldsymbol{i} - \boldsymbol{j} + \boldsymbol{k}$,求向量 $\boldsymbol{a}$ 的模和方向余弦.

4. 已知两向量 $\boldsymbol{a} = 4\boldsymbol{i} - 6\boldsymbol{j} + 8\boldsymbol{k}, \boldsymbol{b} = \boldsymbol{i} + 2\boldsymbol{j} - 7\boldsymbol{k}$,求 $\boldsymbol{a} - 2\boldsymbol{b}$.

攻略驿站

> 1. 空间直角坐标系的组成元素：一个原点、三条坐标轴、三个坐标平面和八个卦限. 空间中的点与一个三元有序实数组一一对应. 空间中两点间距离公式要熟记.
>
> 2. 向量的线性运算包括向量的加法运算和数乘运算.
>
> 3. 向量的大小叫做向量的模，非零向量 a 与 x 轴、y 轴和 z 轴正向的夹角叫做向量 a 的方向角，方向角的余弦称为方向余弦.
>
> 4. 两个向量相加减相当于对应坐标相加减，数乘向量就是数乘向量的每个坐标.

6.3.2 向量的数量积与向量积

一、向量的数量积

1. 数量积的定义

数量积是从物理问题中抽象出来的一个数学概念.

我们知道在物理学中，当一个物体在恒力 F 的作用下，产生了一段位移 s 时，如图 6-19，这个力所做的功 W 由力 F 的大小，位移 s 的大小以及 F 和 s 的夹角 θ 来决定，即

$$W = |F| \cdot |s| \cos \theta.$$

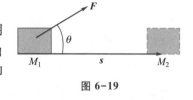

图 6-19

实际生活中，在其他一些问题中也会遇到类似的算式，为此引入两个向量的数量积的概念. 这里先给出两个向量夹角的定义.

定义 1 一般地，两个非零向量 a,b 的夹角是指它们的起点放在同一点时，两向量所夹的不大于 π 的角，通常记为 $<a,b>$.

当向量 a 和 b 至少有一个是零向量时，规定其夹角 $<a,b>$ 可以在 0 到 π 之间任意取值.

当两个向量 a 和 b 的夹角为 $\dfrac{\pi}{2}$ 时，称向量 a 和向量 b **垂直**，两个向量 a 和 b 的夹角为 0 或 π 时，称向量 a 和向量 b **平行**. 显然，零向量与任意向量都垂直，与任意向量都平行.

定义 2 设 a 和 b 为空间的两个向量，把 $|a|$、$|b|$ 连同它们夹角余弦的乘积，称为向量 a 和向量 b 的**数量积**(或称**内积**)，记作 $a \cdot b$. 即

$$a \cdot b = |a||b|\cos<a,b>. \tag{4}$$

由数量积的定义可知：

(1) $a \cdot a = |a|^2$；

(2) 向量 a 和向量 b 互相垂直的充分必要条件是 $a \cdot b = 0$.

2. 数量积的运算规律

两个向量的数量积满足下列运算规律：

(1) **交换律** $a \cdot b = b \cdot a$；

(2) **分配律** $(a+b) \cdot c = a \cdot c + b \cdot c, c \cdot (a+b) = c \cdot a + c \cdot b$；

(3) **结合律** $\lambda(a \cdot b) = (\lambda a) \cdot b = a \cdot (\lambda b)$ (λ 为常数).

3. 数量积的坐标表示

根据数量积的定义,基本单位向量 i、j 和 k 满足下列关系:

$$i \cdot i = j \cdot j = k \cdot k = 1, i \cdot j = j \cdot k = k \cdot i = 0.$$

由上面的结论,我们可以推导出两个向量数量积的坐标表示式.

设向量 $a = a_1 i + a_2 j + a_3 k$,向量 $b = b_1 i + b_2 j + b_3 k$,则

$$a \cdot b = (a_1 i + a_2 j + a_3 k) \cdot (b_1 i + b_2 j + b_3 k)$$

$$= a_1 b_1 i \cdot i + a_1 b_2 i \cdot j + a_1 b_3 i \cdot k + a_2 b_1 j \cdot i + a_2 b_2 j \cdot j + a_2 b_3 j \cdot k + a_3 b_1 k \cdot i + a_3 b_2 k \cdot j + a_3 b_3 k \cdot k$$

$$= a_1 a_2 + b_1 b_2 + c_1 c_2. \tag{5}$$

即**两向量的数量积等于向量对应坐标乘积之和**.

由数量积的定义,两非零向量 a、b 夹角的余弦

$$\cos<a,b> = \frac{a \cdot b}{|a||b|} = \frac{a_1 b_1 + a_2 b_2 + a_3 b_3}{\sqrt{a_1^2 + a_2^2 + a_3^2}\sqrt{b_1^2 + b_2^2 + b_3^2}}, \tag{6}$$

这就是**两向量夹角余弦的坐标表示式**,经常借助它来求两向量的夹角.

从这个公式可以看出,向量 a,b 垂直的充分必要条件是

$$a_1 b_1 + a_2 b_2 + a_3 b_3 = 0. \tag{7}$$

例 6 求向量 $a = (1, \sqrt{2}, -1)$ 和 $b = (-1, 0, 1)$ 的数量积及它们之间的夹角.

解 $a \cdot b = 1 \times (-1) + \sqrt{2} \times 0 + (-1) \times 1 = -2.$

$|a| = \sqrt{1^2 + (\sqrt{2})^2 + (-1)^2} = 2$,$|b| = \sqrt{(-1)^2 + 0^2 + 1^2} = \sqrt{2}.$

$$\cos<a,b> = \frac{a \cdot b}{|a||b|} = \frac{-2}{2 \times \sqrt{2}} = -\frac{\sqrt{2}}{2}, <a,b> = \frac{3}{4}\pi.$$

二、向量的向量积

两个向量的向量积概念也是从物理学中抽象出来的.

设 O 为一个杠杆的支点,有一常力 F 作用于杠杆的点 P 处,力 F 对支点 O 的力矩是一个向量 M,其模为,

$$|M| = |F| \cdot |\overrightarrow{OP}| \sin \theta,$$

θ 为 F 与 $\overrightarrow{OP}$ 的夹角,M 的方向按右手法则来确定,如图 6-20 所示.

1. 向量积的定义

定义 3 若向量 c 满足下列条件:

(1) $|c| = |a||b| \sin<a,b>$;

(2) 向量 c 既垂直于向量 a 又垂直于向量 b,且 a、b 和 c 符合右手法则(图 6-21). 则称向量 c 为向量 a 和 b 的**向量积**(或称**外积**),也称为**叉乘**,记作

$$c = a \times b.$$

由向量积的定义可得:

(1) $a \times a = 0$;

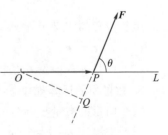

图 6-20

（2）向量 a 和向量 b 平行的充分必要条件是 $a \times b = 0$.

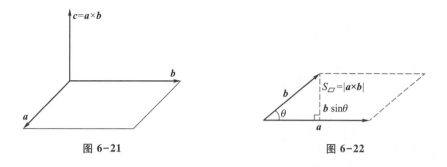

图 6-21　　　　　　　　　　　图 6-22

由图 6-22 可知,向量积的模 $|a \times b|$ 的几何意义就是以向量 a 和向量 b 为邻边的平行四边形的面积 $S_\square$,即

$$|a \times b| = S_\square.$$

因而以向量 a 和向量 b 为边的三角形面积为

$$S = \frac{1}{2} |a \times b|.$$

2. 向量积的运算规律

两个向量的向量积满足下列运算规律:

（1）反交换律　　　$a \times b = -b \times a$;

（2）分配律　　　　$(a+b) \times c = a \times c + b \times c , c \times (a+b) = c \times a + c \times b$;

（3）数乘结合律　　$\lambda(a \times b) = (\lambda a) \times b = a \times (\lambda b)$（$\lambda$ 为常数）.

3. 向量积的坐标表示

设向量 $a = a_1 i + a_2 j + a_3 k$,向量 $b = b_1 i + b_2 j + b_3 k$,则

$a \times b = (a_1 i + a_2 j + a_3 k) \times (b_1 i + b_2 j + b_3 k)$

$= a_1 b_1 (i \times i) + a_1 b_2 (i \times j) + a_1 b_3 (i \times k) + a_2 b_1 (j \times i) + a_2 b_2 (j \times j) + a_2 b_3 (j \times k)$

$+ a_3 b_1 (k \times i) + a_3 b_2 (k \times j) + a_3 b_3 (k \times k).$

根据向量积的定义,基本单位向量 i、j 和 k 满足下列关系:

$$i \times i = j \times j = k \times k = 0,$$
$$i \times j = k , j \times k = i , k \times i = j,$$

所以

$$a \times b = (a_2 b_3 - a_3 b_2) i - (a_1 b_3 - a_3 b_1) j + (a_1 b_2 - a_2 b_1) k.$$

为便于记忆,可把上式改写成如下形式

$$a \times b = \begin{vmatrix} i & j & k \\ a_1 & a_2 & a_3 \\ b_1 & b_2 & b_3 \end{vmatrix} = \begin{vmatrix} a_2 & a_3 \\ b_2 & b_3 \end{vmatrix} i - \begin{vmatrix} a_1 & a_3 \\ b_1 & b_3 \end{vmatrix} j + \begin{vmatrix} a_1 & a_2 \\ b_1 & b_2 \end{vmatrix} k. \tag{8}$$

例 7　已知 $a = (2,5,7) , b = (1,2,4)$,计算 $a \times b$.

解　$a \times b = \begin{vmatrix} i & j & k \\ 2 & 5 & 7 \\ 1 & 2 & 4 \end{vmatrix} = \begin{vmatrix} 5 & 7 \\ 2 & 4 \end{vmatrix} i - \begin{vmatrix} 2 & 7 \\ 1 & 4 \end{vmatrix} j + \begin{vmatrix} 2 & 5 \\ 1 & 2 \end{vmatrix} k = 6i - j - k.$

例 8　$a = (3, 2, 1)$，$b = \left(2, \dfrac{4}{3}, k\right)$，试确定 k 使 $a /\!/ b$.

解　由 $a /\!/ b$ 有

$$\frac{3}{2} = \frac{2}{\dfrac{4}{3}} = \frac{1}{k},$$

解得 $k = \dfrac{2}{3}$.

例 9　求与向量 $a = (3, -2, 4)$ 和向量 $b = (1, 1, -2)$ 都垂直的单位向量.

解　由向量积的定义知，$c = a \times b$ 是既垂直于 a 又垂直于 b 的向量，易求得

$$c = a \times b = \begin{vmatrix} i & j & k \\ 3 & -2 & 4 \\ 1 & 1 & -2 \end{vmatrix} = 10j + 5k,$$

又 $|c| = \sqrt{10^2 + 5^2} = 5\sqrt{5}$，于是同时垂直 a 和 b 的单位向量为

$$\pm c^\circ = \pm \frac{a \times b}{|a \times b|} = \pm \left(\frac{2}{\sqrt{5}} j + \frac{1}{\sqrt{5}} k \right).$$

活动操练-2

---

1. 设给定向量 $a = -j + k$，$b = 2i - 2j + k$. 求

(1) $a \cdot b$；　　　　　　　　　(2) $|a|$，$|b|$；

(3) $<a, b>$；　　　　　　　　　(4) $a \times b$.

2. 已知向量 $a = (1, 1, 1)$，则垂直于 a 且垂直于 z 轴的单位向量是（　　　　）.

A. $\pm \dfrac{\sqrt{3}}{3}(1, 1, 1)$　　　　　　B. $\pm \dfrac{\sqrt{3}}{3}(1, -1, 1)$

C. $\pm \dfrac{\sqrt{2}}{2}(1, -1, 0)$　　　　　　D. $\pm \dfrac{\sqrt{2}}{2}(1, 1, 0)$

3. 已知向量 $a = 3i - 2j + k$，$b = -i + mj - 5k$，则当 $m = $ ＿＿＿＿ 时，$a \perp b$.

4. 设向量 $a = (3, 5, -2)$，$b = (2, 1, 4)$，问 λ 和 μ 满足什么关系时，$\lambda a + \mu b$ 与 z 轴垂直？

攻略驿站

---

1. 向量的数量积是实数，结果等于对应坐标的乘积的和.

2. 利用向量的数量积的运算，可以求出两个向量的夹角余弦，进而求出两个向量的夹角.

3. 向量的向量积是向量，大小等于以两个向量为邻边的平行四边形的面积，方向遵循右手法则.

4. 向量的向量积可以利用三阶行列式计算.

6.3.3　平面及其方程

空间直角坐标系建立了空间中的点与三元有序数组之间的一一对应关系,空间图形可以看作具有某种性质的点的集合. 在这一节里,我们以向量为工具,讨论最简单的空间图形——平面以及平面的方程.

一、平面的点法式方程

由立体几何的知识,我们知道,过空间中一点与已知直线垂直的平面是唯一的.

垂直于平面的非零向量称为该平面的**法向量**,一般用 n 表示. 显然,同一平面内的任意一个向量都与其法向量垂直.

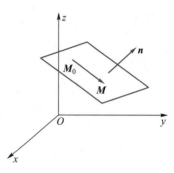

图 6-23

设在空间直角坐标系中,已知一个平面经过点 $M_0(x_0, y_0, z_0)$ 且有法向量 $n = (A, B, C)$,如图 6-23 所示,下面讨论如何建立这个平面的方程.

设 $M(x, y, z)$ 为平面上任意一点,那么法向量 n 与向量 $\overrightarrow{M_0M} = (x - x_0, y - y_0, z - z_0)$ 垂直,于是

$$n \cdot \overrightarrow{M_0M} = 0,$$

即

$$A(x - x_0) + B(y - y_0) + C(z - z_0) = 0. \tag{9}$$

反过来,满足方程(9)的点 $M(x, y, z)$ 也都在平面上.

由于这种形式的方程是由平面上一点的坐标和平面的法向量所确定的,因此称方程(9)为**平面的点法式方程**.

说明:

(1) 由于 n 是非零向量,所以 A、B 和 C 不全为零;

(2) 平面的法向量不是唯一的,若 n 为平面的法向量,则任何一个与 n 平行的非零向量 $\lambda n (\lambda \neq 0)$ 均为平面的法向量.

例 10　已知一个平面过点 $(1, -2, 0)$,平面的法向量是 $n = 4i - 3j + 2k$,求此平面的方程.

解　由平面的点法式方程(9),得所求平面的方程为

$$4(x - 1) - 3(y + 2) + 2(z - 0) = 0,$$

即

$$4x - 3y + 2z - 10 = 0.$$

例 11　已知一个平面 Π 过三点 $M_1(0, -1, 2)$、$M_2(1, -1, 3)$ 和 $M_3(1, 0, 1)$,求此平面方程.

解　由于 M_1, M_2, M_3 都在平面 Π 内,因此向量 $\overrightarrow{M_1M_2}$ 和 $\overrightarrow{M_1M_3}$ 在平面 Π 内,设 n 为平面 Π 的法向量,则 $n \perp \overrightarrow{M_1M_2}$,$n \perp \overrightarrow{M_1M_3}$,所以可取 $\overrightarrow{M_1M_2} \times \overrightarrow{M_1M_3}$ 作为平面的法向量. 而 $\overrightarrow{M_1M_2} = (1, 0, 1)$,$\overrightarrow{M_1M_3} = (1, 1, -1)$,所以

$$\boldsymbol{n} = \overrightarrow{M_1M_2} \times \overrightarrow{M_1M_3} = \begin{vmatrix} \boldsymbol{i} & \boldsymbol{j} & \boldsymbol{k} \\ 1 & 0 & 1 \\ 1 & 1 & -1 \end{vmatrix} = -\boldsymbol{i} + 2\boldsymbol{j} + \boldsymbol{k}.$$

于是所求的平面方程为

$$-1 \cdot (x-0) + 2 \cdot (y+1) + 1 \cdot (z-2) = 0,$$

整理得

$$x - 2y - z = 0.$$

例 12　一个平面经过点 $(-3,1,5)$，且平行于另一个平面 $x-2y-3z+1=0$，求此平面方程.

解　已知平面 $x-2y-3z+1=0$ 的法向量 $\boldsymbol{n}=(1,-2,-3)$，由于所求平面与已知平面平行，故 $\boldsymbol{n}$ 也可作为所求平面的法向量，故所求平面的点法式方程为

$$(x+3) - 2(y-1) - 3(z-5) = 0,$$

即

$$x - 2y - 3z + 20 = 0.$$

二、平面的一般方程

将平面的点法式方程 $A(x-x_0)+B(y-y_0)+C(z-z_0)=0$ 化简整理得

$$Ax + By + Cz - Ax_0 - By_0 - Cz_0 = 0.$$

令 $D = -(Ax_0+By_0+Cz_0)$，得

$$Ax + By + Cz + D = 0. \tag{10}$$

方程 (10) 称为平面的**一般方程**，其中 x,y,z 的系数 A,B,C 是法向量 $\boldsymbol{n}$ 的三个坐标.

从上面推导可以看出，平面方程实际上是一个三元一次方程；反过来，任意一个三元一次方程都表示一个平面.

例 13　设有一个平面与 x 轴、y 轴和 z 轴的交点分别为 $P(a,0,0)$、$Q(0,b,0)$ 和 $R(0,0,c)$，其中 $a\neq0,b\neq0,c\neq0$，求这个平面的方程.

解　设所求平面的一般方程为

$$Ax + By + Cz + D = 0.$$

由于点 $P(a,0,0)$、$Q(0,b,0)$ 和 $R(0,0,c)$ 在平面上，故它们的坐标都满足一般方程，即

$$\begin{cases} aA + D = 0, \\ bB + D = 0, \\ cC + D = 0, \end{cases}$$

解之得

$$A = -\frac{D}{a}, B = -\frac{D}{b}, C = -\frac{D}{c}.$$

代入平面的一般方程，并除以 $D(D\neq0)$，即得所求平面方程为

$$\frac{x}{a} + \frac{y}{b} + \frac{z}{c} = 1. \tag{11}$$

该方程称为平面的**截距式方程**，a、b 和 c 分别称为平面在 x 轴、y 轴和 z 轴上的**截距**.

三、两平面的位置关系

两平面的法线向量的夹角（通常指锐角或直角）称为两平面的夹角.

设有两个平面 $\varPi_1$ 和 $\varPi_2$，它们的方程分别为

$$\varPi_1 : A_1 x + B_1 y + C_1 z + D_1 = 0,$$
$$\varPi_2 : A_2 x + B_2 y + C_2 z + D_2 = 0.$$

它们的法向量分别为 $\boldsymbol{n}_1 = (A_1, B_1, C_1)$ 和 $\boldsymbol{n}_2 = (A_2, B_2, C_2)$，

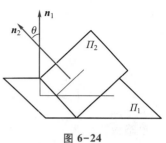

图 6-24

如图 6-24 所示. 那么平面 $\varPi_1$ 和 $\varPi_2$ 的夹角 θ 应是 $<\boldsymbol{n}_1,$ $\boldsymbol{n}_2>$ 和 $<-\boldsymbol{n}_1, \boldsymbol{n}_2> = \pi - <\boldsymbol{n}_1, \boldsymbol{n}_2>$ 两者中的较小者（锐角或直角），因此有

$$\cos\theta = \left| \cos<\boldsymbol{n}_1, \boldsymbol{n}_2> \right| = \frac{\left| \boldsymbol{n}_1 \cdot \boldsymbol{n}_2 \right|}{\left| \boldsymbol{n}_1 \right| \left| \boldsymbol{n}_2 \right|}$$

$$= \frac{\left| A_1 A_2 + B_1 B_2 + C_1 C_2 \right|}{\sqrt{A_1^2 + B_1^2 + C_1^2} \cdot \sqrt{A_2^2 + B_2^2 + C_2^2}} \left(0 \leqslant \theta \leqslant \frac{\pi}{2} \right). \tag{12}$$

当两平面的法向量互相平行或互相垂直时，这两个平面也就互相平行或互相垂直，因而可得两个平面平行的充分必要条件为

$$\frac{A_1}{A_2} = \frac{B_1}{B_2} = \frac{C_1}{C_2} \ (当分母为零时，规定分子也是零). \tag{13}$$

两个平面垂直的充分必要条件为

$$A_1 A_2 + B_1 B_2 + C_1 C_2 = 0. \tag{14}$$

平面外一点 $P_0(x_0, y_0, z_0)$ 到平面 $\varPi : Ax + By + Cz + D = 0$ 的距离为

$$d = \frac{\left| Ax_0 + By_0 + Cz_0 + D \right|}{\sqrt{A^2 + B^2 + C^2}}. \tag{15}$$

（15）式就是**点到平面的距离公式**.

例 14 求平面 $2x - y + z = 7$ 与平面 $x + y + 2z = 11$ 的夹角.

解 因为 $\boldsymbol{n}_1 = (2, -1, 1), \boldsymbol{n}_2 = (1, 1, 2)$，所以

$$\cos\theta = \frac{\left| \boldsymbol{n}_1 \cdot \boldsymbol{n}_2 \right|}{\left| \boldsymbol{n}_1 \right| \left| \boldsymbol{n}_2 \right|} = \frac{\left| 2 \times 1 + (-1) \times 1 + 1 \times 2 \right|}{\sqrt{2^2 + (-1)^2 + 1^2} \sqrt{1^2 + 1^2 + 2^2}} = \frac{1}{2}.$$

故 $\theta = \dfrac{\pi}{3}$.

例 15 求点 $(1, -2, -1)$ 到平面 $2x + y - 2z + 4 = 0$ 的距离.

解 由点到平面的距离公式知

$$d = \frac{\left| 2 \times 1 + 1 \times (-2) - 2 \times (-1) + 4 \right|}{\sqrt{2^2 + 1^2 + (-2)^2}} = \frac{6}{3} = 2.$$

活动操练-3

1. 求过已知点 M 且具有已知法向量 $\boldsymbol{n}$ 的平面方程：

（1）$M(1, 2, 3), \boldsymbol{n} = (4, 1, -2)$；

（2）$M(-1, 3, -2), \boldsymbol{n} = (-5, -2, 2)$.

2. 求过已知点 $M(1, 3, -7)$，且平行于平面 $2x - 3y - 6z + 5 = 0$ 的平面方程.

3. 求过 $A(1, 0, -3)$、$B(0, -2, 1)$ 和 $C(2, 1, 3)$ 的平面方程.

4. 判别下列各组平面是否平行? 是否垂直? 如果既不平行又不垂直,则求它们的夹角.

（1）$x+y=1$, $y+z=2$;

（2）$2x-6y+4z=1$, $x-3y+2z-5=0$;

（3）$2x-5y+z-1=0$, $4x+2y+2z=3$.

攻略驿站

1. 平面方程有点法式方程、一般方程和截距式方程三种形式.

2. 不共线的三点唯一确定一个平面.

3. 平面的位置关系有三种:平行、相交和重合,垂直是一种特殊的相交.

4. 两个平面的夹角公式及点到平面的距离公式要牢记.

6.3.4　空间直线及其方程

本节利用前面所学的向量这一工具研究直线及其方程,使之解析化,进而可以用代数中的方法来研究其性质.

一、直线的对称式方程

由立体几何知识知道,过空间中一点,平行于已知直线的直线是唯一的. 因此,如果已知直线上一点及与直线平行的某一向量,那么这条直线的位置就确定了.

若一非零向量与已知直线平行,这个向量就叫做该直线的**方向向量**,一般用 s 表示. 显然,一条直线的方向向量不是唯一的.

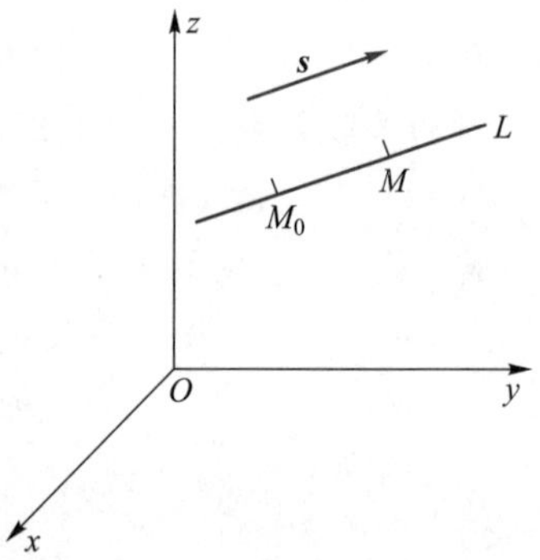

已知直线 L 过空间中一点 $M_0(x_0,y_0,z_0)$,且有方向向量 $s=(m,n,p)$,如图 6-25 所示. 设 $M(x,y,z)$ 是直线 L 上任意一点,显然,向量 $\overrightarrow{M_0M}$ 与 s 平行. 因为

$$\overrightarrow{M_0M}=(x-x_0,y-y_0,z-z_0).$$

于是由向量平行的充分必要条件,得

$$\frac{x-x_0}{m}=\frac{y-y_0}{n}=\frac{z-z_0}{p}. \tag{16}$$

图 6-25

这就是**空间直线的对称式方程**或者**点向式方程**.

注:因为 $s\neq\mathbf{0}$,所以 m,n,p 中只能有一个或两个数为零,规定（16）式中,若分母为零,则其相应的分子也为零.

如:若 $m=0$,则直线 L 的方程为:$\begin{cases} x=x_0, \\ \dfrac{y-y_0}{n}=\dfrac{z-z_0}{p}. \end{cases}$

例 16 求通过点 $M_0(1,-2,1)$,且与向量 $(2,1,-1)$ 平行的直线方程.

解 取 $s=(2,1,-1)$,则所求直线方程为

$$\frac{x-1}{2}=\frac{y+2}{1}=\frac{z-1}{-1}.$$

例 17 求过点 $M_1(x_1,y_1,z_1)$ 和 $M_2(x_2,y_2,z_2)$ 的直线方程.

解 取 $s=\overrightarrow{M_1M_2}=(x_2-x_1,y_2-y_1,z_2-z_1)$ 为直线的方向向量,并选 $M_1(x_1,y_1,z_1)$ 为已知点,可得直线方程为

$$\frac{x-x_1}{x_2-x_1}=\frac{y-y_1}{y_2-y_1}=\frac{z-z_1}{z_2-z_1}. \tag{17}$$

(17)式又称为直线的**两点式方程**.

二、空间直线的参数方程

在直线的对称式方程 $\dfrac{x-x_0}{m}=\dfrac{y-y_0}{n}=\dfrac{z-z_0}{p}$ 中,如设

$$\frac{x-x_0}{m}=\frac{y-y_0}{n}=\frac{z-z_0}{p}=t,$$

可得到

$$\begin{cases} x=x_0+mt, \\ y=y_0+nt, \\ z=z_0+pt. \end{cases} \tag{18}$$

这就是**空间直线的参数方程**,其中 t 是参数.

例 18 一条直线过点 $M_0(-1,2,8)$,且垂直于平面 $3x-2y+10z-5=0$,求此直线的对称式方程和参数方程.

解 平面的法向量 $n=(3,-2,10)$ 可作为所求直线的方向向量. 因此,直线的对称式方程为

$$\frac{x+1}{3}=\frac{y-2}{-2}=\frac{z-8}{10}.$$

参数方程为

$$\begin{cases} x=-1+3t, \\ y=2-2t, \\ z=8+10t. \end{cases}$$

三、空间直线的一般方程

一条直线可以看成是经过此直线的两个平面的交线,如图 6-26,故直线方程可以用两个平面方程联立起来表示.

$$\begin{cases} A_1x+B_1y+C_1z+D_1=0, \\ A_2x+B_2y+C_2z+D_2=0, \end{cases} \tag{19}$$

当 x,y,z 的对应系数不成比例时,方程(19)就表示一条直线. 方程(19)称为**空间直线的一**

般方程.

例 19   将直线的一般方程 $\begin{cases} x-2y+2z+1=0, \\ 4x-y+4z-3=0 \end{cases}$ 化为对称

式方程和参数方程.

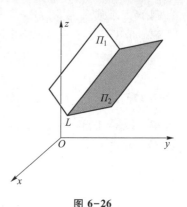

图 6-26

解   首先,求此直线上的一个点的坐标,不妨先选定该点的一个坐标值,设 $z=0$,代入原方程组得

$$\begin{cases} x-2y+1=0, \\ 4x-y-3=0, \end{cases}$$

解得

$$\begin{cases} x=1, \\ y=1. \end{cases}$$

于是得到直线上一点 $(1,1,0)$.

再求直线的一个方向向量 s. 因为直线作为两平面的交线,同时落在两平面上,所以直线的方向向量 s 同时垂直于两平面的法向量 n_1, n_2. 因而可取 $n_1 \times n_2$ 为直线的方向向量 s:

$$s = n_1 \times n_2 = \begin{vmatrix} i & j & k \\ 1 & -2 & 2 \\ 4 & -1 & 4 \end{vmatrix} = -6i + 4j + 7k.$$

于是直线的对称式方程为

$$\frac{x-1}{-6} = \frac{y-1}{4} = \frac{z}{7}.$$

直线的参数方程为

$$\begin{cases} x = 1-6t, \\ y = 1+4t, \\ z = 7t. \end{cases}$$

四、两直线的夹角

两直线 L_1 和 L_2 的方向向量的夹角(通常指锐角或直角)称为**两直线的夹角**.

设直线 L_1 和直线 L_2 的方向向量分别为 $s_1 = (m_1, n_1, p_1)$ 和 $s_2 = (m_2, n_2, p_2)$,则 L_1 和 L_2 的夹角 φ 应是 $<s_1, s_2>$ 和 $\pi - <s_1, s_2>$ 两者中的锐角或直角,因此

$$\cos\varphi = |\cos<s_1, s_2>| = \frac{|s_1 \cdot s_2|}{|s_1||s_2|} = \frac{|m_1m_2 + n_1n_2 + p_1p_2|}{\sqrt{m_1^2 + n_1^2 + p_1^2}\sqrt{m_2^2 + n_2^2 + p_2^2}}. \tag{20}$$

从两向量垂直、平行的充分必要条件可得下列结论:

两直线 L_1 和 L_2 相互垂直的充分必要条件为 $m_1m_2 + n_1n_2 + p_1p_2 = 0$;

两直线 L_1 和 L_2 相互平行的充分必要条件为 $\dfrac{m_1}{m_2} = \dfrac{n_1}{n_2} = \dfrac{p_1}{p_2}$.

五、直线与平面的夹角

给定直线 L 和平面 Π,当直线 L 与平面 Π 不垂直时,过直线 L 作垂直于平面 Π 的平面交平面 Π 于直线 L',称直线 L' 为直线 L 在平面 Π 上的**投影**. 此时,直线 L 和投影直线 L' 的夹

角 $\varphi\left(0\leqslant\varphi\leqslant\dfrac{\pi}{2}\right)$ 称为**直线 L 和平面 Π 的夹角**,如图 6-27 所示,当直线 L 和平面 Π 垂直时,规定直线与平面的夹角为 $\dfrac{\pi}{2}$.

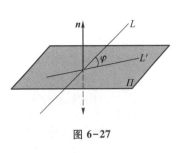

图 6-27

设直线 L 的方向向量为 $s=(m,n,p)$,平面 Π 的法向量 $n=(A,B,C)$,直线与平面的夹角为 φ,那么 $\varphi=\left|\dfrac{\pi}{2}-<s,n>\right|$,因此

$$\sin\varphi=|\cos<s,n>|=\dfrac{|s\cdot n|}{|s||n|}=\dfrac{|mA+nB+pC|}{\sqrt{m^2+n^2+p^2}\sqrt{A^2+B^2+C^2}}. \tag{21}$$

因为直线与平面垂直相当于直线的方向向量与平面的法向量平行,所以直线与平面垂直的充分必要条件是

$$\dfrac{m}{A}=\dfrac{n}{B}=\dfrac{p}{C}.$$

因为直线与平面平行或直线在平面上相当于直线的方向向量与平面的法向量垂直,所以直线与平面平行的充分必要条件是

$$mA+nB+pC=0.$$

例 20 求过点 $(3,1,4)$ 且与平面 $x-2y+3z-2=0$ 垂直的直线方程.

解 因为所求直线垂直于已知平面,所以可取已知平面的法向量 $(1,-2,3)$ 作为所求直线的方向向量. 由此可得所求直线的方程为

$$\dfrac{x-3}{1}=\dfrac{y-1}{-2}=\dfrac{z-4}{3}.$$

例 21 求直线 $L:\dfrac{x-2}{1}=\dfrac{y-3}{1}=\dfrac{z-4}{2}$ 与平面 $\Pi:2x-y+z-6=0$ 的夹角.

解 设直线 L 与平面 Π 的夹角为 θ,则 L 的方向向量 $s=(1,1,2)$,平面 Π 的法向量 $n=(2,-1,1)$,

$$\sin\theta=|\cos<s,n>|=\dfrac{|1\times2+1\times(-1)+2\times1|}{\sqrt{1^2+1^2+2^2}\sqrt{2^2+(-1)^2+1^2}}=\dfrac{1}{2},$$

所以 $\theta=\dfrac{\pi}{6}$.

例 22 求过点 $(-3,2,5)$ 且与两平面 $x-4z-3=0$ 和 $2x-y-5z-1=0$ 的交线平行的直线方程.

解 设所求直线的方向向量为 s,因为所求直线与两平面的交线平行,所以 s 一定同时与两平面的法向量 n_1 和 n_2 垂直,故可取

$$s=n_1\times n_2=\begin{vmatrix} i & j & k \\ 1 & 0 & -4 \\ 2 & -1 & -5 \end{vmatrix}=-(4i+3j+k),$$

所求直线的方程为

$$\frac{x+3}{4}=\frac{y-2}{3}=\frac{z-5}{1}.$$

活动操练-4

> 1. 求过已知点 $M(0,-1,1)$ 且具有已知方向向量 $s=(2,-1,4)$ 的直线的方程.
>
> 2. 求过 $A(3,1,-1)$ 和点 $B(2,0,1)$ 的直线的点向式方程和参数方程.
>
> 3. 求过点 $(3,1,0)$ 且与直线 $\begin{cases}x-y+1=0,\\2x+z-5=0\end{cases}$ 平行的直线的方程.
>
> 4. 求通过点 $M(1,0,2)$ 且与直线 $\frac{x-2}{2}=\frac{y-1}{1}=\frac{z}{-1}$ 垂直的直线的方程.

攻略驿站

> 1. 空间直线方程有对称式方程、参数方程和一般方程三种形式.
>
> 2. 两点唯一确定一条直线.
>
> 3. 空间两条直线的位置关系有三种:平行、相交、异面.
>
> 4. 空间直线与平面的位置关系有三种:平行、相交和直线在平面上,垂直是一种特殊的相交.
>
> 5. 两条空间直线的夹角公式及直线与平面的夹角公式要牢记.

6.3.5　曲面与空间曲线

一、曲面及其方程

在平面解析几何中,平面曲线可以看作是满足一定条件的动点运动轨迹. 在空间解析几何中,任何曲面都可以看成是满足一定条件的点的轨迹.

定义 4　如果一个曲面 S 和一个三元方程

$$F(x,y,z)=0 \tag{22}$$

满足下面两个条件:

(1)曲面 S 上任一点的坐标都满足方程 $F(x,y,z)=0$;

(2)不在曲面 S 上的点的坐标都不满足方程 $F(x,y,z)=0$,

那么方程 $F(x,y,z)=0$ 称为**曲面的方程**,曲面 S 称为**方程的图形**.

空间解析几何主要解决以下问题:

(1)已知曲面作为动点的几何轨迹,建立这个曲面的方程;

(2)利用曲面的方程,研究这个曲面的几何性质.

下面我们建立球面的方程.

例 23　求与定点 $M_0(x_0,y_0,z_0)$ 的距离等于 R 的点的轨迹方程.

解　设 $M(x,y,z)$ 是轨迹上任意一点,则 $|MM_0|=R$,即

$$\sqrt{(x-x_0)^2+(y-y_0)^2+(z-z_0)^2}=R,$$

于是

$$(x-x_0)^2+(y-y_0)^2+(z-z_0)^2=R^2. \tag{23}$$

上述方程表示以点 $M_0(x_0,y_0,z_0)$ 为球心，以 R 为半径的**球面**. 特别地，当球心位于坐标原点时，球面的方程为

$$x^2+y^2+z^2=R^2. \tag{24}$$

一般地，设有三元二次方程

$$Ax^2+Ay^2+Az^2+Dx+Ey+Fz+G=0(A\neq0), \tag{25}$$

这个方程的特点是缺少 xy,yz,zx 这些交叉项，而且平方项系数相同，只要 $D^2+E^2+F^2-4A^2G>0$，则这个方程经过配方可以化为 (23) 的形式，它的图形就是一个球面.

二、柱面

定义 5 直线 L 沿着定曲线 C（不与直线 L 在同一平面内）平行移动形成的轨迹称为**柱面**，定曲线 C 称为柱面的**准线**，动直线 L 称为柱面的**母线**.

我们只讨论母线平行于坐标轴的柱面方程.

设 C 是 xOy 面上的一条曲线，其方程为

$$F(x,y)=0,$$

平行于 z 轴的直线 L 沿曲线 C 平行移动，这样就得到一个柱面（图 6-28）. 在柱面上任取一点 $M(x,y,z)$，过 M 作一条平行于 z 轴的直线，则该直线与 xOy 面的交点为 $M_0(x,y,0)$. 由于 M_0 在准线 C 上，故有

$$F(x,y)=0,$$

这就是母线平行于 z 轴的柱面的方程.

由此可见，母线平行于 z 轴的柱面方程的特征是只含 x,y，不含 z.

同理，方程 $F(y,z)=0$ 和 $F(x,z)=0$ 都表示柱面，它们的母线分别平行于 x 轴和 y 轴. 总之，在空间直角坐标系中，如果一个方程缺一个变量，那么该方程就是柱面方程. 方程中缺哪个变量，柱面的母线就平行于哪个轴.

例如，方程

$$x^2+y^2=R^2$$

表示母线平行于 z 轴的柱面，准线是 xOy 面上一个以原点为中心，半径为 R 的圆（图 6-29）. 该柱面称为**圆柱面**.

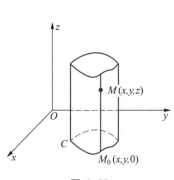

图 6-28

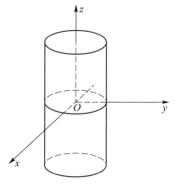

图 6-29

又如,方程 $\dfrac{x^2}{a^2}+\dfrac{y^2}{b^2}=1$ 的图形是母线平行于 z 轴的**椭圆柱面**. 方程 $\dfrac{x^2}{a^2}-\dfrac{y^2}{b^2}=1$ 的图形是母线平行于 z 轴的**双曲柱面**. 方程 $y^2=2px$ 的图形是母线平行于 z 轴的**抛物柱面**.

三、旋转曲面

定义 6   一条平面曲线绕同一平面上的一条定直线旋转一周所成的曲面称为**旋转曲面**,平面曲线和定直线分别称为旋转曲面的**母线**和**轴**.

这里我们只研究旋转轴是坐标轴的旋转曲面.

设在 yOz 面上有一已知曲线 C,其方程为
$$f(y,z)=0,$$
把这条曲线绕 z 轴旋转一周,就可得到一个以 z 轴为轴的旋转曲面(图 6-30). 下面我们来建立其方程. 设 $M_1(0,y_1,z_1)$ 为曲线 C 上的任意一点,则 $f(y_1,z_1)=0$.

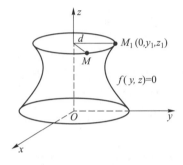

图 6-30

当曲线绕着 z 轴旋转时,M_1 也旋转到另外一点 $M(x,y,z)$. 这时,$z=z_1$ 保持不变,点 $M(x,y,z)$ 到 z 轴的距离 $d=\sqrt{x^2+y^2}=|y_1|$,将 $|y_1|=\sqrt{x^2+y^2}$,$z_1=z$ 代入方程 $f(y_1,z_1)=0$,得

$$f\left(\pm\sqrt{x^2+y^2},z\right)=0, \tag{26}$$

这就是所求旋转曲面的方程.

显然,在曲线 C 的方程 $f(y,z)=0$ 中,z 保持不变,将 y 改为 $\pm\sqrt{x^2+y^2}$ 后,便得曲线 C 绕 z 轴旋转所成的旋转曲面的方程.

容易知道,旋转曲面上的点的坐标都满足方程 $f\left(\pm\sqrt{x^2+y^2},z\right)=0$,而不在旋转曲面上的点的坐标都不满足该方程,故此方程就是以曲线 C 为母线,z 轴为旋转轴的旋转曲面方程.

同理,曲线 C 绕 y 轴旋转所生成的旋转曲面方程为

$$f\left(y,\pm\sqrt{x^2+z^2}\right)=0. \tag{27}$$

对于其他坐标平面内的曲线,绕同一平面内的坐标轴旋转,得到的旋转曲面的方程,同理可以得出. 这样我们就得到如下规律:

当坐标平面上的曲线 C 绕着坐标平面里的一条坐标轴旋转时,为了求出这样的旋转曲面的方程,只要将曲线 C 在坐标面里的方程保留和旋转轴同名的坐标,而用其他两个坐标的平方和的平方根来代替方程中的另一坐标即可.

xOy 坐标面上的曲线 $C:f(x,y)=0$,绕 x 轴旋转一周所成的旋转曲面方程为

$$f\left(x,\pm\sqrt{y^2+z^2}\right)=0, \tag{28}$$

绕 y 轴旋转一周所成的旋转曲面方程为

$$f\left(\pm\sqrt{x^2+z^2},y\right)=0. \tag{29}$$

zOx 坐标面上的曲线 $C:f(x,z)=0$,绕 x 轴旋转一周所成的旋转曲面方程为

$$f\left(x,\pm\sqrt{y^2+z^2}\right)=0, \tag{30}$$

绕 z 轴旋转一周所成的旋转曲面方程为

$$f\left(\pm\sqrt{x^2+y^2},z\right)=0. \tag{31}$$

例 24 将 zOx 坐标面上的双曲线

$$\frac{x^2}{a^2}-\frac{z^2}{c^2}=1$$

分别绕 z 轴和 x 轴旋转一周,求所生成的旋转曲面的方程.

解 绕 z 轴旋转一周所成的旋转曲面称为**旋转单叶双曲面**(图 6-31),其方程为

$$\frac{x^2}{a^2}+\frac{y^2}{a^2}-\frac{z^2}{c^2}=1.$$

绕 x 轴旋转一周所成的旋转曲面称为**旋转双叶双曲面**(图 6-32),其方程为

$$\frac{x^2}{a^2}-\frac{y^2}{c^2}-\frac{z^2}{c^2}=1.$$

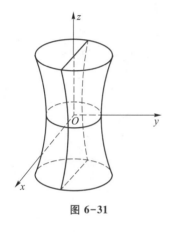

图 6-31

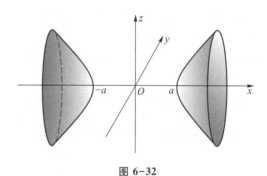

图 6-32

四、二次曲面

我们已经知道,一个曲面可以用点的直角坐标 x,y,z 的一个方程 $F(x,y,z)=0$ 来表示,一次方程表示的曲面称为**一次曲面**,也就是我们介绍过的平面;二次方程所表示的曲面叫**二次曲面**;n 次方程所表示的曲面叫 n **次曲面**. 下面着重介绍一些常见的二次曲面.

二次曲面比一次曲面复杂,我们经常用截痕法对二次曲面进行研究,即利用平行于坐标平面的平面去截曲面,然后考察其截痕(交线)的特点,以此来构建曲面的空间形状,这种方法称为**截痕法**.

1. 椭球面

方程

$$\frac{x^2}{a^2}+\frac{y^2}{b^2}+\frac{z^2}{c^2}=1. \tag{32}$$

所确定的曲面叫做**椭球面**.

用平面 $z=h$ 去截椭球面所得交线为

$$\begin{cases}\dfrac{x^2}{a^2}+\dfrac{y^2}{b^2}+\dfrac{z^2}{c^2}=1,\\ z=h,\end{cases}$$

即

$$\begin{cases} \dfrac{x^2}{a^2}+\dfrac{y^2}{b^2}=1-\dfrac{h^2}{c^2}, \\ z=h. \end{cases}$$

（1）当 $|h|<c$ 时，交线是在平面 $z=h$ 上的椭圆

$$\begin{cases} \dfrac{x^2}{\left[a\sqrt{1-\left(\dfrac{h}{c}\right)^2}\,\right]^2}+\dfrac{y^2}{\left[b\sqrt{1-\left(\dfrac{h}{c}\right)^2}\,\right]^2}=1, \\ z=h, \end{cases}$$

且 $|h|$ 越大椭圆越小，$|h|$ 越小椭圆越大.

（2）当 $|h|=c$ 时，交线缩成一点.

（3）当 $|h|>c$ 时，没有交线.

同理，若用平面 $y=h$ 或 $x=h$ 去截曲面也有类似的结果.

综合上述讨论，可以得到椭球面的形状（图 6-33）.

当 $a=b=c=R$ 时，（31）就是球心在原点，半径为 R 的球面的方程.

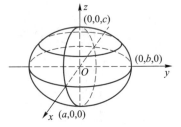

图 6-33

2. 抛物面

这里主要介绍椭圆抛物面和双曲抛物面.

（1）椭圆抛物面

方程

$$\frac{x^2}{2p}+\frac{y^2}{2q}=z\,(p,q\text{ 同号}) \tag{33}$$

所确定的曲面叫**椭圆抛物面**. 下面用截痕法研究 $p>0,q>0$ 时椭圆抛物面的形状.

由方程（33）可知，当 $p>0,q>0$ 时，$z>0$，曲面在 xOy 平面上方，当 $x=0,y=0$ 时，$z=0$，曲面通过坐标原点 O. 我们把坐标原点叫做椭圆抛物面的顶点.

首先，用平行于 xOy 坐标平面内的一系列平面 $z=h(h>0)$ 去截割椭圆抛物面，所得截痕曲线为椭圆

$$\begin{cases} \dfrac{x^2}{2ph}+\dfrac{y^2}{2qh}=1, \\ z=h. \end{cases}$$

这是平面 $z=h$ 内的椭圆. 当 h 变动时，这种椭圆的中心都在 z 轴上，当 h 逐渐增大时截得的椭圆也逐渐增大.

其次，用 zOx 坐标平面截割椭圆抛物面，所得截痕曲线是抛物线：$\begin{cases} x^2=2pz, \\ y=0. \end{cases}$ 它的轴与 z 轴重合.

若用平行于 zOx 的平面 $y=y_1$ 去截割椭圆抛物面，所得的截痕曲线为抛物线

$$\begin{cases} x^2=2p\left(z-\dfrac{y_1^2}{2q}\right), \\ y=y_1. \end{cases}$$

它的轴平行于 z 轴,顶点为 $\left(0, y_1, \dfrac{y_1^2}{2q}\right)$. 同理可知,用 yOz 面及平行于 yOz 面的平面去截割椭圆抛物面,所得的截痕曲线是抛物线.

综上所述,可知椭圆抛物面的形状如图 6-34 所示.

方程(33)中,如果 $p=q$,则方程变为

$$\frac{x^2}{2p}+\frac{y^2}{2p}=z(p>0),\tag{34}$$

方程(34)可看成是由 zOx 平面上的抛物线 $x^2=2pz$ 绕它的轴旋转而成的旋转曲面,该曲面叫做**旋转抛物面**.

它被平行于 xOy 面的平面 $z=z_0(z_0>0)$ 所截得的截痕是圆

$$\begin{cases}x^2+y^2=2pz_0,\\z=z_0.\end{cases}$$

当 z_0 变动时,这种圆的圆心都在 z 轴上.

(2)双曲抛物面

方程

$$\frac{-x^2}{2p}+\frac{y^2}{2q}=z(p,q\text{ 同号})\tag{35}$$

所确定的曲面叫做**双曲抛物面**或**马鞍面**. 当 $p>0,q>0$ 时,它的形状如图 6-35 所示.

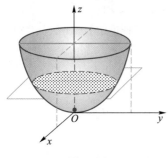

图 6-34

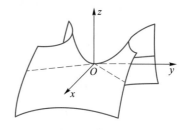

图 6-35

3. 双曲面

这里主要介绍单叶双曲面和双叶双曲面.

(1)单叶双曲面

方程

$$\frac{x^2}{a^2}+\frac{y^2}{b^2}-\frac{z^2}{c^2}=1\tag{36}$$

所确定的曲面叫**单叶双曲面**. 我们用截痕法考虑它的形状.

首先用 xOy 平面截曲面(36)所得截痕为中心在原点 O 的椭圆

$$\begin{cases}\dfrac{x^2}{a^2}+\dfrac{y^2}{b^2}=1,\\z=0.\end{cases}$$

它的两个半轴分别为 a 和 b. 用平行于平面 $z=0$ 的平面 $z=z_1$ 截曲面(36)所得截痕是中

心在 z 轴上的椭圆

$$\begin{cases} \dfrac{x^2}{a^2}+\dfrac{y^2}{b^2}=1+\dfrac{z_1^2}{c^2}, \\ z=z_1, \end{cases}$$

它的两个半轴分别为 $\dfrac{a}{c}\sqrt{c^2+z_1^2}$，$\dfrac{b}{c}\sqrt{c^2+z_1^2}$.

其次用 zOx 平面截曲面(36)所得截痕为中心在原点 O 的双曲线

$$\begin{cases} \dfrac{x^2}{a^2}-\dfrac{z^2}{c^2}=1, \\ y=0. \end{cases}$$

它的实轴与 x 轴相合，虚轴与 z 轴相合，平行于平面 $y=0$ 的平面 $y=y_1(y_1\neq\pm b)$ 截曲面 (36)所得截痕是中心在 y 轴上的双曲线

$$\begin{cases} \dfrac{x^2}{a^2}-\dfrac{z^2}{c^2}=1-\dfrac{y_1^2}{b^2}, \\ y=y_1, \end{cases}$$

它的两个半轴的平方分别为 $\dfrac{a^2}{b^2}|b^2-y_1^2|$，$\dfrac{c^2}{b^2}|b^2-y_1^2|$.

如果 $y_1^2<b^2$，那么双曲线的实轴平行于 x 轴，虚轴平行于 z 轴.

如果 $y_1^2>b^2$，那么双曲线的实轴平行于 z 轴，虚轴平行于 x 轴.

如果 $y_1=b$，那么平面 $y=b$ 截曲面(36)所得截痕为一对相交于点 $(0,b,0)$ 的直线，它们的方程为 $\begin{cases} \dfrac{x}{a}-\dfrac{z}{c}=0, \\ y=b \end{cases}$ 和 $\begin{cases} \dfrac{x}{a}+\dfrac{z}{c}=0, \\ y=b. \end{cases}$

如果 $y_1=-b$，那么平面 $y=-b$ 截曲面(36)所得截痕为一对相交于点 $(0,-b,0)$ 的直线，它们的方程为 $\begin{cases} \dfrac{x}{a}-\dfrac{z}{c}=0, \\ y=-b \end{cases}$ 和 $\begin{cases} \dfrac{x}{a}+\dfrac{z}{c}=0, \\ y=-b. \end{cases}$

类似地，用 yOz 平面和平行于 yOz 平面的平面截曲面所得截痕也是双曲线. 两个平面 $x=\pm a$ 截曲面(36)所得截痕是两对相交的直线.

综上所述，可知单叶双曲面(36)的形状如图 6-36 所示.

(2) 双叶双曲面

方程

$$\frac{x^2}{a^2}+\frac{y^2}{b^2}-\frac{z^2}{c^2}=-1 \tag{37}$$

所确定的曲面叫做**双叶双曲面**. 从方程(37)可知，双叶双曲面也关于三个坐标平面，三条坐标轴和坐标原点对称. 曲面上的点满足 $z^2\geqslant c^2$，所以曲面被分成 $z\geqslant c$ 和 $z\leqslant c$ 两叶. 类似地，我们也可以用平行截割法讨论它的形状(图 6-37). 这里从略.

在方程(37)中，如果 $a=b$，它就变成双叶旋转双曲面 $\dfrac{x^2}{a^2}+\dfrac{y^2}{a^2}-\dfrac{z^2}{c^2}=-1$.

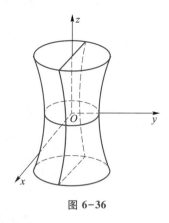

图 6-36

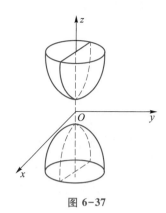

图 6-37

五、空间曲线的方程

1. 空间曲线的一般方程

空间曲线可以看作两个曲面的交线,设

$$F(x,y,z)=0 \text{ 和 } G(x,y,z)=0$$

是两个曲面的方程,它们的交线为 C. 因为曲线 C 上的任何点的坐标应同时满足这两个曲面的方程,所以应满足方程组

$$\begin{cases} F(x,y,z)=0, \\ G(x,y,z)=0. \end{cases} \tag{38}$$

反过来,如果点 M 不在曲线 C 上,那么它不可能同时在两个曲面上,所以它的坐标不满足上述方程组,因此曲线 C 可以用方程组来表示,此方程组叫做空间曲线 C 的一般方程.

一般方程表示空间曲线的方式是不唯一的. 例如,

$$\begin{cases} x^2+y^2+z^2=1, \\ z=0 \end{cases} \text{ 和 } \begin{cases} x^2+y^2=1, \\ z=0 \end{cases}$$

都表示 xOy 平面上以原点为圆心的单位圆.

2. 空间曲线的参数方程

前面我们曾经讨论过空间直线的参数方程,同样,空间曲线也可用参数方程

$$\begin{cases} x=x(t), \\ y=y(t), \\ z=z(t) \end{cases} \tag{39}$$

表示,式(39)称为**空间曲线的参数方程**,其中 t 为**参数**.

例 25 (螺旋线的参数方程) 空间一动点 $M(x,y,z)$ 在圆柱面 $x^2+y^2=a^2$ 上以角速度 ω 绕 z 轴旋转,同时又以线速度 v 沿平行于 z 轴的方向上升,求此动点的轨迹方程(此轨迹称为螺旋线,如图 6-38 所示).

解 以时间 t 作为参数来建立螺旋线的方程,并设点 M 开始运动的位置是 $M_0(a,0,0)$. 则在时刻 t,点 M_0 沿 z 轴的运动规律是 $z=vt$,而转动的角度 $\theta=\omega t$,故点 M 的运动轨迹方程为

$$\begin{cases} x=a\cos\omega t, \\ y=a\sin\omega t, \\ z=vt, \end{cases}$$

这就是螺旋线的方程.

在给定了曲线的参数方程后,曲线上的点就被参数的值所决定.

六、空间曲线在坐标面上的投影

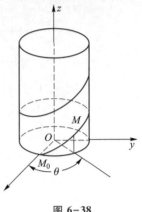

图 6-38

以曲线 C 为准线,母线平行于 z 轴(即垂直于 xOy 面)的柱面叫做曲线 C 关于 xOy 面的**投影柱面**,投影柱面与 xOy 面的交线称为空间曲线 C 在 xOy 面上的**投影曲线**,或简称**投影**(类似地可定义曲线 C 在其他坐标面上的投影).

设空间曲线 C 的一般方程为(38),从中消去变量 z(若可能的话)所得方程为

$$H(x,y) = 0. \tag{40}$$

这就是曲线 C 关于 xOy 面的投影柱面,而空间曲线 C 在 xOy 面上的投影曲线的方程为

$$\begin{cases} H(x,y) = 0, \\ z = 0. \end{cases}$$

同理,消去方程组(38)中的变量 x 或 y,再分别与 $x=0$ 或 $y=0$ 联立,即可得到包含曲线 C 在 yOz 面或 zOx 面上的投影曲线方程:

$$\begin{cases} R(y,z) = 0, \\ x = 0 \end{cases} \text{或} \begin{cases} T(x,z) = 0, \\ y = 0. \end{cases}$$

例 26 已知两球面的方程为

$$x^2 + y^2 + z^2 = 1 \tag{41}$$

和

$$x^2 + (y-1)^2 + (z-1)^2 = 1, \tag{42}$$

求它们的交线 C 在 xOy 面上的投影方程.

解 先联立(41)和(42)消去变量 z. (41)式减去(42)式并化简得

$$z = 1 - y,$$

代入(41)或(42),即得包含曲线 C 而母线平行于 z 轴的柱面方程

$$x^2 + 2y^2 - 2y = 0,$$

将该柱面方程与 xOy 面方程 $z=0$ 联立,

$$\begin{cases} x^2 + 2y^2 - 2y = 0, \\ z = 0. \end{cases}$$

即为所求投影方程.

活动操练-5

---

1. 一动点与两定点 $(1,2,3)$ 和 $(2,-1,4)$ 等距离,求此动点的轨迹.

2. 建立以点 $(2,3,0)$ 为球心,且通过坐标原点的球面方程.

3. 指出下列方程在平面解析几何和空间解析几何中分别表示什么图形:

(1) $x = 1$;　　　　(2) $x^2 + y^2 = 9$;　　　　(3) $x - y + 1 = 0$;　　　　(4) $\dfrac{x^2}{9} + \dfrac{y^2}{4} = 1$.

攻略驿站

> 1. 在空间直角坐标系中,如果一个方程不含某个变量,那么该方程就表示母线平行于那个轴的柱面方程.
>
> 2. 坐标平面上的曲线 C 绕着坐标平面里的一条坐标轴旋转时,只要将曲线 C 在坐标面里的方程保留和旋转轴同名的坐标,而用其他两个坐标的平方和的平方根来代替方程中的另一坐标即可.
>
> 3. 二次曲面有椭球面、抛物面和双曲面等,球面是特殊的椭球面.
>
> 4. 空间曲线方程可用一般方程或参数方程表示,两个曲面方程联立就得到空间曲线的一般方程.

6.4　学力训练

6.4.1　基础过关检测

1. 在空间直角坐标系中作出下列各点,并说明它们各在哪个卦限:

$A(1,5,3)$；　　　　　　　　　　$B(1,2,-3)$；

$C(-1,2,-3)$；　　　　　　　　$D(-1,-2,-3)$.

2. 求点 $M(4,-3,5)$ 到坐标原点及各坐标面的距离.

3. 已知 $A(2,0,1)$，$B(4,-2,2)$，求向量 $|\overrightarrow{AB}|$，并求与 $\overrightarrow{AB}$ 同向的单位向量.

4. 已知 $\overrightarrow{AB}=(4,-4,7)$，$B(2,1,7)$，求 A 点的坐标.

5. 已知三角形三个顶点 $A(5,-4,1)$、$B(3,2,1)$ 和 $C(2,-5,0)$，证明 $\triangle ABC$ 为直角三角形.

6. 求同时垂直于 $\boldsymbol{a}=\boldsymbol{i}-\boldsymbol{k}$ 和 $\boldsymbol{b}=\boldsymbol{i}+\boldsymbol{j}$ 的单位向量.

7. 设 $\boldsymbol{a}$、$\boldsymbol{b}$ 和 $\boldsymbol{c}$ 为单位向量,且满足 $\boldsymbol{a}+\boldsymbol{b}+\boldsymbol{c}=\boldsymbol{0}$，求 $\boldsymbol{a}\cdot\boldsymbol{b}+\boldsymbol{b}\cdot\boldsymbol{c}+\boldsymbol{c}\cdot\boldsymbol{a}$.

8. 已知 $M_1(1,-1,2)$、$M_2(3,3,1)$ 和 $M_3(3,1,3)$. 求与 $\overrightarrow{M_1M_2}$ 和 $\overrightarrow{M_2M_3}$ 同时垂直的单位向量.

9. 已知 $\boldsymbol{a}=2\boldsymbol{i}-3\boldsymbol{j}+\boldsymbol{k}$、$\boldsymbol{b}=\boldsymbol{i}-\boldsymbol{j}+3\boldsymbol{k}$ 和 $\boldsymbol{c}=\boldsymbol{i}-2\boldsymbol{j}$，求

(1) $(\boldsymbol{a}\cdot\boldsymbol{b})\boldsymbol{c}-(\boldsymbol{a}\cdot\boldsymbol{c})\boldsymbol{b}$；

(2) $(\boldsymbol{a}\times\boldsymbol{b})\cdot\boldsymbol{c}$.

10. 求过点 $M(2,9,-6)$ 且与连接坐标原点 O 及点 M 的线段 OM 垂直的平面方程.

11. 求平面 $2x-2y+z+5=0$ 与各坐标面夹角的余弦.

12. 已知一平面过点 $(1,0,-1)$ 且平行于向量 $\boldsymbol{a}=(2,1,1)$ 和 $\boldsymbol{b}=(1,-1,0)$，求该平面方程.

13. 分别按下列条件求平面方程:

(1) 平行于 zOx 坐标面且过点 $(2,-5,3)$；

(2) 通过 z 轴和点 $(-3,1,-2)$；

（3）平行于 x 轴且过点 $(4,0,-2)$ 和点 $(5,1,7)$．

14. 求过点 $(3,1,-2)$ 且通过直线 $\dfrac{x-4}{5}=\dfrac{y+3}{2}=\dfrac{z}{1}$ 的平面方程.

15. 求直线 $\begin{cases} x+y+3z=0, \\ x-y-z=0 \end{cases}$ 与平面 $x-y-z+1=0$ 的夹角.

16. 分别求母线平行于 x 轴及 y 轴且通过曲线 $\begin{cases} 2x^2+y^2+z^2=16, \\ x^2+z^2-y^2=0 \end{cases}$ 的柱面方程.

17. 将 zOx 坐标面上的抛物线 $z^2=5x$ 绕 x 轴旋转一周,求所生成的旋转曲面的方程.

18. 求球面 $x^2+y^2+z^2=9$ 与平面 $x+z=1$ 的交线在 xOy 面上的投影的方程.

6.4.2　拓展探究练习

1. 化简 $a+3\left(-b+\dfrac{b-a}{2}\right)$ 和 $2\left(-a+\dfrac{3b-5a}{2}\right)-\dfrac{4}{5}b$．

2. 向量 $a-b+3\left(\dfrac{b-3a}{5}+b\right)$ 与向量 $ka+\lambda b$ 平行,求 k 和 λ．

3. 已知 $\square ABCD$ 的对角线 $\overrightarrow{AC}=a$，$\overrightarrow{BD}=b$，试用 a、b 表示平行四边形四边上对应的向量．

4. 在 $\triangle ABC$ 中，D 是 BC 上的一点，若 $\overrightarrow{AD}=\dfrac{1}{2}(\overrightarrow{AB}+\overrightarrow{AC})$，证明 D 是 BC 的中点．

5. 向量 $a=(2,1,2)$，$b=(0,1,1)$，计算（1）$4a$，（2）$a-b$，（3）$|a|$，$|b|$．

6. 向量 $a=(1,0,3)$，$b=(2,0,1)$，计算（1）$a+b$，（2）$2a+3b$，（3）$|a|$，$|b|$．

7. 已知两点 $A(1,1,\sqrt{2})$ 和 $B(0,2,0)$，计算向量 $\overrightarrow{AB}$ 的模、方向余弦和方向角．

8. 写出起点为 $A(4,3,2)$，终点为 $B(9,2,3)$ 的向量 $\overrightarrow{AB}$ 的坐标表达式,并求与向量 $\overrightarrow{AB}$ 同向的单位向量．

9. y 轴上一点 M 到点 $A(1,-2,3)$ 的距离是到点 $B(2,1,-1)$ 距离的两倍,求 M 点的坐标.

10. 向量 $a=(1,0,3)$，$b=(2,3,1)$，计算（1）$a\cdot b$，（2）它们夹角的余弦．

11. 向量 $a=(2,1,-1)$，$b=(1,-1,1)$，计算（1）$a\cdot b$，（2）$a\times b$．

12. 向量 $a=(3,5,-2)$，$b=(1,-1,x)$，若两向量垂直,求 x．

13. 向量 $a=(2,1,3)$，$b=(4,2,6)$，判断它们的位置关系．

14. 在空间直角坐标系中有三个点 $A(5,-4,1)$，$B(3,2,1)$ 和 $C(2,-5,0)$，求证：$\triangle ABC$ 是直角三角形．

15. 求与 z 轴和点 $A(1,3,-1)$ 等距离的点的轨迹方程.

16. 已知 $A(1,2,3)$，$B(2,-1,4)$，求线段 AB 的垂直平分面的方程.

17. 将 zOx 坐标面上的曲线 $\dfrac{x^2}{a^2}-\dfrac{z^2}{c^2}=1$ 分别绕 x 轴和 z 轴旋转一周,求生成的旋转曲面的方程.

18. 指出方程组 $\begin{cases} x+y+z=2, \\ y=1 \end{cases}$ 表示什么曲线.

19. 求过点 $(2,0,-1)$ 且以 $n=(1,-2,3)$ 为法向量的平面方程.

20. 求过点 $M(2,0,-1)$ 且与 $\overrightarrow{OM}$ 垂直的平面方程.

21. 求过点 $M(2,1,3)$ 且与直线 $\dfrac{x-4}{5}=\dfrac{y+3}{2}=\dfrac{z+3}{1}$ 垂直的平面方程.

22. 求过点 $(4,-1,3)$ 且平行于直线 $\dfrac{x-3}{2}=\dfrac{y}{1}=\dfrac{z-1}{5}$ 的直线方程.

23. 求直线 $\begin{cases} x+y+3z=0, \\ x-y-z=0 \end{cases}$ 与平面 $x-y-z+1=0$ 的夹角的余弦.

6.5　服务驿站

6.5.1　软件服务

一、实验目的

1. 掌握在 MATLAB 环境下求向量的计算;
2. 熟悉在 MATLAB 环境下空间图形的描绘.

二、实验过程

1. 向量的计算

在 MATLAB 软件中,向量元素用"[ ]"括起来,元素之间用空格或逗号相隔.

（1）向量的线性运算

例 27　已知向量 $a=(3,5,6),b=(1,0,4)$,求 $a+b,2b,a-2b$.

解　在 MATLAB 命令窗口中输入:

```
>>a = [3 5 6];
>>b = [1,0,4];
>>c1 = a+b              % 向量加法
>>c2 = 2 *b             % 向量减法
>>c3 = a-2 *b           % 向量数乘
```

执行后得到相应的结果:

c1 = 4　5　10

c2 = 2　0　8

c3 = 1　5　−2

（2）求向量的模

例 28　求向量 $a=(3,5,6)$ 的模.

　　解　在 MATLAB 中计算向量的模是用函数 norm,格式为:norm(a),在命令窗口中继续输入:

>>norm(a)

得到 a 的模等于 8.3667.

　　如果计算空间两点的距离,如 $A(3,7,-2)$,$B(4,5,0)$,也就是计算以点 B 和点 A 的坐标差为坐标的向量的模,输入命令:

>>A=[3,7,-2];

>>B=[4,5,0];

>>C=B-A,norm(B-A)

　　执行后得到 A 和 B 的距离等于 3. 如果计算和 $\overrightarrow{AB}$ 同方向的单位向量,只需输入 C/norm(C)即可.

　　(3)向量的数量积和向量积运算

　　MATLAB 中提供了函数 dot 来求解两个向量的数量积,其调用格式为 c=dot(a,b).

函数 cross 来求解两个向量的向量积,调用格式与 dot 函数类似.

　　例 29　已知向量 $\boldsymbol{a}=(1,2,3)$,$\boldsymbol{b}=(2,1,3)$,求 $\boldsymbol{a}\cdot\boldsymbol{b}$,$\boldsymbol{a}\times\boldsymbol{b}$.

　　解　在 MATLAB 命令窗口中输入:

>>a=[1 2 3];b=[2 1 3];

>>c=dot(a,b)

>>d=cross(a,b)

得到数量积结果等于 13,向量积结果为(3,3,-3).

　　2. 空间曲线和曲面的描绘

　　在实际工程应用中,最常用的三维绘图是三维曲线图、三维网格图和三维曲面图. 本节我们主要介绍绘制三维曲线函数 plot3 和三维网格函数 mesh,下面分别介绍它们的具体使用方法.

　　(1)空间曲线的描绘

　　plot3 的常用调用格式为

$$plot3(x,y,z).$$

　　plot3 函数将绘得一条分别以向量 x,y,z 为横、纵、竖坐标值的空间曲线.

　　例 30　设 $x=z\sin3z$,$y=z\cos3z$,要求用 plot3 函数绘制出 $z\in[-45,45]$ 时的空间曲线,线型为红色.

　　解　在 MATLAB 命令窗口中输入:

>>z=-45:0.0001:45;

>>x=z.*sin(3*z);　　　　% 注意乘号 * 不能省略

>>y=z.*cos(3*z);

>>plot3(x,y,z,'r');　　　　% 'r'的颜色为线型的颜色

回车,输出结果(图 6-39):

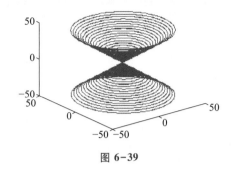

图 6-39

（2）曲面的描绘

利用 mesh 函数产生平面区域内的网格坐标矩阵. 其格式为

x=a:d1:b;y=c:d2:d;

[X,Y]=meshgrid（x,y）;

    mesh（x,y,z）

一般情况下,x,y,z 是维数相同的矩阵. x,y 是网格坐标矩阵,z 是网格点上的高度矩阵.

例 31 利用 mesh 函数绘制出函数 $z=xe^{-x^2-y^2}$ 的图像,定义域为 $x\in[-2,2],y\in[-2,2]$, 步长取 0.1.

解 在 MATLAB 命令窗口中输入:

>>x=-2:0.1:2;

>>y=-2:0.1:2;

>>[X,Y]=meshgrid(x,y);

>>z=X*exp(-X^2-Y^2);

>> mesh（X,Y,z）;

回车,输出结果(图 6-40):

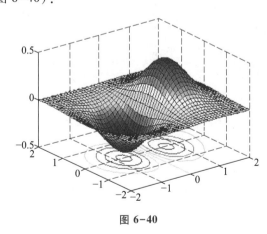

图 6-40

三、实验任务

1. 用 MATLAB 绘制函数 $z=x^2e^{-(x^2+y^2)}$ 的图像,定义域为 $x\in[-2,2],y\in[-2,2]$,步长取 0.1.

2. 用 MATLAB 绘制函数 $z=x^2-y^2$ 的图像,定义域为 $x\in[-2,2],y\in[-2,2]$,步长取 0.1.

6.5.2 建模体验

一、流水行船模型

一条小船要通过一条两岸平行的河,河的宽度 $d = 100$ m,船速 $v_1 = 4$ m/s,水流速度 $v_2 = 8$ m/s,试求船头与岸的夹角 α 为多大时,小船行驶到对岸位移最小?

解 如图 6-41 所示,设水流速度 $\overrightarrow{OA} = v_2$,以 A 为圆心,船速 v_1 的大小 $|v_1|$ 为半径作圆,则向量 v_1 的终点在圆上. 由向量加法的三角形法则可知,合速度 v 的起点在 O 点,终点在圆上一点 B.

设小船行驶到对岸的位移为 s,则在 $\triangle AOB$ 中,设 $\angle AOB = \alpha$,易得 $d = |s| \sin \alpha$,即 $|s| = \dfrac{d}{\sin \alpha}$,要使得 $|s|$ 最小,就要使 α 最大.

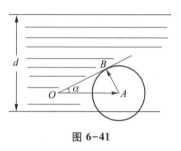

图 6-41

由平面几何的知识可知,当 OB 与圆相切时,α 最大,且 $\sin \alpha = \dfrac{|v_1|}{|v_2|} = \dfrac{1}{2}$,$\alpha = 30°$,故 $|s| = \dfrac{d}{\sin \alpha} = 200$ m. 所以船应逆水而上,且船头与岸的夹角为 60°时,小船行驶到对岸的位移最小.

二、帆船速度问题

帆船比赛是借助风帆推动船只在规定距离内竞速的一项水上运动,是奥运会正式比赛项目. 帆船的最大动力来源是"伯努利效应". 如果一帆船所受"伯努利效应"产生力的效果可使船向北偏东 30°以速度为 20 km/h 行驶,此时水的流向是正东,流速为 20 km/h. 若不考虑其他因素,求帆船的速度与方向.

解 建立如图 6-42 所示平面直角坐标系.

设"伯努利效应"产生的速度为 v_1,则 $v_1 = (20\cos 60°, 20\sin 60°) = (10, 10\sqrt{3})$,水的流速为 v_2,则 $v_2 = (20, 0)$. 设帆船行驶的速度为 v,则 $v = v_1 + v_2 = (30, 10\sqrt{3})$,所以 $|v| = \sqrt{30^2 + (10\sqrt{3})^2} = 20\sqrt{3}$ km/h.

以 v_1, v_2 为邻边作平行四边形 $OABC$,则 $\triangle OBC$ 是等腰三角形,$\angle OCB = 120°$,所以 $\angle COB = 30°$,所以帆船的速度为 $20\sqrt{3}$ km/h,方向为北偏东 60°.

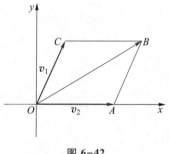

图 6-42

6.5.3 重要技能备忘录

1. 向量的概念

既有大小又有方向的量叫做向量(矢量).

2. 向量的线性运算

（1）加法：遵循平行四边形法则、三角形法则.

（2）数乘：实数 λ 与向量 $\boldsymbol{a}$ 的乘积 $\lambda\boldsymbol{a}$ 是一个向量，其模等于 $|\lambda|\cdot|\boldsymbol{a}|$. 且当 $\lambda > 0$ 时，$\lambda\boldsymbol{a}$ 与 $\boldsymbol{a}$ 同向；当 $\lambda < 0$ 时，$\lambda\boldsymbol{a}$ 与 $\boldsymbol{a}$ 反向；当 $\lambda = 0$ 或 $\boldsymbol{a} = \boldsymbol{0}$ 时，规定 $\lambda\boldsymbol{a} = \boldsymbol{0}$.

3. 向量的模和方向余弦

设 $\boldsymbol{a} = (x, y, z) = x\boldsymbol{i} + y\boldsymbol{j} + z\boldsymbol{k}$.

（1）模：$|\boldsymbol{a}| = \sqrt{x^2 + y^2 + z^2}$；

（2）与非零向量 $\boldsymbol{a}$ 同方向的单位向量：$\boldsymbol{a}^\circ = \dfrac{\boldsymbol{a}}{|\boldsymbol{a}|} = (\cos\alpha, \cos\beta, \cos\gamma)$，其中 α, β, γ 为三个方向角；

（3）方向余弦：$\cos\alpha = \dfrac{x}{\sqrt{x^2 + y^2 + z^2}}, \cos\beta = \dfrac{y}{\sqrt{x^2 + y^2 + z^2}}, \cos\gamma = \dfrac{z}{\sqrt{x^2 + y^2 + z^2}}$,
$$\cos^2\alpha + \cos^2\beta + \cos^2\gamma = 1.$$

4. 向量运算的坐标表示

设 $\boldsymbol{a} = (a_1, a_2, a_3), \boldsymbol{b} = (b_1, b_2, b_3), \boldsymbol{c} = (c_1, c_2, c_3), \lambda \in \mathbf{R}$.

（1）加法：$\boldsymbol{a} + \boldsymbol{b} = (a_1 + b_1, a_2 + b_2, a_3 + b_3)$.

（2）减法：$\boldsymbol{a} + \boldsymbol{b} = (a_1 - b_1, a_2 - b_2, a_3 - b_3)$.

（3）数乘：$\lambda\boldsymbol{a} = (\lambda a_1, \lambda a_2, \lambda a_3)$.

（4）数量积：$\boldsymbol{a} \cdot \boldsymbol{b} = a_1b_1 + a_2b_2 + a_3b_3$.

（5）向量积：$\boldsymbol{a} \times \boldsymbol{b} = \begin{vmatrix} \boldsymbol{i} & \boldsymbol{j} & \boldsymbol{k} \\ a_1 & a_2 & a_3 \\ b_1 & b_2 & b_3 \end{vmatrix}$.

模：$|\boldsymbol{a} \times \boldsymbol{b}| = |\boldsymbol{a}||\boldsymbol{b}|\sin<\boldsymbol{a}, \boldsymbol{b}>$，即以 $\boldsymbol{a}, \boldsymbol{b}$ 为邻边的平行四边形的面积；

方向：既垂直于 $\boldsymbol{a}$ 又垂直于 $\boldsymbol{b}$，并且 $\boldsymbol{a}$、$\boldsymbol{b}$ 和 $\boldsymbol{a} \times \boldsymbol{b}$ 满足右手法则.

5. 向量的平行与垂直

设 $\boldsymbol{a} = (a_1, b_1, c_1), \boldsymbol{b} = (a_2, b_2, c_2)$.

（1）垂直：$\boldsymbol{a} \perp \boldsymbol{b} \Leftrightarrow \boldsymbol{a} \cdot \boldsymbol{b} = 0 \Leftrightarrow a_1b_1 + a_2b_2 + a_3b_3 = 0$；

（2）平行：$\boldsymbol{a} /\!/ \boldsymbol{b} \Leftrightarrow \boldsymbol{a} \times \boldsymbol{b} = \boldsymbol{0} \Leftrightarrow \dfrac{a_1}{b_1} = \dfrac{a_2}{b_2} = \dfrac{a_3}{b_3}$.

6. 平面的方程

（1）点法式：$A(x - x_0) + B(y - y_0) + C(z - z_0) = 0$；

（2）一般式：$Ax + By + Cz + D = 0$；

（3）截距式：$\dfrac{x}{a} + \dfrac{y}{b} + \dfrac{z}{c} = 1 (a, b, c \neq 0)$.

7. 空间直线的方程

（1）点向式（对称式）：$\dfrac{x - x_0}{m} = \dfrac{y - y_0}{n} = \dfrac{z - z_0}{p}$；

（2）一般式：$\begin{cases} A_1x + B_1y + C_1z + D_1 = 0, \\ A_2x + B_2y + C_2z + D_2 = 0; \end{cases}$

（3）参数式：$\begin{cases} x = x_0 + mt, \\ y = y_0 + nt, \\ z = z_0 + pt. \end{cases}$

8. 空间中两点之间的距离公式

（1）两点间距离：两点 $M_1(x_1, y_1, z_1)$、$M_2(x_2, y_2, z_2)$ 间的距离为

$$|M_1 M_2| = \sqrt{(x_2 - x_1)^2 + (y_2 - y_1)^2 + (z_2 - z_1)^2};$$

（2）点到平面的距离：点 $P_0(x_0, y_0, z_0)$ 到平面 $\Pi : Ax + By + Cz + D = 0$ 的距离为

$$d = \frac{|Ax_0 + By_0 + Cz_0 + D|}{\sqrt{A^2 + B^2 + C^2}}.$$

9. 夹角

（1）两向量夹角余弦的坐标表示式：

$$\cos <a, b> = \frac{a \cdot b}{|a||b|} = \frac{a_1 b_1 + a_2 b_2 + a_3 b_3}{\sqrt{a_1^2 + a_2^2 + a_3^2}\sqrt{b_1^2 + b_2^2 + b_3^2}};$$

（2）两平面夹角余弦的坐标表示式：

$$\cos \theta = |\cos <n_1, n_2>| = \frac{|n_1 \cdot n_2|}{|n_1||n_2|} = \frac{|A_1 A_2 + B_1 B_2 + C_1 C_2|}{\sqrt{A_1^2 + B_1^2 + C_1^2}\sqrt{A_2^2 + B_2^2 + C_2^2}};$$

（3）两直线夹角余弦的坐标表示式：

$$\cos \varphi = |\cos <s_1, s_2>| = \frac{|s_1 \cdot s_2|}{|s_1||s_2|} = \frac{|m_1 m_2 + n_1 n_2 + p_1 p_2|}{\sqrt{m_1^2 + n_1^2 + p_1^2}\sqrt{m_2^2 + n_2^2 + p_2^2}};$$

（4）直线与平面的夹角正弦的坐标表示式：

$$\sin \varphi = |\cos <s, n>| = \frac{|s \cdot n|}{|s||n|} = \frac{|mA + nB + pC|}{\sqrt{m^2 + n^2 + p^2}\sqrt{A^2 + B^2 + C^2}}.$$

10. 二次曲面

（1）柱面

母线平行于 x 轴的柱面方程为 $F(y, z) = 0$.

母线平行于 y 轴的柱面方程为 $F(x, z) = 0$.

母线平行于 z 轴的柱面方程为 $F(x, y) = 0$.

（2）旋转曲面

yOz 平面上的曲线 $f(y, z) = 0$ 绕 z 轴旋转一周所成的旋转曲面方程为

$$f\left(\pm\sqrt{x^2 + y^2}, z\right) = 0,$$

绕 y 轴旋转一周所成的旋转曲面方程为

$$f\left(y, \pm\sqrt{x^2 + z^2}\right) = 0.$$

xOy 平面上的曲线 $f(x, y) = 0$ 绕 x 轴旋转一周所成的旋转曲面方程为

$$f\left(x, \pm\sqrt{y^2 + z^2}\right) = 0,$$

绕 y 轴旋转一周所成的旋转曲面方程为

$$f\left(\pm\sqrt{x^2 + z^2}, y\right) = 0.$$

zOx 平面上的曲线 $f(x,z)=0$ 绕 x 轴旋转一周所成的旋转曲面方程为

$$f\left(x,\pm\sqrt{y^2+z^2}\right)=0,$$

绕 z 轴旋转一周所成的旋转曲面方程为

$$f\left(\pm\sqrt{x^2+y^2},z\right)=0.$$

（3）二次曲面

球面：$x^2+y^2+z^2=R^2.$

椭球面：$\dfrac{x^2}{a^2}+\dfrac{y^2}{b^2}+\dfrac{z^2}{c^2}=1.$

单叶双曲面：$\dfrac{x^2}{a^2}+\dfrac{y^2}{b^2}-\dfrac{z^2}{c^2}=1.$

双叶双曲面：$-\dfrac{x^2}{a^2}-\dfrac{y^2}{b^2}+\dfrac{z^2}{c^2}=1.$

椭圆抛物面：$\dfrac{x^2}{a^2}+\dfrac{y^2}{b^2}=z.$

双曲抛物面：$\dfrac{x^2}{a^2}-\dfrac{y^2}{b^2}=z.$

11. 空间曲线在坐标面上的投影

空间曲线 C 的方程为

$$\begin{cases}F(x,y,z)=0,\\ G(x,y,z)=0,\end{cases}$$

消去 z 后的方程与 $z=0$ 联立,

$$\begin{cases}H(x,y)=0,\\ z=0\end{cases}$$

即为空间曲线 C 在 xOy 面上的投影.

消去 x 后的方程与 $x=0$ 联立,

$$\begin{cases}R(y,z)=0,\\ x=0\end{cases}$$

即为空间曲线 C 在 yOz 面上的投影.

消去 y 后的方程与 $y=0$ 联立,

$$\begin{cases}T(x,z)=0,\\ y=0\end{cases}$$

即为空间曲线 C 在 zOx 面上的投影.

6.5.4　"E"随行

自主检测

一、单项选择题

(1) 点 $M(-2,3,4)$ 在(　　).

A. 第 Ⅱ 卦限　　　B. 第 Ⅳ 卦限　　　C. 第 Ⅵ 卦限　　　D. 第 Ⅷ 卦限

(2) 下列等式正确的是(　　).

A. $i \times i = i \cdot i$　　　B. $i \cdot j = k$　　　C. $i \cdot i = j \cdot j$　　　D. $i + j = k$

(3) 设直线 L 的方程为 $\begin{cases} x - y + z = 1, \\ 2x + y + z = 4, \end{cases}$ 则 L 的参数方程为(　　).

A. $\begin{cases} x = 1 - 2t, \\ y = 1 + t, \\ z = 1 + 3t \end{cases}$　　B. $\begin{cases} x = 1 - 2t, \\ y = -1 + t, \\ z = 1 + 3t \end{cases}$　　C. $\begin{cases} x = 1 - 2t, \\ y = 1 - t, \\ z = 1 + 3t \end{cases}$　　D. $\begin{cases} x = 1 - 2t, \\ y = -1 - t, \\ z = 1 + 3t \end{cases}$

(4) 点(　　)在平面 $2x + 5y = 0$ 上.

A. $(0,9,3)$　　　B. $(0,3,0)$　　　C. $(5,2,0)$　　　D. $(-5,2,-1)$

(5) 下列结论中错误的是(　　).

A. $z + 2x^2 + y^2 = 0$ 表示椭圆抛物面　　B. $x^2 + 2y^2 = 1 + 3z^2$ 表示双叶双曲面

C. $x^2 + y^2 + (z-1)^2 = 1$ 表示球面　　D. $y^2 = 5x$ 表示抛物柱面

二、填空题

(1) 点 $(2,3,4)$ 关于原点的对称点的坐标为_____.

(2) 向量 $a = 3i + 2j - k$ 的模 $|a| = $_____.

(3) 已知 $A(-2,1,3), B(0,-1,1)$,则 A, B 两点间的距离为_____.

(4) 已知向量 $a = a_1 i + j - k$ 和 $b = 3i + 2j + b_3 k$ 平行,则 $a_1 = $_____,$b_3 = $_____.

(5) 向量 a, b 满足 $a \cdot b = 0$,则必有_____.

(6) 设 $a = (2,1,2), b = (4,-1,10), c = b - \lambda a$,且 $a \perp c$,则 $\lambda = $_____.

(7) 平面 $4x + y = z$ 的一个法向量为_____.

(8) 若空间直线 $\dfrac{x-1}{4} = \dfrac{y-2}{-1} = \dfrac{z-3}{c}$ 与平面 $x + y + 2z = 1$ 平行,则 $c = $_____.

(9) 方程 $x^2 + \dfrac{y^2}{2} + \dfrac{z^2}{2} = 1$ 表示的曲面是_____.

(10) 在平面解析几何中 $x^2 + y^2 = 1$ 表示的图形是_____,在空间解析几何中 $x^2 + y^2 = 1$ 表示的图形是_____.

三、计算题

(1) 求 y 轴上与点 $A(1,-3,7)$ 和 $B(5,7,-5)$ 等距离的点.

(2) 设 $|a + b| = |a - b|, a = (3,-5,8), b = (-1,1,z)$,求 z.

(3) 已知平面通过点 $A(-2,1,4)$ 且平行于 $x - 2y - 3z = 0$,求此平面方程.

(4) 已知平面通过点 $A(1,-2,0)$,且垂直于点 $M_1(0,0,3)$ 和点 $M_2(1,2,-1)$ 的连线,求此平面方程.

(5) 求过点 $(2,3,-1)$ 且垂直于平面 $x-y+2z-1=0$ 的直线方程.

(6) 求曲线 $\begin{cases} z=2-x^2-y^2, \\ z=(x-1)^2+(y-1)^2 \end{cases}$ 在三个坐标面上的投影曲线的方程.

6.6 数学文化

解析几何的开创者——笛卡儿

解析几何是通过建立坐标系,用代数方法研究几何对象之间的关系和性质的几何学分支.解析几何的主要开创者是法国哲学家、数学家、物理学家勒内·笛卡儿(1596—1650).

笛卡儿的解析几何思想是数学史上的一个转折点.解析几何的出现,改变了自古希腊以来代数和几何分离的趋向,把相互对立着的"数"与"形"统一了起来,使几何曲线与代数方程相结合.笛卡儿的这一天才创见,更为微积分的创立奠定了基础,从而开拓了变量数学的广阔领域.最为可贵的是,笛卡儿用运动的观点,把曲线看成点的运动的轨迹,不仅建立了点与实数的对应关系,而且把形(包括点、线、面)和"数"两个对立的对象统一起来,建立了曲线和方程的对应关系.这种对应关系的建立,不仅标志着函数概念的萌芽,而且表明变数进入了数学,使数学在思想方法上发生了伟大的转折——由常量数学进入变量数学的时期.有了变数,运动进入了数学,有了变数,辩证法进入了数学,有了变数,微分和积分也就立刻成为必要的了.笛卡儿的这些成就,为后来牛顿、莱布尼茨发现微积分,为一大批数学家的新发现开辟了道路.

笛卡儿除了是一位伟大的数学家外,也是一位伟大的哲学家.笛卡儿被称为欧洲近代哲学之父.他把数学看作哲学方法的典范,正是这种倾向和重视实验的倾向相结合,才把自然哲学提高到科学的高度.他的自然哲学思想自 17 世纪中叶到 18 世纪中叶长达一百多年的时间里,在整个欧洲占据着统治地位.

他的哲学与数学思想对历史的影响是深远的.人们在他的墓碑上刻下了这样一句话:"笛卡儿,欧洲文艺复兴以来,第一个为人类争取并保证理性权利的人."

6.7 专题:"微"入人心,"积"行千里

用空间解析几何解密国家速滑馆

国家速滑馆又称为"冰丝带",是北京 2022 年冬奥会的标志性建筑.22 条"冰丝带"沿着外墙面由低到高盘旋而成,就像速度滑冰运动员高速滑动时留下的一圈圈风驰电掣的轨迹,冰丝带把坚硬的冰设计成柔软的丝带,将冬奥体育文化与"谁持彩练当空舞"的中华之美融为一体,蕴含了中国人对自然的深层思考和刚柔并济的智慧.在整个建造过程中建设者克服所有挑战和难题,建成了拥有国内跨度最大的索网结构和最具新时代特色的智慧场馆,让我们深刻体会到中国建筑人专注执着、精益求精、追求卓越的工匠精神,是我们学习的榜样.

"冰丝带"呈现出圆形平面、椭圆形平面、马鞍面三种造型,这些造型富有动感,体现了冰上运动的速度和激情. 这三种造型取自于球、椭球面、双曲抛物面等空间几何体,其设计参数包括曲率、挠率、面积、体积等. 中国数学史上关于几何图形的面积、体积计算方法的研究有过辉煌的成就,如数学家祖冲之、祖暅父子在《缀术》一书中提出祖暅原理:"幂势既同,则积不容异",由此巧妙地证得球的体积公式.

请大家结合本章的内容,回答下面两个问题:

(1) 国家速滑馆的外围面是椭球面,基座长约为 226 m,宽约为 152 m,求外围的曲面方程.

(2) 国家速滑馆屋顶是双曲抛物面,长跨约 200 m,短跨约 124 m,试写出其屋顶的曲面方程.

第 7 章

多元函数微分学

7.1 单元导读

 本章简介：▷▷

　　前面的章节已介绍了一元函数微积分，但是在实际中仅用一元函数微积分的方法，往往还不足以解决问题，所以我们有必要在一元函数微积分的基础上，进一步研究多元函数以及多元函数的微积分．多元函数微分学是一元函数微分学的推广，但两者之间又有一些差别．

　　本章介绍多元函数的概念、极限以及连续性，多元函数的偏导数、全微分的概念及计算，二元函数极值、条件极值的求取及应用，最后介绍简单的多元优化模型及软件求解．

本章知识结构图(图 7-1)：

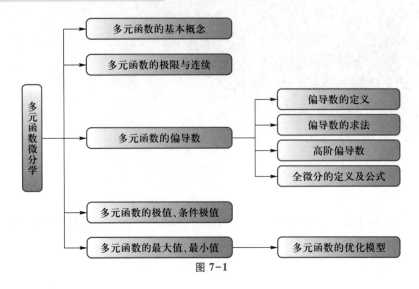

图 7-1

本章教学目标：

1. 理解多元函数的定义,会求多元函数的值,掌握多元函数定义域的表示方法.
2. 了解二元函数极限和连续的概念.
3. 深刻理解二元函数的偏导数,能熟练求出一阶和高阶偏导数.
4. 理解和掌握全微分的概念.
5. 会求多元函数的极值和条件极值.
6. 会求二元函数的最大值和最小值.
7. 会建立在工程中常见的多元函数优化模型.

本章重点：

多元函数的基本概念,多元函数的偏导数,全微分,多元函数的极值、最值.

本章难点：

多元函数的极值及其应用.

学习建议：

多元函数微分学的概念、理论、方法是一元函数微分学相关概念、理论、方法的推广和发展,它们既有相似之处,又有许多不同,要善于比较,认识到区别和联系.

7.2 多元函数微分与生活

7.2.1 无处不在的多元函数的微分

在自然科学和工程技术中,经常会出现一个变量依赖于多个变量的情形,这就是多元函数.多元函数微分学是一元函数微分学的推广,在几何、经济、物理等领域都有着广泛的实际应用.

(1) 果汁定价

某商店售卖甲、乙两种果汁,甲果汁每瓶进价 30 元,乙果汁每瓶进价 40 元,根据销售情况得知当甲果汁每瓶卖 x 元,乙果汁每瓶卖 y 元时,每天售出甲果汁 $60-5x+4y$ 瓶,售出乙果汁 $80+6x-7y$ 瓶,试问以什么价格售卖甲乙两种果汁可获得最大利润?

(2) 耗纸最省

一本长方形的书,每页上所印文字占 150 cm²,上下空白处各留 1.5 cm 宽,左右空白处各留 1 cm 宽,问每页纸长、宽各为多少时,耗纸最省?(图 7-2)

(3) 铁罐的体积估算

一个圆柱形的铁罐,内半径为 5 cm,高为 12 cm,壁厚均为 0.2 cm,估计做这个铁罐所需要的材料大约为多少?(包括上下两底)

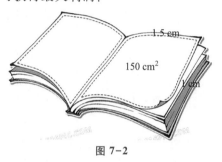

图 7-2

以上这些案例都用到了多元函数,我们要解决问题就必须掌握多元函数的偏导数、全微分、极值等知识.

7.2.2 揭秘生活中的多元函数的微分

前面几个章节我们的研究对象都是一元函数,但是在自然科学和实际问题中,往往一个变量的变化涉及多方面因素,因此就要研究多元函数的性质,下面我们来研究上一小节中提到的案例,看看如何建立多元函数模型来解决问题.

在案例【果汁定价】中,解决问题的关键同样是建立目标函数,即利润函数.

解 设甲果汁售价为 x 元,乙果汁售价为 y 元,其利润函数为
$$f(x,y) = (x-30)(60-5x+4y) + (y-40)(80+6x-7y),$$
然后对目标函数求最大值就可以得到答案.

在案例【耗纸最省】中,解决办法同样是建立目标函数,但是这个问题带有约束条件.

解 设每页纸的长度和宽度分别为 x, y,

目标函数为
$$S = xy,$$
约束条件为
$$(x-3)(y-2) = 150,$$

然后对目标函数 $S=xy$ 在约束条件 $(x-3)(y-2)=150$ 下求最小值即可.

在案例【铁罐的体积估算】中,问题解决办法与前三个引例就不同了,它是多元函数的增量问题,涉及全微分的知识.

解　设圆柱的底面半径为 r,高 h,体积 V,则圆柱的体积公式为

$$V=\pi r^2 h.$$

求 ΔV,这里 $\Delta V \approx \mathrm{d}V$,所以求体积的增量就可以用体积的微分来近似代替了.

生活中遇到的许多实际问题都可以通过数学建模知识建立多元函数模型,把问题归结为多元函数极值或最值. 我们在求解多元函数极值时往往需要多元函数的微分知识来做理论上的保证.

7.3　知识纵横——多元函数的微分之旅

7.3.1　多元函数的极限与连续

一、多元函数的概念

引例 1　圆柱的体积 V 和底面半径 r、高 h 之间的关系式

$$V=\pi r^2 h$$

式中,当变量 r 和 h 在一定的范围 $(r>0,h>0)$ 任取定值后,体积 V 就有唯一确定的值与之对应.

引例 2　一定量的理想气体的压强 p、体积 V 和温度 T 之间的关系为

$$p=\frac{RT}{V}, V>0, T>0, R \text{ 为常数}.$$

当 V、T 任取定值后,压强 p 就有唯一确定的值与之对应.

由上述两个例子可以知道,圆柱的体积、气体的压强都取决于两个变量,为此引入二元函数的概念.

定义 1　设 D 是平面上的一个非空点集,若对于每一个 $(x,y) \in D$,按照某一确定的对应法则 f,变量 z 总有唯一确定的数值与之对应,则称 z 是 x,y 的二元函数,记为

$$z=f(x,y), (x,y) \in D,$$

其中 x,y 称为自变量,z 称为因变量,D 称为函数的定义域.

类似地可以定义三元函数及三元以上的函数,二元及二元以上的函数统称为多元函数.

二元函数在 $x=x_0, y=y_0$ 处取得的函数值记为

$$z\Big|_{\substack{x=x_0 \\ y=y_0}}, z\big|_{(x_0,y_0)} \text{ 或 } f(x_0,y_0).$$

当 (x,y) 取遍点集 D 中所有的点时,对应函数值全体构成的数集

$$Z=\{z \mid x=f(x,y), (x,y) \in D\}$$

称为函数的值域.

例 1　求函数 $z=\ln(x+y)$ 的定义域.

解 求二元函数的定义域与一元函数类似,就是求使函数表达式有意义的自变量的取值范围. 要使对数有意义,需要满足 $x+y>0$,因此函数的定义域 $D=\{(x,y)\,|\,x+y>0\}$(图 7-3),即直线 $x+y=0$ 上方的开区域.

例 2 求函数 $z=\sqrt{4-x^2-y^2}+\dfrac{1}{\sqrt{x^2+y^2-1}}$ 的定义域.

解 因为函数表达式要有意义,需要满足 $\begin{cases} 4-x^2-y^2\geq 0, \\ x^2+y^2-1>0, \end{cases}$ 所以函数的定义域为 $D=\{(x,y)\,|\,1<x^2+y^2\leq 4\}$,这是一个环形区域(图 7-4).

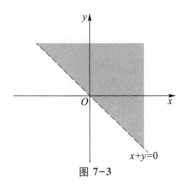

图 7-3

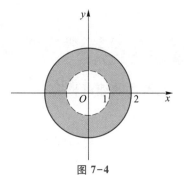

图 7-4

例 3 设 $z=\sin xy-\sqrt{1+y^2}$,求 $z\,|_{(\frac{\pi}{2},1)}$.

解 $z\,|_{(\frac{\pi}{2},1)}=\sin\dfrac{\pi}{2}-\sqrt{1+1^2}=1-\sqrt{2}$.

> 一元函数的极限与连续在第 2 章已学过,那么二元函数的极限与连续的概念是如何定义的? 和一元函数相关定义有没有类似之处? 接下来我们就来学习二元函数的极限和连续性.

二、二元函数的极限

定义 2 设函数 $z=f(x,y)$ 在点 $P_0(x_0,y_0)$ 附近有定义(点 (x_0,y_0) 可除外),当点 $P(x,y)$ 在 xOy 平面以任意方式趋向于点 $P_0(x_0,y_0)$ 时,函数 $f(x,y)$ 总是趋向于一个确定的常数 A,则称常数 A 为函数 $f(x,y)$ 当 (x,y) 趋向于 (x_0,y_0) 时的极限,记作

$$\lim_{(x,y)\to(x_0,y_0)}f(x,y)=A.$$

例 4 讨论极限 $\lim\limits_{\substack{x\to 0\\y\to 0}}\dfrac{xy}{x^2+y^2}$ 是否存在.

解 点 $P(x,y)$ 沿直线 $y=x$ 趋于点 $O(0,0)$ 时,

$$\lim_{\substack{(x,y)\to(0,0)\\y=x}}\frac{xy}{x^2+y^2}=\lim_{x\to 0}\frac{x^2}{x^2+x^2}=\frac{1}{2};$$

点 $P(x,y)$ 沿直线 $y=3x$ 趋于点 $O(0,0)$ 时,

$$\lim_{\substack{(x,y)\to(0,0)\\y=3x}}\frac{xy}{x^2+y^2}=\lim_{x\to0}\frac{3x^2}{x^2+9x^2}=\frac{3}{10}.$$

$\dfrac{1}{2}\neq\dfrac{3}{10}$，说明点 $P(x,y)$ 沿不同路径趋于点 $(0,0)$ 时，函数趋于不同的数值，所以极限不存在.

例 5　求极限 $\lim\limits_{(x,y)\to(0,0)}\dfrac{\sin(x^2+y^2)}{x^2+y^2}$.

解　令 $x^2+y^2=u$，当 $(x,y)\to(0,0)$ 时，$u\to0$，

$$\lim_{(x,y)\to(0,0)}\frac{\sin(x^2+y^2)}{x^2+y^2}=\lim_{u\to0}\frac{\sin u}{u}=1.$$

二元函数的极限有时可以转化为一元函数的极限计算.

三、二元函数的连续性

有了二元函数极限的定义，就可以定义二元函数的连续.

定义 3　设函数 $z=f(x,y)$ 在点 $P_0(x_0,y_0)$ 附近有定义，如果

$$\lim_{(x,y)\to(x_0,y_0)}f(x,y)=f(x_0,y_0),$$

那么称函数 $z=f(x,y)$ 在点 $P_0(x_0,y_0)$ 处连续；否则，称函数在点 P_0 处间断，点 $P_0(x_0,y_0)$ 是间断点，函数的间断点有时会构成一条或几条曲线，这样的曲线被称为函数的间断线.

如果函数 $z=f(x,y)$ 在区域 D 内各点都连续，则称函数 $z=f(x,y)$ 在区域 D 内连续.

例如，函数 $f(x,y)=\begin{cases}\dfrac{xy}{x^2+y^2},&x^2+y^2\neq0\\0,&x^2+y^2=0\end{cases}$ 在点 $(0,0)$ 处是间断的，因为当 $(x,y)\to(0,0)$ 时，函数 $f(x,y)$ 是没有极限的.

又如，函数 $f(x,y)=\dfrac{x+y}{y^2-2x}$ 在抛物线 $y^2=2x$ 上没有定义，所以抛物线 $y^2=2x$ 是函数 $f(x,y)$ 的间断线.

若二元函数在区域 D 内连续，则它的图形是一个连续不断的曲面(图 7-5). 与一元初等函数相类似，二元初等函数是指由二元基本初等函数经过有限次四则运算和复合，并且可用一个式子表示的二元函数. 二元初等函数在其定义域内是连续的.

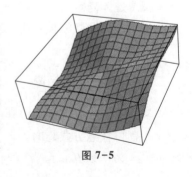

图 7-5

与一元函数类似，闭区域上的二元连续函数也有以下两个性质.

性质 1(最值定理)　在有界闭区域上连续的二元函数在该区域上一定能取得最大值和最小值.

性质 2(介值定理)　在有界闭区域上连续的二元函数在该区域上一定能取得介于最大值和最小值之间的任何值.

活动操练-1

1. $f(x,y)=x^2-2xy+3y^2$，求 $f(0,1)$，$f(tx,ty)$.

2. 求函数 $z=\ln(y^2-2x+1)$ 的定义域.

3. 求函数 $z=\sqrt{x-\sqrt{y}}$ 的定义域.

4. 求下列极限：

（1）$\lim\limits_{(x,y)\to(0,1)}\dfrac{1-xy}{x^2+y^2}$；

（2）$\lim\limits_{(x,y)\to(1,0)}\dfrac{\ln(x+e^y)}{\sqrt{x^2+y^2}}$；

（3）$\lim\limits_{(x,y)\to(0,1)}\dfrac{2-\sqrt{xy+4}}{xy}$；

（4）$\lim\limits_{(x,y)\to(2,0)}\dfrac{\sin(xy)}{y}$.

5. 指出下列函数的间断点（或间断线）.

（1）$z=\dfrac{x+y}{\sqrt{x^2+y^2}}$；

（2）$z=\dfrac{y^2+2x}{y^2-2x}$.

攻略驿站

1. 二元函数求定义域和函数值的方法与一元函数类似.

2. 二元函数的极限有时可以转化成一元函数的极限计算.

3. 二元函数的极限和连续性的概念可以推广到三元及三元以上的函数.

7.3.2 偏导数

一、偏导数的概念

定义 4 设函数 $z=f(x,y)$ 在点 $P_0(x_0,y_0)$ 的某个邻域内有定义，当 y 恒等于 y_0，而 x 有增量 Δx 时，相应的函数有增量（此时称为二元函数 $z=f(x,y)$ 关于 x 的偏增量）$\Delta z_x=f(x_0+\Delta x,y_0)-f(x_0,y_0)$，若极限 $\lim\limits_{\Delta x\to0}\dfrac{\Delta z_x}{\Delta x}=\lim\limits_{\Delta x\to0}\dfrac{f(x_0+\Delta x,y_0)-f(x_0,y_0)}{\Delta x}$ 存在，则称此极限为函数 $z=f(x,y)$ 在点 $P_0(x_0,y_0)$ 处关于 x 的偏导数，记作 $\dfrac{\partial z}{\partial x}\Big|_{\substack{x=x_0\\y=y_0}}$，$z_x'\Big|_{\substack{x=x_0\\y=y_0}}$ 或 $f_x'(x_0,y_0)$. 即

$$f_x'(x_0,y_0)=\lim\limits_{\Delta x\to0}\dfrac{f(x_0+\Delta x,y_0)-f(x_0,y_0)}{\Delta x}.$$

类似地，可以定义函数 $z=f(x,y)$ 在点 $P_0(x_0,y_0)$ 处关于 y 的偏导数

$$f_y'(x_0,y_0)=\lim\limits_{\Delta y\to0}\dfrac{f(x_0,y_0+\Delta y)-f(x_0,y_0)}{\Delta y},$$

记作

$$\dfrac{\partial z}{\partial y}\Big|_{\substack{x=x_0\\y=y_0}},z_y'\Big|_{\substack{x=x_0\\y=y_0}}或 f_y'(x_0,y_0).$$

如果 $z=f(x,y)$ 在区域 D 内每一点 (x,y) 处对 x 的偏导数都存在，那么每点对应该点

处关于 x 的偏导数,这样构成一个新函数,此函数称为函数 $z=f(x,y)$ 关于 x 的偏导函数,记作

$$\frac{\partial z}{\partial x}, z'_x 或 f'_x(x,y).$$

类似地,可以定义函数 $z=f(x,y)$ 关于 y 的偏导函数,记作

$$\frac{\partial z}{\partial y}, z'_y 或 f'_y(x,y)$$

在不至于混淆的情况下,偏导函数也简称为偏导数.

二、偏导数的求法

从偏导数的定义可以知道,求 $f(x,y)$ 关于 x(或 y)的偏导数的时候可以把变量 y(或 x)看作常数,从而可以利用一元函数求导法则和求导公式进行求导.

例 6 求函数 $z=x^2-3xy+2y^3$ 在点 $(2,1)$ 处的两个偏导数.

解 把 y 看作常数,对 x 求导得 $\frac{\partial z}{\partial x}=2x-3y$;把 x 看作常数,对 y 求导得 $\frac{\partial z}{\partial y}=-3x+6y^2$.

所以

$$\frac{\partial z}{\partial x}\bigg|_{\substack{x=2\\y=1}}=2\times2-3\times1=1, \quad \frac{\partial z}{\partial y}\bigg|_{\substack{x=2\\y=1}}=-3\times2+6\times1=0.$$

例 7 求函数 $z=x^y$ 的偏导数 $\frac{\partial z}{\partial x}, \frac{\partial z}{\partial y}$.

解 把 y 看作常数,对 x 求导得 $\frac{\partial z}{\partial x}=yx^{y-1}$;把 x 看作常数,对 y 求导得 $\frac{\partial z}{\partial y}=x^y\ln x$.

例 8 求函数 $z=x^2\sin 2y$ 的偏导数 $\frac{\partial z}{\partial x}, \frac{\partial z}{\partial y}$.

解 把 y 看作常数,对 x 求导得 $\frac{\partial z}{\partial x}=2x\sin 2y$;把 x 看作常数,对 y 求导得 $\frac{\partial z}{\partial y}=2x^2\cos 2y$.

在第 3 章中我们还介绍了一元函数的高阶导数,类似地,二元函数也有高阶偏导数.

三、高阶偏导数

定义 5 若二元函数 $z=f(x,y)$ 的两个偏导数 $f'_x(x,y)$ 和 $f'_y(x,y)$ 关于 x,y 的偏导数仍然存在,则称这些偏导数为 $z=f(x,y)$ 的二阶偏导数,按照对变量求导次序不同,二阶偏导数有如下几种形式:

$$\frac{\partial}{\partial x}\left(\frac{\partial z}{\partial x}\right)=\frac{\partial^2 z}{\partial x^2}=z''_{xx}=f''_{xx}(x,y), \quad \frac{\partial}{\partial y}\left(\frac{\partial z}{\partial x}\right)=\frac{\partial^2 z}{\partial x\partial y}=z''_{xy}=f''_{xy}(x,y),$$

$$\frac{\partial}{\partial x}\left(\frac{\partial z}{\partial y}\right)=\frac{\partial^2 z}{\partial y\partial x}=z''_{yx}=f''_{yx}(x,y), \quad \frac{\partial}{\partial y}\left(\frac{\partial z}{\partial y}\right)=\frac{\partial^2 z}{\partial y^2}=z''_{yy}=f''_{yy}(x,y).$$

$\dfrac{\partial^2 z}{\partial x \partial y}$ 和 $\dfrac{\partial^2 z}{\partial y \partial x}$ 称为二阶混合偏导数.

同样地, 如果二阶偏导数的偏导数存在, 就称它们为 $z = f(x, y)$ 的三阶偏导数, 其记号与二阶偏导数类似.

例如,

$$\frac{\partial}{\partial x}\left(\frac{\partial^2 z}{\partial x^2}\right) = \frac{\partial^3 z}{\partial x^3} = z'''_{xxx} = f'''_{xxx}(x, y);$$

$$\frac{\partial}{\partial y}\left(\frac{\partial^2 z}{\partial x^2}\right) = \frac{\partial^3 z}{\partial x^2 \partial y} = z'''_{xxy} = f'''_{xxy}(x, y).$$

以此类推, 函数 $z = f(x, y)$ 的 $n-1$ 阶偏导数的偏导数称为该函数的 n 阶偏导数. 二阶及二阶以上的偏导数统称为高阶偏导数.

例 9 求函数 $z = x^3 y^2 - 3x^2 y + y^3$ 的二阶偏导数.

解 先求其偏导数

$$\frac{\partial z}{\partial x} = 3x^2 y^2 - 6xy, \quad \frac{\partial z}{\partial y} = 2x^3 y - 3x^2 + 3y^2;$$

再求二阶偏导数

$$\frac{\partial^2 z}{\partial x^2} = \frac{\partial}{\partial x}\left(\frac{\partial z}{\partial x}\right) = 6xy^2 - 6y, \quad \frac{\partial^2 z}{\partial x \partial y} = \frac{\partial}{\partial y}\left(\frac{\partial z}{\partial x}\right) = 6x^2 y - 6x,$$

$$\frac{\partial^2 z}{\partial y \partial x} = \frac{\partial}{\partial x}\left(\frac{\partial z}{\partial y}\right) = 6x^2 y - 6x, \quad \frac{\partial^2 z}{\partial y^2} = \frac{\partial}{\partial y}\left(\frac{\partial z}{\partial y}\right) = 2x^3 + 6y.$$

例 10 求函数 $z = e^{2x} \sin y$ 的二阶偏导数.

解 先求其偏导数

$$\frac{\partial z}{\partial x} = 2e^{2x} \sin y, \frac{\partial z}{\partial y} = e^{2x} \cos y;$$

再求二阶偏导数

$$\frac{\partial^2 z}{\partial x^2} = \frac{\partial}{\partial x}\left(\frac{\partial z}{\partial x}\right) = 4e^{2x} \sin y, \frac{\partial^2 z}{\partial x \partial y} = \frac{\partial}{\partial y}\left(\frac{\partial z}{\partial x}\right) = 2e^{2x} \cos y,$$

$$\frac{\partial^2 z}{\partial y \partial x} = \frac{\partial}{\partial x}\left(\frac{\partial z}{\partial y}\right) = 2e^{2x} \cos y, \frac{\partial^2 z}{\partial y^2} = \frac{\partial}{\partial y}\left(\frac{\partial z}{\partial y}\right) = -e^{2x} \sin y.$$

在例 9 和例 10 中, $\dfrac{\partial^2 z}{\partial x \partial y} = \dfrac{\partial^2 z}{\partial y \partial x}$. 事实上, 若二阶混合偏导数连续, 则函数的两个二阶混合偏导数相等, 即求导次序可交换.

活动操练-2

1. 求下列函数的偏导数:

(1) $z = x^3 y - y^3 x$;　　　　(2) $z = \dfrac{x-y}{x+y}$;　　　　(3) $z = e^{xy}$;

(4) $z = \arctan \dfrac{y}{x}$;　　　(5) $z = \sin(xy)$;　　　　(6) $z = \ln(x^2 + y^2)$.

2. 设 $z = \ln(\sqrt{x} + \sqrt{y})$, 证明 $x \dfrac{\partial z}{\partial x} + y \dfrac{\partial z}{\partial y} = \dfrac{1}{2}$.

3. 设 $u = 2\cos^2\left(x - \dfrac{1}{2}y\right)$，求 $\dfrac{\partial u}{\partial x}$，$\dfrac{\partial u}{\partial y}$.

4. 求下列函数的二阶偏导数：

（1）$z = x^4 + y^4 - 4x^2y^2$； （2）$z = x^y$.

5. 设 $z = x\ln(x + y)$，求 $\dfrac{\partial^2 z}{\partial x^2}\bigg|_{\substack{x=1\\y=2}}$，$\dfrac{\partial^2 z}{\partial y^2}\bigg|_{\substack{x=1\\y=2}}$，$\dfrac{\partial^2 z}{\partial x\partial y}\bigg|_{\substack{x=1\\y=2}}$.

6. 一定量的理想气体的压强 p，体积 V，温度 T 之间的关系为 $p = \dfrac{RT}{V}$（R 为常数），求证：

$$\frac{\partial p}{\partial V} \cdot \frac{\partial V}{\partial T} \cdot \frac{\partial T}{\partial p} = -1.$$

攻略驿站

1. 二元函数求偏导数的方法与一元函数求导的方法类似.
2. 二元函数的偏导数存在但二元函数未必连续.
3. 二元函数的二阶偏导数有四个. 若二阶混合偏导数连续，则它们相等.

7.3.3 全微分

一、全微分的定义

一元函数的微分 $\mathrm{d}y$ 是函数增量 Δy 的线性近似. 类似地，二元函数 $z = f(x,y)$ 在点 $P_0(x_0, y_0)$ 的增量 Δz 也有类似的线性近似.

引例 一块矩形的金属薄片，因受热膨胀，使得原长 x_0 增加了 Δx，原宽 y_0 增加了 Δy，这时面积相应增加了 Δz（图 7-6）.

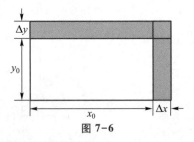

图 7-6

$$\begin{aligned}
\Delta z &= (x_0 + \Delta x)(y_0 + \Delta y) - x_0 y_0\\
&= y_0\Delta x + x_0\Delta y + \Delta x\Delta y.
\end{aligned}$$

当 $\rho = \sqrt{(\Delta x)^2 + (\Delta y)^2} \to 0$ 时，$\dfrac{\Delta x\Delta y}{\rho} \to 0$，所以 $\Delta x\Delta y = o(\rho)$. 令 $A = y_0$，$B = x_0$，于是面积的全增量可以表示为

$$\Delta z = A\Delta x + B\Delta y + o(\rho).$$

这样，类似于一元函数的微分，我们将 Δz 分成了两部分，一部分是 $A\Delta x + B\Delta y$，称为线性主部；另一部分是 ρ 的高阶无穷小. 一般地，我们有如下定义.

定义 6 如果二元函数 $z = f(x,y)$ 在点 (x_0, y_0) 处的全增量可以表示为

$$\Delta z = A\Delta x + B\Delta y + o(\rho),$$

其中 $\rho = \sqrt{(\Delta x)^2 + (\Delta y)^2}$，$A$ 和 B 是不依赖于 Δx，Δy 的常数. 那么称函数 $z = f(x,y)$ 在点

$P_0(x_0,y_0)$ 处可微,并称 $A\Delta x+B\Delta y$ 为函数 $z=f(x,y)$ 在点 $P_0(x_0,y_0)$ 处的全微分,记作 $\mathrm{d}z$,即

$$\mathrm{d}z=A\Delta x+B\Delta y.$$

如果函数在区域 D 内的每一点处都可微,那么称函数在区域 D 内可微.

容易证明,$\mathrm{d}x=\Delta x$,$\mathrm{d}y=\Delta y$,所以全微分的表达式一般写为 $\mathrm{d}z=A\mathrm{d}x+B\mathrm{d}y$.

二、全微分的求法

定理 1(可微的充分条件) 若函数 $z=f(x,y)$ 在点 (x,y) 处的偏导数存在,且偏导数在该点连续,则 $z=f(x,y)$ 在该点可微.

定理 2(可微的必要条件) 若函数 $z=f(x,y)$ 在点 (x,y) 处可微,则函数在该点处连续且在该点处的偏导数存在,并且函数 $z=f(x,y)$ 在点 (x,y) 处的全微分为

$$\mathrm{d}z=\frac{\partial z}{\partial x}\mathrm{d}x+\frac{\partial z}{\partial y}\mathrm{d}y.$$

例 11 计算函数 $z=\mathrm{e}^{xy}$ 在点 $(2,1)$ 处的全微分.

解 因为 $\dfrac{\partial z}{\partial x}=y\mathrm{e}^{xy}$,$\dfrac{\partial z}{\partial y}=x\mathrm{e}^{xy}$,$\dfrac{\partial z}{\partial x}\Big|_{\substack{x=2\\y=1}}=\mathrm{e}^2$,$\dfrac{\partial z}{\partial y}\Big|_{\substack{x=2\\y=1}}=2\mathrm{e}^2$,所以

$$\mathrm{d}z=\mathrm{e}^2\mathrm{d}x+2\mathrm{e}^2\mathrm{d}y.$$

例 12 计算函数 $z=x^2y+xy^2$ 的全微分.

解 因为 $\dfrac{\partial z}{\partial x}=2xy+y^2$,$\dfrac{\partial z}{\partial y}=x^2+2xy$,所以

$$\mathrm{d}z=(2xy+y^2)\mathrm{d}x+(x^2+2xy)\mathrm{d}y.$$

三、全微分的应用

与一元函数的微分类似,二元函数的全微分也可以用来做近似计算. 若二元函数 $z=f(x,y)$ 在点 $P_0(x_0,y_0)$ 处可微,由全微分的定义,可得

$$\Delta z\approx\mathrm{d}z=f'_x(x_0,y_0)\Delta x+f'_y(x_0,y_0)\Delta y.$$

由于

$$\Delta z=f(x_0+\Delta x,y_0+\Delta y)-f(x_0,y_0),$$

所以得到函数近似值的计算公式

$$f(x_0+\Delta x,y_0+\Delta y)\approx f(x_0,y_0)+f'_x(x_0,y_0)\Delta x+f'_y(x_0,y_0)\Delta y.$$

例 13 计算 $\sqrt{1.02^3+1.97^3}$ 的近似值.

解 设函数 $z=f(x,y)=\sqrt{x^3+y^3}$,要求的值就是函数 $f(x,y)$ 在 $(1.02,1.97)$ 处的近似值. 取 $x_0=1$,$y_0=2$,$\Delta x=0.02$,$\Delta y=-0.03$,有

$$f(1,2)=\sqrt{1+8}=3,$$

$$f'_x(1,2)=\frac{3x^2}{2\sqrt{x^3+y^3}}\bigg|_{\substack{x=1\\y=2}}=\frac{1}{2},$$

$$f'_y(1,2)=\frac{3y^2}{2\sqrt{x^3+y^3}}\bigg|_{\substack{x=1\\y=2}}=2.$$

则
$$\sqrt{1.02^3+1.97^3} \approx 3+\frac{1}{2}\times0.02-2\times0.03=2.95.$$

例 14　有一个圆柱体受到挤压发生形变,它的半径由 30 cm 增大到 30.1 cm,高由 100 cm 减少到 99 cm,求圆柱体体积变化的近似值.

解　设圆柱体的底面半径、高和体积分别为 r,h,V,记 r,h,V 的增量分别为 $\Delta r,\Delta h,\Delta V$. 由题意可得 $r=30,h=100,\Delta r=0.1,\Delta h=-1$,圆柱体的体积公式为 $V=\pi r^2 h$,则

$$\Delta V \approx dV = \frac{\partial V}{\partial r}\Delta r + \frac{\partial V}{\partial h}\Delta h = 2\pi rh\Delta r + \pi r^2\Delta h$$
$$= 2\pi\times30\times100\times0.1 + \pi\times30^2\times(-1) = -300\pi(\text{cm}^3).$$

所以圆柱体的体积约减少了 300π cm³.

活动操练-3

> 1. 求下列函数的全微分:
>
> (1) $z=\ln\left(1+\dfrac{x}{y}\right)$;　　　　　　　　(2) $z=(1+x)^y$;
>
> (3) $z=x^3+x^2y-2xy^2+y^3$;　　　　(4) $u=xyz$.
>
> 2. 求函数 $z=\ln(1+x^2+y^2)$ 在 $(1,2)$ 处的全微分.
>
> 3. 求函数 $z=\dfrac{x}{y}$ 当 $x=2,y=1,\Delta x=0.1,\Delta y=0.2$ 时的全增量和全微分.
>
> 4. 计算 $(1.03)^{2.04}$ 的近似值.
>
> 5. 设有一无盖的圆柱形铁罐,铁罐的壁与底的厚度均为 0.1 cm,内高为 20 cm,内半径为 4 cm,求铁罐外壳体积的近似值.
>
> 6. 已知长 8 m,宽 6 m 的矩形,当长减少 10 cm,宽增加 5 cm 时,问该矩形的对角线长度大约变化了多少?

攻略驿站

> 1. 二元函数的偏导数存在,其全微分未必存在.
> 2. 二元函数的全微分存在,则其偏导数一定存在.
> 3. 全微分可用于近似计算.

7.3.4　二元函数的极值

一、二元函数的极值

在实践中,我们往往会遇到多元函数的最大值与最小值问题,譬如在本章多元函数微分与生活这部分内容中,我们就提到了生活中可能遇到的"果汁定价""耗纸最省"等案例,这些案例就涉及多元函数的最大值和最小值问题. 与一元函数类似,多元函数的最值问题与其极大值、极小值密切相关. 下面以二元函数为例,我们来讨论多元函数的极值问题.

定义 7 设二元函数 $z=f(x,y)$ 在点 $P_0(x_0,y_0)$ 的某一个邻域内有定义,对于该邻域内异于 (x_0,y_0) 的点 (x,y) 都有

$$f(x_0,y_0)\leqslant f(x,y)\;(\text{或}\;f(x_0,y_0)\geqslant f(x,y)),$$

则称 $f(x_0,y_0)$ 为函数 $z=f(x,y)$ 的极小值(或极大值).

极大值、极小值统称为极值,使函数取得极值的点称为极值点.

例如,函数 $z=x^2+y^2$ 在点 $(0,0)$ 处取极小值,因为在点 $(0,0)$ 处的函数值为 0,异于点 $(0,0)$ 的点处的函数值都是正数.

函数 $z=\sqrt{1-x^2-y^2}$ 在点 $(0,0)$ 处有极大值,因为在点 $(0,0)$ 处的函数值 $f(0,0)=1$,异于点 $(0,0)$ 的点对应的函数值 $f(x,y)<1=f(0,0)$.

二元函数的极值问题,一般用偏导数来解决.

定理 3(极值的必要条件) 设 $z=f(x,y)$ 在点 (x_0,y_0) 处两个偏导数都存在,且在点 (x_0,y_0) 处取极值,则 $f'_x(x_0,y_0)=0$,$f'_y(x_0,y_0)=0$.

使 $f'_x(x_0,y_0)=0$,$f'_y(x_0,y_0)=0$ 同时成立的点 (x_0,y_0) 称为函数 $f(x,y)$ 的驻点.

但是驻点不一定是极值点,那么在什么条件下,驻点是极值点?

定理 4(极值的充分条件) 设 $z=f(x,y)$ 在点 (x_0,y_0) 的某个邻域内有连续二阶偏导数,且 $f'_x(x_0,y_0)=0$,$f'_y(x_0,y_0)=0$,令 $f''_{xx}(x_0,y_0)=A$,$f''_{xy}(x_0,y_0)=B$,$f''_{yy}(x_0,y_0)=C$,则

当 $B^2-AC<0$ 且 $A<0$ 时,$f(x_0,y_0)$ 为极大值;

当 $B^2-AC<0$ 且 $A>0$ 时,$f(x_0,y_0)$ 为极小值;

当 $B^2-AC>0$ 时,(x_0,y_0) 不是极值点,函数 $f(x,y)$ 无极值.

注意:当 $B^2-AC=0$ 时,函数 $z=f(x,y)$ 在点 (x_0,y_0) 可能取极值,也可能不取极值,需另行讨论.

例 15 求函数 $z=x^3+y^2-2xy$ 的极值.

解 先求函数的一、二阶偏导数:

$$\frac{\partial z}{\partial x}=3x^2-2y,\frac{\partial z}{\partial y}=2y-2x.$$

$$\frac{\partial^2 z}{\partial x^2}=6x,\frac{\partial^2 z}{\partial x\partial y}=-2,\frac{\partial^2 z}{\partial y^2}=2.$$

接着求函数的驻点. 令 $\dfrac{\partial z}{\partial x}=0$,$\dfrac{\partial z}{\partial y}=0$,得方程组

$$\begin{cases}3x^2-2y=0,\\2y-2x=0.\end{cases}$$

求得驻点 $(0,0)$,$\left(\dfrac{2}{3},\dfrac{2}{3}\right)$.

最后利用定理 4 对驻点进行讨论:

(1) 对驻点 $(0,0)$,由于 $A=0$,$B=-2$,$C=2$,$B^2-AC>0$,故 $(0,0)$ 不是函数 $z=f(x,y)$ 的极值点.

(2) 对驻点 $\left(\dfrac{2}{3},\dfrac{2}{3}\right)$,由于 $A=4$,$B=-2$,$C=2$,$B^2-AC=-4<0$,且 $A>0$,则 $f\left(\dfrac{2}{3},\dfrac{2}{3}\right)=-\dfrac{4}{27}$ 为函数的一个极小值.

求二元函数极值的步骤：

（1）先求出偏导数，再令 $f'_x(x,y)=0$，$f'_y(x,y)=0$，求得其方程组的所有解，即找到了所有的驻点；

（2）求二阶偏导数，并求出在每个驻点处对应的二阶偏导数 A、B 和 C；

（3）计算出 B^2-AC 的值，由定理 4 判断 $f(x_0,y_0)$ 是否是极大值、极小值，是极值时求出相应的极值；

（4）如果定理 4 不适用或函数有不可导点，则需对这些点另行判断.

对有些函数来说，极值点不一定是驻点，如函数 $z=\sqrt{x^2+y^2}$ 在点 $(0,0)$ 取得极小值，但点 $(0,0)$ 并不是驻点，因为函数在点 $(0,0)$ 处偏导数不存在.

二、最值问题

在有界闭区域 D 上的连续函数一定有最大值和最小值. 使函数取得最大值或最小值的点既可能在 D 的内部，也可能在 D 的边界上. 在通常遇到的实际问题中，如果根据问题的性质，知道函数的最大值（最小值）一定在 D 的内部取得，而函数在 D 的内部只有一个驻点，那么可以肯定该驻点处的函数值就是函数在 D 上的最大值（最小值）.

回到本章开头的案例——果汁定价问题.

例 16 某商店售卖甲、乙两种果汁，甲果汁每瓶进价是 30 元，乙果汁每瓶进价是 40 元，根据销售情况得知当甲果汁每瓶卖 x 元，乙果汁每瓶卖 y 元时，每天售出甲果汁 $60-5x+4y$ 瓶，售出乙果汁 $80+6x-7y$ 瓶，试问以什么价格售卖甲乙两种果汁可取得最大利润？

解 设甲果汁售价为 x 元，乙果汁售价为 y 元，其利润函数为

$$f(x,y)=(x-30)(60-5x+4y)+(y-40)(80+6x-7y)$$
$$=-5x^2-30x+10xy+240y-7y^2-5\ 000,$$

其中 $x>0,y>0$. 求函数关于 x,y 的偏导数，

$$f'_x(x,y)=-10x+10y-30,\quad f'_y(x,y)=10x-14y+240,$$

令 $f'_x(x,y)=0$，$f'_y(x,y)=0$，得方程组

$$\begin{cases} -10x+10y-30=0, \\ 10x-14y+240=0, \end{cases}$$

解得

$$x=49.5,\quad y=52.5.$$

此时函数取极大值，由于定义域是开区域，所以当 $x=49.5$，$y=52.5$ 时，利润取最大值 557.5 元.

例 17 某工厂生产两种产品 A 和 B，其销售单价分别为 $P_A=12$，$P_B=18$，成本函数为 $C=2Q_1^2+Q_1Q_2+2Q_2^2$，其中 Q_1，Q_2 分别为产品 A，B 的产量. 问两种产品的产量为多少时，可获得最大利润？

解 收益函数为

$$R=P_AQ_1+P_BQ_2=12Q_1+18Q_2(Q_1\geqslant 0,Q_2\geqslant 0),$$

由于利润＝收益－总成本，所以问题的目标函数是利润函数，建立目标函数为

$$f(Q_1,Q_2)=12Q_1+18Q_2-(2Q_1^2+Q_1Q_2+2Q_2^2),$$

求函数关于 Q_1, Q_2 的偏导数

$$f'_{Q_1} = 12 - 4Q_1 - Q_2, \quad f'_{Q_2} = 18 - Q_1 - 4Q_2.$$

令 $f'_{Q_1} = 0, f'_{Q_2} = 0$，解方程组

$$\begin{cases} 12 - 4Q_1 - Q_2 = 0, \\ 18 - Q_1 - 4Q_2 = 0, \end{cases}$$

得解

$$Q_1 = 2, Q_2 = 4.$$

此时 $f(Q_1, Q_2) = 48$，由题意可知，最大利润存在，而驻点只有一个，故两种产品的产量分别为 2 和 4 时，利润最大.

三、条件极值 拉格朗日乘数法

例 16 和例 17 所讲的案例，对于其自变量，除了取值必须在函数的定义域内以外，并无其他的条件限制，我们把这种极值称为无条件极值.

但在实际问题中，我们往往还会遇到对函数的自变量有附加条件的极值问题. 例如要做一个体积为 a 的长方体箱子，问怎么设计尺寸，才能使其用料最省？这种对自变量有附加条件的极值称为条件极值，下面我们就来研究一下如何求条件极值.

1. 条件极值化为无条件极值

对于有些实际问题，就像上面所说的箱子问题，可以把条件极值化为无条件极值，然后用求无条件极值的方法去解决问题.

例 18 要做一个容积为 a 的长方体箱子，问怎么设计尺寸，才能使所用材料最少？

解 箱子的容积一定，而使所用材料最少，就是使箱子的表面积最小，设箱子的长、宽、高分别为 x, y, h，箱子的表面积为 A，由题意可知

$$a = xyh \Rightarrow h = \frac{a}{xy}.$$

建立目标函数

$$A = 2xy + \frac{2a}{x} + \frac{2a}{y} (x > 0, y > 0).$$

对函数求关于 x, y 的偏导数，并令其等于零，解方程组

$$\begin{cases} \dfrac{\partial A}{\partial x} = 2y - \dfrac{2a}{x^2} = 0, \\ \dfrac{\partial A}{\partial y} = 2x - \dfrac{2a}{y^2} = 0, \end{cases}$$

求得解为 $x = \sqrt[3]{a}, y = \sqrt[3]{a}$，由于驻点是唯一的，所以当 $x = \sqrt[3]{a}, y = \sqrt[3]{a}, h = \dfrac{a}{\sqrt[3]{a} \cdot \sqrt[3]{a}} = \sqrt[3]{a}$ 时，箱子用料最省.

2. 拉格朗日乘数法

在多数情况下，将条件极值化为无条件极值是困难的，那么我们可以采用拉格朗日乘数法来解决条件极值问题.

拉格朗日数乘数法： 设 $f(x, y), \varphi(x, y)$ 在点 (x_0, y_0) 的某邻域内有连续偏导数，引入辅助函数

$$F(x, y, \lambda) = f(x, y) + \lambda \varphi(x, y),$$

其中 λ 称为**拉格朗日乘子**. 然后对 $F(x,y,\lambda)$ 求关于 x,y,λ 的偏导数, 并使之为 0, 解联立方程组

$$
\begin{cases}
\dfrac{\partial F}{\partial x} = f'_x(x,y) + \lambda \varphi'_x(x,y) = 0, \\[2mm]
\dfrac{\partial F}{\partial y} = f'_y(x,y) + \lambda \varphi'_y(x,y) = 0, \\[2mm]
\dfrac{\partial F}{\partial \lambda} = \varphi(x,y) = 0,
\end{cases}
$$

得到的 (x_0, y_0) 是 $z = f(x,y)$ 在条件 $\varphi(x,y) = 0$ 下的可能的极值点. 若实际问题确有最值存在, 而求出的驻点只有一个, 则该点就是所求的最值点.

这种求条件极值的方法, 可以推广到 n 元函数的情形.

回到我们本章开头提到的耗纸最省案例, 这个案例就是条件极值问题.

例 19 一本长方形的书, 每页上所印文字占 150 cm^2, 上下空白处各留 1.5 cm 宽, 左右空白处各留 1 cm 宽, 问每页纸长、宽各为多少时, 耗纸最省? (图 7-2)

解 设每页纸长度和宽度分别为 x,y (单位: cm),

目标函数为 $\qquad\qquad\qquad\qquad S = xy \ (x > 3, y > 2)$,

约束条件为 $\qquad\qquad\qquad\qquad (x-3)(y-2) = 150$,

然后构造拉格朗日函数 $\quad f(x,y,\lambda) = xy + \lambda(xy - 2x - 3y - 144)$,

求函数关于 x, y 的偏导数

$$
f'_x(x,y,\lambda) = y + \lambda y - 2\lambda, \quad f'_y(x,y,\lambda) = x + \lambda x - 3\lambda,
$$

令 $f'_x(x,y,\lambda) = 0, f'_y(x,y,\lambda) = 0$, 解方程组

$$
\begin{cases}
y + \lambda y - 2\lambda = 0, \\
x + \lambda x - 3\lambda = 0, \\
xy - 2x - 3y - 144 = 0,
\end{cases}
$$

得 $x = 18, y = 12$. 由于最小面积存在, 而驻点只有一个, 因此长宽各为 18 cm 和 12 cm 时, 耗纸最省.

例 20 某公司通过电台及报纸两种方式做销售广告, 收益 R 与电视广告费 x 及报纸广告费 y 之间的关系为 (单位: 万元)

$$
R = 15 + 14x + 32y - 8xy - 2x^2 - 10y^2.
$$

(1) 在广告费用不限的情况下, 求最佳广告策略;

(2) 若提供的广告费用总额为 1.5 万元, 求相应最佳广告策略.

解 (1) 利润函数为

$$
L(x,y) = R - (x+y) = 15 + 13x + 31y - 8xy - 2x^2 - 10y^2 \ (x > 0, y > 0),
$$

求函数 L 的各个偏导数, 并令它们为 0, 得方程组:

$$
\begin{cases}
\dfrac{\partial L}{\partial x} = 13 - 8y - 4x = 0, \\[2mm]
\dfrac{\partial L}{\partial y} = 31 - 8x - 20y = 0.
\end{cases}
$$

解得 $x = 0.75, y = 1.25$. $(0.75, 1.25)$ 为 $L(x,y)$ 的极大值点.

又由题意，$L(x,y)$一定存在最大值，故最大值必在该点取得. 所以最大利润为 $L(0.75,$ $1.25)=39.25$ 万元.

因此，当电视广告费与报纸广告费分别为 0.75 万元和 1.25 万元时，最大利润为 39.25 万元，此即为最佳广告策略.

（2）求广告费用为 1.5 万元的条件下的最佳广告策略，即在约束条件 $x+y=1.5$ 下，求 $L(x,y)$ 的最大值. 作拉格朗日函数

$$F(x,y,\lambda)=L(x,y)+\lambda\varphi(x,y)$$
$$=15+13x+31y-8xy-2x^2-10y^2+\lambda(x+y-1.5).$$

求函数 $F(x,y,\lambda)$ 的各个偏导数，并令它们为 0，得方程组：

$$\begin{cases} \dfrac{\partial F}{\partial x}=13-8y-4x+\lambda=0, \\[2mm] \dfrac{\partial F}{\partial y}=31-8x-20y+\lambda=0, \\[2mm] \dfrac{\partial F}{\partial \lambda}=x+y-1.5=0. \end{cases}$$

解得 $x=0,y=1.5$. 这是唯一的驻点，又由题意，$L(x,y)$一定存在最大值，故 $L(0,1.5)=39$ 万元为最大值.

活动操练-4

---

1. 求下列函数的极值：

（1）$f(x,y)=x^3-y^3+3x^2+3y^2-9x$；

（2）$f(x,y)=x^2+xy+y^2+x-y+1$；

（3）$f(x,y)=e^{2x}(x+y^2+2y)$；

（4）$f(x,y)=(6x-x^2)(4y-y^2)$.

2. 将一段长为 2 m 的铁丝折成一个矩形，则矩形的长、宽分别为多少时，围成的矩形面积最大？

3. 要制作一个容积为 V 的圆桶（无盖），问如何取它的底半径和高，才能使材料最省？

4. 怎样把一个正数 a 分成三个正数之和，才可使它们的乘积达到最大？

5. 建造一个容积为 18 m^3 的长方体无盖水池，已知侧面单位造价为底面单位造价的 $\dfrac{3}{4}$，问如何设计尺寸才能使造价最低？

攻略驿站

---

1. 在实际问题中，可根据问题本身的性质来确定所求的点是否是极值点.

2. 极值问题分无条件极值和条件极值，对于有些实际问题，可以把条件极值化为无条件极值.

7.4 学力训练

7.4.1 基础过关检测

一、判断题

1. $f(x,y)$ 的极值点一定是 $f(x,y)$ 的驻点.   (   )

2. 点 $(0,0)$ 是函数 $z=3-xy$ 的极值点.   (   )

3. 若 $z=f(x,y)$ 在点 (x_0,y_0) 处的偏导数 $\dfrac{\partial z}{\partial x}$, $\dfrac{\partial z}{\partial y}$ 都存在,则 $z=f(x,y)$ 在点 (x_0,y_0) 处必

连续.   (   )

4. 若 $z=f(x,y)$ 在点 (x_0,y_0) 处的偏导数 $\dfrac{\partial z}{\partial x}$, $\dfrac{\partial z}{\partial y}$ 都存在,则 $z=f(x,y)$ 在点 (x_0,y_0) 处全微

分 $\mathrm{d}z\big|_{(x_0,y_0)}$ 也存在.   (   )

5. 函数 $f(x,y)=x^2-2x-y$ 在点 $(1,0)$ 处取得极小值.   (   )

二、填空题

1. 设 $f(x,y)=\dfrac{x^2-y^2}{xy}$,其定义域为 ＿＿＿＿＿＿, $f(1,2)=$ ＿＿＿ , $f(-x,-y)=$

＿＿＿＿＿＿ .

2. 设 $f(x,y)=x^3y+(y-1)\arccos\sqrt{\dfrac{y}{x}}$,则 $f_x'\left(\dfrac{1}{2},1\right)=$ ＿＿＿＿ .

3. 设 $z=\arctan\dfrac{y}{x}$,则 $\dfrac{\partial^2 z}{\partial x\partial y}=$ ＿＿＿＿＿＿＿ .

4. 设函数 $z=x^2+xy-y^2$,则 $\mathrm{d}z=$ ＿＿＿＿＿＿＿＿＿ .

5. 函数 $f(x,y)=x^2-4xy+5y^2+2y$ 的驻点是 ＿＿＿＿＿ .

6. 函数 $z=f(x,y)$ 在点 (x_0,y_0) 处满足 $\begin{cases}\dfrac{\partial z}{\partial x}=0,\\[2mm]\dfrac{\partial z}{\partial y}=0,\end{cases}$ 又设 $A=f_{xx}''(x_0,y_0)$, $B=f_{xy}''(x_0,y_0)$, $C=$

$f_{yy}''(x_0,y_0)$. 则

当 $B^2-AC<0$ 时,函数 $z=f(x,y)$ 在点 (x_0,y_0) 处取得＿＿＿＿,而且当 $A>0$ 时取＿＿＿＿,当 $A<0$ 时取＿＿＿＿＿ ;

当 $B^2-AC>0$ 时,函数 $z=f(x,y)$ 在点 (x_0,y_0) 处 ＿＿＿＿＿＿ ;

当 $B^2-AC=0$ 时,函数 $z=f(x,y)$ 在点 (x_0,y_0) 处 ＿＿＿＿＿＿ .

7. 函数 $z=x^3-6xy-y^2+2$ 有 ＿＿＿ 个驻点,其中＿＿＿＿＿是极值点,在该点处取得极

值_____ .

    8. 函数 $z=x^3+xy+y^2-3x-6y$ 的极值点为_____.

三、单项选择题

1. 设函数 $z=\ln(x^2-y^2)+\arctan(xy)$,则 $\left.\dfrac{\partial z}{\partial x}\right|_{(1,0)}=$ ( ).

A. 2　　　　　　　　B. 1　　　　　　　　C. $2+\dfrac{\pi}{4}$　　　　　　　　D. $1+\dfrac{\pi}{4}$

2. 设 $z=\ln x^2+e^{y^2}$,则 $\dfrac{\partial z}{\partial y}=$ ( ).

A. $\dfrac{2}{x}+e^{y^2}$　　　　　　B. $\ln x^2$　　　　　　C. $2ye^{y^2}$　　　　　　D. e^{y^2}

3. 设 $z=e^{xy}+x^2y$,则 $\left.\dfrac{\partial z}{\partial y}\right|_{(1,2)}=$ ( ).

A. $e+1$　　　　　　B. e^2+1　　　　　　C. $2e^2+1$　　　　　　D. $2e+1$

4. 设 $z=x^2\sin 3y$,则 $\dfrac{\partial z}{\partial y}=$ ( ).

A. $-3x^2\cos 3y$　　　　B. $-x^2\cos 3y$　　　　C. $x^2\cos 3y$　　　　D. $3x^2\cos 3y$

5. 设 $z=\cos(x^2y)$,则 $\dfrac{\partial z}{\partial y}=$ ( ).

A. $\sin(x^2y)$　　　　B. $x^2\sin(x^2y)$　　　　C. $-\sin(x^2y)$　　　　D. $-x^2\sin(x^2y)$

6. 设 $f(x,y)=\ln\left(x+\dfrac{y}{2x}\right)$,则 $f'_y(1,0)=$ ( ).

A. $\dfrac{1}{2}$　　　　　　B. 1　　　　　　C. 2　　　　　　D. 0

7. 设 $u=x^2+3xy-y^2$,则 $\dfrac{\partial^2 u}{\partial x\partial y}=$ ( ).

A. -2　　　　　　B. 2　　　　　　C. 3　　　　　　D. 6

8. 点 $(0,0)$ 是函数 $f(x,y)=x^2-y^2$ 的( ).

A. 驻点但不是极值点　　B. 极小值点　　C. 极大值点　　D. 非驻点

四、计算题与证明题

1. 求下列函数的定义域:

(1) $z=\dfrac{1}{\sqrt{x-y}}+\dfrac{1}{x}$;　　　　　　　　　　(2) $z=\dfrac{\arcsin x}{\sqrt{y}}$.

2. 求下列函数的偏导数:

(1) $z=xy^2+3x^2y-6y^3$;　　　　　　　　(2) $z=\dfrac{e^x}{y^2}$;

(3) $z=\sin xy+\cos^2 xy$;　　　　　　　　(4) $z=e^{xy}+x^2y$.

3. 已知函数 $f(x,y) = \mathrm{e}^{-x}(x+2y)$，求 $f'_x(0,1)$，$f'_y(0,1)$.

4. 设 $u = 2\cos^2\left(x - \dfrac{1}{2}y\right)$，求 $\dfrac{\partial u}{\partial x}$，$\dfrac{\partial u}{\partial y}$.

5. 设 $z = \ln(\sqrt{x} + \sqrt{y})$，证明：$x\dfrac{\partial z}{\partial x} + y\dfrac{\partial z}{\partial y} = \dfrac{1}{2}$.

6. 设 $u = \sqrt{x^2 + y^2 + z^2}$，证明：$\left(\dfrac{\partial u}{\partial x}\right)^2 + \left(\dfrac{\partial u}{\partial y}\right)^2 + \left(\dfrac{\partial u}{\partial z}\right)^2 = 1$.

7. 函数 $z = x\ln(x+y)$，求 $\dfrac{\partial^2 z}{\partial x^2}\Big|_{\substack{x=1\\y=2}}$，$\dfrac{\partial^2 z}{\partial y^2}\Big|_{\substack{x=1\\y=2}}$，$\dfrac{\partial^2 z}{\partial x \partial y}\Big|_{\substack{x=1\\y=2}}$.

8. 求函数 $z = x^2 + y^2 - 2x - 4y$ 的极值.

9. 求函数 $f(x,y) = x^2 + xy + y^2 + x - y + 1$ 的极值.

7.4.2　拓展探究练习

一、填空题

1. 函数 $z = \arcsin\dfrac{x}{y}$ 的定义域是 ＿＿＿＿＿＿＿＿＿ .

2. 函数 $z = \dfrac{x\mathrm{e}^y}{y^2}$ 的偏导数 $\dfrac{\partial z}{\partial x} = $ ＿＿＿＿＿＿，$\dfrac{\partial z}{\partial y} = $ ＿＿＿＿＿＿ .

3. 函数 $z = \dfrac{x}{y}$ 的全微分 $\mathrm{d}z = $ ＿＿＿＿＿＿＿＿＿ .

4. 函数 $f(x,y) = \mathrm{e}^{2x}(x+y^2+2y)$ 的驻点是 ＿＿＿＿＿＿ .

5. 函数 $z = xy + \dfrac{50}{x} + \dfrac{50}{y}$ 的极值为 ＿＿＿＿＿＿＿＿ .

二、单项选择题

1. 设 $f(x,y) = \ln\left(x + \dfrac{y}{2x}\right)$，则 $f'_y(1,0) = ($　　$)$.

A. $\dfrac{1}{2}$ 　　　　　　　B. 1 　　　　　　　C. 2 　　　　　　　D. 0

2. 设函数 $z = y^x$，则 $\dfrac{\partial^2 z}{\partial x \partial y} = ($　　$)$.

A. $xy^{x-1}\ln x$ 　　　　B. $y^{x-1}(x+\ln y)$ 　　　C. $y^{x-1}(x\ln y+1)$ 　　　D. $y^x\ln^2 x$

3. 设函数 $z = \sin(x^2-y^2)$，则 $\dfrac{\partial^2 z}{\partial x^2} = ($　　$)$.

A. $-\sin(x^2-y^2)$ 　　　　　　　　　　　B. $\sin(x^2-y^2)$

C. $-4x^2\sin(x^2-y^2)$ 　　　　　　　　　D. $-4x^2\sin(x^2-y^2) + 2\cos(x^2-y^2)$

4. 设函数 $z = f(x,y) = 3x^2 + 2xy - y^2$，则 $\mathrm{d}z\big|_{(1,1)} = ($　　$)$.

A. $(6x+2y)\mathrm{d}x + (2x-2y)\mathrm{d}y$ 　　　　B. $4\mathrm{d}x + 4\mathrm{d}y$

C. $8\mathrm{d}x$ D. $(6x-2y)\,\mathrm{d}x+(2x-2y)\,\mathrm{d}y$

5. 设函数 $f(x,y)=\cos(xy)$，则 $\dfrac{\partial^2 f}{\partial x^2}=$ ( ).

A. $\cos(xy)$ B. $y^2\cos(xy)$ C. $-y\cos(xy)$ D. $-y^2\cos(xy)$

6. 设函数 $u=\ln(x^2+y^2+z^2)$，则 $\mathrm{d}u\big|_{(1,1,1)}=$ ( ).

A. $\dfrac{1}{3}(\mathrm{d}x+\mathrm{d}y+\mathrm{d}z)$ B. $\dfrac{2}{3}(\mathrm{d}x+\mathrm{d}y+\mathrm{d}z)$ C. $\mathrm{d}x+\mathrm{d}y+\mathrm{d}z$ D. $\dfrac{4}{3}(\mathrm{d}x+\mathrm{d}y+\mathrm{d}z)$

7. 函数 $z=x^y(x>0,x\ne 1)$，则 $\mathrm{d}z\big|_{(2,2)}=$ ( ).

A. $4(\mathrm{d}x+\mathrm{d}y)$ B. $4(\mathrm{d}x-\mathrm{d}y)$ C. $4(\mathrm{d}x+\ln 2\,\mathrm{d}y)$ D. $4(\mathrm{d}x-\ln 2\,\mathrm{d}y)$

8. 设 $u=\sin(y+x)+\sin(y-x)$，则下列关系式中正确的是( ).

A. $\dfrac{\partial u}{\partial x}=\dfrac{\partial u}{\partial y}$ B. $\dfrac{\partial^2 u}{\partial x^2}=\dfrac{\partial^2 u}{\partial x\partial y}$ C. $\dfrac{\partial^2 u}{\partial x^2}=\dfrac{\partial^2 u}{\partial y^2}$ D. $\dfrac{\partial^2 u}{\partial x\partial y}=\dfrac{\partial^2 u}{\partial y^2}$

9. 函数 $f(x,y)=x^2+xy+y^2+x-y+1$ 的驻点为( ).

A. $(1,-1)$ B. $(-1,-1)$ C. $(-1,1)$ D. $(1,1)$

10. 设函数 $z=x^2+y^2-2x-4y$，则( ).

A. 在点$(1,2)$处取极大值 5

B. 在点$(1,2)$处取极小值-5

C. 在点$(0,0)$处取极大值 0

D. 在点$(0,0)$处取极小值 0

三、解答题

1. 设圆锥的高为 h，母线长为 l，试将圆锥的体积 V 表示为 h,l 的二元函数.

2. 讨论函数 $f(x,y)=\begin{cases}\dfrac{xy}{\sqrt{x^2+y^2}}, & x^2+y^2\ne 0,\\[2mm] 0, & x^2+y^2=0\end{cases}$ 在点$(0,0)$处的可微性.

3. 求内接于半径为 R 的球面，且具有最大体积的长方体的长、宽、高各是多少.

4. 有一个宽为 24 cm 的长方形铁板，把它两边折起来做成一横断面为等腰梯形的水槽，问怎样折法才能使槽的流量最大.

5. 某工厂生产两种产品的日产量分别为 x 和 y（单位：件），总成本函数 $C(x,y)=8x^2-xy+12y^2$（单位：元），日产量总量限额为 42，求最小成本.

7.5   服务驿站

7.5.1   软件服务

一、实验目的

1. 熟练掌握运用 MATLAB 求二元函数的极限的方法；

2. 掌握运用 MATLAB 求二元函数的偏导数的方法.

二、实验过程

1. 用 MATLAB 求二元函数极限

MATLAB 没有提供专门的命令函数来计算多元函数的极限,多元函数的极限计算仍然用命令函数 limit( ) 来完成,调用格式如下:

$$\text{limit}(\text{limit}(f,x,a),y,b), \qquad 求 \lim_{(x,y)\to(a,b)} f(x,y)$$

例 21　计算极限 $\lim\limits_{(x,y)\to(0,0)} \dfrac{x^2+y^2}{\sin(x^2+y^2)}$.

在 MATLAB 命令窗口中输入:

```
>> clear
>> syms x y
>> f=(x^2+y^2)/sin(x^2+y^2);
>> L=limit(limit(f,x,0),y,0)
 L =
 1
```

即求出极限的结果是 1.

2. 用 MATLAB 求二元函数的偏导数

用 MATLAB 求二元函数的偏导数的命令与一元函数的一样,命令函数是 diff( ),它可以组合出各种求偏导数方法,调用格式如下:

diff(f,x)　　　　　求函数关于 x 的偏导数

diff(f,x,n)　　　　求函数关于 x 的 n 阶偏导数

diff(diff(f,x),y)　　求函数的二阶混合偏导数

例 22　求函数 $z=\arctan(x+xy)$ 关于 x 和 y 的偏导数.

在 MATLAB 命令窗口中输入:

```
>> syms x y
>> f=atan(x+x*y);
>> dx=diff(f,x)
 dx =
 (y + 1)/((x + x*y)^2 + 1)
>> dy=diff(f,y)
 dy =
 x/((x + x*y)^2 + 1)
```

即所求偏导数的结果是 $\dfrac{\partial z}{\partial x}=\dfrac{y+1}{1+(x+xy)^2}$, $\dfrac{\partial z}{\partial y}=\dfrac{x}{1+(x+xy)^2}$.

例 23　求函数 $z=x^4+y^4-4x^2y^2$ 的二阶偏导数.

在 MATLAB 命令窗口中输入:

```
syms x y
>> f=x^4+y^4-4*x^2*y^2;
```

```
>> diff(f,x,2)
  ans =
  12 * x^2 - 8 * y^2
>> diff(f,y,2)
  ans =
  12 * y^2 - 8 * x^2
>> diff(diff(f,x),y)
  ans =
  -16 * x * y
```

即所求结果是 $\dfrac{\partial^2 z}{\partial x^2}=12x^2-8y^2$，$\dfrac{\partial^2 z}{\partial y^2}=12y^2-8x^2$，$\dfrac{\partial^2 z}{\partial x\partial y}=-16xy$.

三、实验任务

1. 用 MATLAB 计算下列极限：

（1）$\displaystyle\lim_{(x,y)\to(0,1)}\frac{1-xy}{x^2+y^2}$；

（2）$\displaystyle\lim_{(x,y)\to(1,0)}\frac{\ln(x+e^y)}{\sqrt{x^2+y^2}}$；

（3）$\displaystyle\lim_{(x,y)\to(0,0)}\frac{xy}{\sqrt{xy+1}-1}$；

（4）$\displaystyle\lim_{(x,y)\to(0,0)}\frac{1-\cos(x^2+y^2)}{(x^2+y^2)\,e^{x^2y^2}}$.

2. 用 MATLAB 求函数 $z=\arctan\dfrac{y}{x}-\ln\sqrt{x^2+y^2}$ 的偏导数 $\dfrac{\partial z}{\partial x}$，$\dfrac{\partial z}{\partial y}$.

3. 用 MATLAB 求函数 $z=y^x$ 的偏导数 $\dfrac{\partial z}{\partial x}$，$\dfrac{\partial z}{\partial y}$.

4. 用 MATLAB 求函数 $z=x\ln(xy)$ 的二阶偏导数 $\dfrac{\partial^2 z}{\partial x^2}$，$\dfrac{\partial^2 z}{\partial y^2}$，$\dfrac{\partial^2 z}{\partial x\partial y}$.

7.5.2　建模体验

一、用水模型

【工业用水问题】在化工厂的生产过程中，反应罐内液体化工原料排出后，在罐壁上留有 $a$kg 含有该化工原料浓度 c_0 的残液，现在用 $b$kg 清水去清洗，拟分三次进行. 每次清洗后总还在罐壁上留有 $a$kg 含该化工原料的残液. 但浓度由 c_0 变为 c_1，再变为 c_2，最后变为 c_3，试问应该如何分配三次的用水量，使最终浓度 c_3 为最小？

解　（1）建立数学模型

设三次的用水量分别为 $x$kg，$y$kg，$z$kg，则

第一次清洗后残液浓度为
$$c_1=\frac{ac_0}{a+x},$$

第二次清洗后残液浓度为
$$c_2=\frac{ac_1}{a+y}=\frac{a^2c_0}{(a+x)(a+y)},$$

第三次清洗后残液浓度为 $\quad c_3 = \dfrac{ac_2}{a+z} = \dfrac{a^3 c_0}{(a+x)(a+y)(a+z)},$

所以问题就变成了求目标函数

$$c_3 = \frac{a^3 c_0}{(a+x)(a+y)(a+z)}$$

在约束条件 $\qquad\qquad\qquad\qquad x+y+z = b$

下的最小值.

为了方便运算,可将它化为求目标函数

$$u = (a+x)(a+y)(a+z)$$

在约束条件

$$x+y+z = b$$

下的最大值问题.

（2）模型求解　建立拉格朗日函数

$$L = (a+x)(a+y)(a+z) + \lambda(x+y+z-b),$$

求其关于 x, y, z, λ 的偏导数,并令其等于零,解方程组

$$\begin{cases} L'_x = (a+y)(a+z) + \lambda = 0, \\ L'_y = (a+x)(a+z) + \lambda = 0, \\ L'_z = (a+x)(a+y) + \lambda = 0, \\ L'_\lambda = x+y+z-b = 0, \end{cases}$$

解得 $x = y = z = \dfrac{b}{3}$,即当三次用水量相等时,有最好的洗涤效果,此时

$$(c_3)_{\min} = \frac{c_0}{\left(1 + \dfrac{b}{3a}\right)^3}.$$

综上,当三次用水量 $x = y = z = \dfrac{b}{3}$ 时,有最好的洗涤效果.

注意:此案例可用于生活用水问题.例如洗衣、淘米问题.

二、最优价格模型

在生产和销售商品的过程中,显然,销售价格上升必将使生产者在单位商品上获得更大利润,但也同时导致消费者的购买欲望下降,造成销售量减少.但在规模生产中,单位商品的生产成本随产量的增加而降低,因此销售量、成本与销售价格是相互影响的.生产者要选择合理的销售价格才能获得最大的利润,这个价格称为最优价格.

问题:一家电视机厂在进行某种型号的电视机的销售价格决策时,有如下数据:

1. 根据市场调研,当地对该种型号的电视机的年需求量为 100 万台;

2. 去年该厂共售出 10 万台,每台售价 4 000 元.

仅生产一台电视机的成本为 4 000 元,但在批量生产后,生产 1 万台的成本降低到每台 3 000 元.问最优销售价格是多少?

解 （1）建立数学模型   设这种电视机的总销售量为 x，每台生产成本为 c，销售价格为 P，那么厂家的利润为

$$z(x,c,P)=(P-c)x.$$

根据市场预测，销售量与销售价格的关系为

$$x=Me^{-\alpha P},M>0,\alpha>0.$$

这里的 M 是市场的最大需求量，α 是价格系数（该公式也表明销售价格越高，销售量越少）。

同时，每台电视机的成本有如下公式

$$c=c_0-k\ln x,c_0>0,k>0,x>0.$$

这里的 c_0 是只生产 1 台电视机的成本，k 是规模系数（销售量越大，成本越低）。

所以问题就转化为求利润函数

$$z(x,c,P)=(P-c)x$$

在约束条件

$$\begin{cases} x=Me^{-\alpha P}, \\ c=c_0-k\ln x \end{cases}$$

下的极值问题。

（2）模型求解   作拉格朗日函数

$$L(x,c,P,\lambda,\mu)=(P-c)x+\lambda(x-Me^{-\alpha P})+\mu(c-c_0+k\ln x),$$

对拉格朗日函数求关于 c,P,x,λ,μ 的偏导数，分别令其等于零，解方程组

$$\begin{cases} L_c'=-x+\mu=0, \\ L_P'=x+\lambda M\alpha e^{-\alpha P}=0, \\ L_x'=P-c+\lambda+\mu\dfrac{k}{x}=0, \\ L_\lambda'=x-Me^{-\alpha P}=0, \\ L_\mu'=c-c_0+k\ln x=0, \end{cases}$$

解得 $P=\dfrac{c_0-k\ln M+\dfrac{1}{\alpha}-k}{1-\alpha k}$，此即为最优价格。

这个结果表明，只要确定了规模系数 k 和价格系数 α，最优价格的具体数值就确定了。

现在利用这个模型解决我们的问题，已知 $M=1\,000\,000,c_0=4\,000$，去年售出 10 万台，售价为 4 000 元，因此得到

$$\alpha=\frac{\ln M-\ln x}{P}=\frac{6\ln 10-5\ln 10}{4\,000}\approx 0.000\,58,$$

生产 1 万台时成本降低为每台 3 000 元，因此得到

$$k=\frac{c_0-c}{\ln x}=\frac{4\,000-3\,000}{5\ln 10}\approx 108.57,$$

将以上数据代入最优价格 $P=\dfrac{c_0-k\ln M+\dfrac{1}{\alpha}-k}{1-\alpha k}$ 中，得到今年的最优价格应为 $P\approx 4\,392$（元/台）。

7.5.3 重要技能备忘录

1. 二元函数的极限

在极限定义的理解上要注意：只有当点(x,y)在xOy平面以任意方式趋向于点(x_0,y_0)时，函数$f(x,y)$总是趋向于一个确定的常数A，才能称常数A为函数$f(x,y)$当(x,y)趋向于(x_0,y_0)时的极限.

二元函数的极限有时可以转化成一元函数的极限.

2. 二元函数的连续与间断

二元函数的连续的定义与一元函数的连续的定义是相同的，点P_0为函数的连续点应满足以下三个条件：

（1）$f(x,y)$在点(x_0,y_0)有定义；

（2）$\lim\limits_{(x,y)\to(x_0,y_0)}f(x,y)$存在；

（3）$\lim\limits_{(x,y)\to(x_0,y_0)}f(x,y)=f(x_0,y_0)$.

若有一条不满足，则该点为间断点.

有界闭区域上的多元连续函数也有最值性质和介值性质.

3. 二元函数的偏导数

（1）二元函数$z=f(x,y)$的偏导数

对自变量x求偏导数时，把y看作常量，只把x作为变量，求导的公式、法则与一元函数类似，对自变量y求偏导数的时候可以把x看作常数进行求导.

（2）二元函数$z=f(x,y)$的二阶偏导数

二阶偏导数有四个，$\dfrac{\partial^2 z}{\partial x\partial y}$和$\dfrac{\partial^2 z}{\partial y\partial x}$称为二阶混合偏导数. 若二阶混合偏导数连续，则函数的二阶混合偏导数相等.

4. 二元函数的全微分

若函数$z=f(x,y)$在点(x,y)处可微，则全微分为

$$\mathrm{d}z=\frac{\partial z}{\partial x}\mathrm{d}x+\frac{\partial z}{\partial y}\mathrm{d}y.$$

计算全微分，首先求出函数的偏导数，再代入全微分公式即可.

全微分的应用：

（1）计算函数值的近似值

$$f(x_0+\Delta x,y_0+\Delta y)\approx f(x_0,y_0)+f_x'(x_0,y_0)\Delta x+f_y'(x_0,y_0)\Delta y;$$

（2）计算函数值全增量的近似值

$$\Delta z\approx\mathrm{d}z=f_x'(x_0,y_0)\Delta x+f_y'(x_0,y_0)\Delta y.$$

5. 二元函数的极值

（1）极值存在的充分条件

设$z=f(x,y)$在(x_0,y_0)的某个邻域内有连续二阶偏导数，且$f_x'(x_0,y_0)=0$，$f_y'(x_0,y_0)=0$，令$f_{xx}''(x_0,y_0)=A$，$f_{xy}''(x_0,y_0)=B$，$f_{yy}''(x_0,y_0)=C$，则

当 $B^2-AC<0$ 且 $A<0$ 时，$f(x_0,y_0)$ 为极大值；

当 $B^2-AC<0$ 且 $A>0$ 时，$f(x_0,y_0)$ 为极小值；

当 $B^2-AC>0$ 时，(x_0,y_0) 不是极值点，函数 $f(x,y)$ 无极值.

（2）求极值的步骤

① 先求出偏导数，再令 $f'_x(x,y)=0$，$f'_y(x,y)=0$，求得所有解，找到所有的驻点；

② 求二阶偏导数，并求出在每个驻点处对应的二阶偏导数的值 A、B 和 C；

③ 计算出 B^2-AC 的值，由极值的充分条件来判断 $f(x_0,y_0)$ 是否是极大值、极小值，是极值时求出相应的极值；

④ 若极值的充分条件不适用或有不可导点，则需单独判断.

6. 二元函数的最值问题

解决最值问题的思路：

（1）由问题设定合适的变量，建立数学模型，找到目标函数；

（2）模型求解（针对目标函数求极值）；

（3）若是无条件极值，就对目标函数求偏导数，令其偏导数为零，求解方程组的解，得驻点，由于最值存在，而驻点是唯一的，所以驻点就是所要求的最优解.

若是条件极值，就构造拉格朗日函数，用拉格朗日乘数法解决极值问题.

7.5.4 "E"随行

自 主 检 测

一、单项选择题

1. $\lim\limits_{(x,y)\to(0,1)}\dfrac{1-xy}{x^2+y^2}=$（　　）.

A. 0　　　　　　　　B. 1　　　　　　　　C. 2　　　　　　　　D. ∞

2. 设函数 $f(x,y)=\ln\left(x+\dfrac{y}{2x}\right)$，则 $f'_x(-1,1)=$（　　）.

A. $-\dfrac{1}{3}$　　　　　　B. $\dfrac{1}{3}$　　　　　　C. $\dfrac{1}{2}$　　　　　　D. $-\dfrac{2}{3}$

3. 函数 $f(x,y)$ 关于 x 和 y 的偏导数都存在，是函数可微的（　　）条件.

A. 充分　　　　　　B. 必要　　　　　　C. 充分必要　　　　D. 无关

4. 函数 $z=x^2+y^2$ 在点 $(0,0)$ 处（　　）.

A. 有极大值　　　　B. 有极小值　　　　C. 无极值　　　　　D. 不是驻点

5. 函数 $z=e^{xy}$ 在点 $(1,1)$ 处的全微分 $dz=$（　　）.

A. e^2dx+e^2dy　　　B. $e^{xy}dx+e^{xy}dy$　　C. $edx+edy$　　　D. $dx+dy$

6. 设函数 $z=\dfrac{x^2}{y}$，则 $\dfrac{\partial^2 z}{\partial y\partial x}=$（　　）.

A. $\dfrac{2x}{y}$　　　　　　　B. x^2　　　　　　　C. $2x$　　　　　　D. $-\dfrac{2x}{y^2}$

二、填空题

1. 函数 $z=\ln(x^2 y)$ 的定义域为 _____.

2. 若函数 $f\left(\dfrac{x}{y}\right)=\dfrac{\sqrt{x^2+y^2}}{y}$ $(x>0,y>0)$,则 $f(x)=$ _____.

3. 若 $f(x,y)=\dfrac{x^2+y^2}{3xy}$,则 $f\left(1,\dfrac{y}{x}\right)=$ _____.

4. 设 $z=x^y$,则 $\dfrac{\partial z}{\partial x}=$ _____,$\dfrac{\partial z}{\partial y}=$ _____.

5. $\lim\limits_{(x,y)\to(0,0)}\dfrac{2-\sqrt{xy+4}}{xy}=$ _____.

6. 已知函数 $z=2x^2+3xy-y^2$,则 $\dfrac{\partial^2 z}{\partial x\partial y}=$ _____.

7. 设 $z=x\cos y$,则 $\mathrm{d}z=$ _____.

8. 函数 $z=x^3-4x^2+2xy-y^2$ 的极大值是 _____.

三、计算题

1. 求下列极限:

(1) $\lim\limits_{(x,y)\to(1,0)}(x^2+xy-y^2)$;　　　　(2) $\lim\limits_{(x,y)\to(1,1)}\left(1+\dfrac{1}{x}\right)^{\frac{x^2}{x^2+y^2}}$.

2. 求下列函数的偏导数:

(1) $z=\sin(3x+2y)$;　　　　(2) $z=x\mathrm{e}^{-xy}$;

(3) $z=\ln(x^2+y^2)$.

3. 设函数 $f(x,y)=\sin(xy^2)$,求 $f''_{xx}(1,1)$,$f''_{yx}\left(\dfrac{\pi}{2},1\right)$.

4. 求函数 $z=\mathrm{e}^{2x}(x+y^2+2y)$ 的极值.

7.6　数学文化

多元函数微分学的发展

18 世纪,微积分发展的一个重要方向是由一元微分学向多元微分学的推广. 虽然牛顿和莱布尼茨在创立微积分的过程中也接触到了偏微商和重积分的概念,但将微积分算法推广到多元函数并建立偏导数理论和多重积分理论的主要是 18 世纪的数学家.

所谓偏导数是指在多个自变量的函数中,考虑其中某一个自变量的导数. 尼古拉·伯努利在 1720 年证明了二元函数 $f(x,y)$ 在一定条件下,对 x,y 求偏导数其结果与求导顺序无关,即相当于有

$$\frac{\partial^2 f(x,y)}{\partial x\partial y}=\frac{\partial^2 f(x,y)}{\partial y\partial x}.$$

1734 年欧拉给出了二阶偏导数的演算,给出了两个二阶混合偏导数相等的条件,但没给

出证明. 他还研究了二元极值, 给出全微分的可积条件等内容, 欧拉在一系列的论文中发展了偏导数的理论.

1739 年, 克莱洛在关于地球形状的论文中首次提出全微分的概念, 建立了现在称为全微分方程的一个方程 $Pdx+Qdy+Rdz=0$, 讨论了该方程可积的条件. 1743 年, 达朗贝尔在他的著作《动力学》中首次写出了偏微分方程, 在 1747 年发表的论文《张紧的弦振动时形成的曲线的研究》中推广了偏导数的演算.

牛顿和莱布尼茨以后的欧洲数学分裂为两派, 以莱布尼茨创立的分析方法进展很快. 拉格朗日是仅次于欧拉的数学分析的开拓者, 对数学分析的贡献非常大, 比如拉格朗日中值定理和拉格朗日乘数法, 应用拉格朗日中值定理可以判断函数的单调性、有界性、一致连续性, 证明等式、不等式, 判断方程根的存在性等. 利用拉格朗日乘数法能够对多元函数的极值进行求解, 尤其是存在多个变量和限制条件的. 拉格朗日对变系数常微分方程研究做出重大成果, 他系统地研究了奇解和通解的关系, 明确提出由通解及其对积分常数的偏导数消去常数求出奇解的方法; 还指出奇解为原方程积分曲线族的包络线. 他还是一阶偏微分方程理论的建立者, 系统地完成了一阶偏微分方程的理论和解法.

偏导数的符号在早期和导数的符号一样, 都用记号 "d" 来表示, 但是这样不能很好地区别被求导的对象是一元函数还是多元函数, 因此有必要引进不同的符号来区别求导对象的不同, 目前我们教材中的偏导数的符号是 $\dfrac{\partial}{\partial x}, \dfrac{\partial}{\partial y}$, 这一符号直到 19 世纪 40 年代, 由雅克比在行列式理论中正式创用并逐渐普及.

对推进微积分及其应用贡献卓越的数学家除了伯努利兄弟、欧拉和拉格朗日外, 还有克莱洛、达朗贝尔、蒙日、拉普拉斯和勒让德. 虽然他们不像牛顿和莱布尼茨那样创立了微积分, 但他们在微积分发展史上同样功不可没, 没有他们的奋力开发和仔细耕耘, 微积分就不可能像现在这样春色满园.

欧拉 达朗贝尔 拉格朗日

7.7   专题:"微"入人心,"积"行千里

用多元函数微分学解密"中国天眼"

2016 年,我国自主研制的 500 米口径球面射电望远镜(FAST)在贵州省黔南州平塘县大窝凼落成启用,它是目前世界上口径最大、灵敏度最高的单口径射电望远镜,被誉为"中国天眼". FAST 的高灵敏度与大天区覆盖将可以开展高精度的脉冲星观测研究,精确测定黑洞质量. FAST 还拥有巨大的口径与优良的电波环境,将有助于加深我们对宇宙起源和演化的了解. FAST 工程的灵敏度和综合性能分别比德国波恩 100 米望远镜、美国阿雷西博 300 米望远镜提高约 10 倍. FAST 在深空探测、载人航天、探月工程等方面也提供了强有力支撑. FAST 的研究涵盖广泛的天文学内容,其潜在的应用价值目前难以估量.

FAST 的工作面即其反射面是一个口径 300 米的旋转抛物面,总面积约为 25 万平方米,其中反射单元共计 4 450 块,用于汇聚电磁波,从而实现天文观测.

利用第 6 章的知识得到其理想抛物曲面方程是

$$z = \frac{x^2 + y^2}{559.2} - 300,$$

试结合本章所学习的内容,求出 FAST 反射曲面方程的一阶、二阶偏导数,并判断其有无极值.

第 8 章

二重积分

8.1 单元导读

本章简介：▶

  在解决许多实际问题时，我们往往需要计算空间立体的体积、曲面的面积、非均匀物体的质量等. 解决这些问题，需要用到重积分，当被积函数是二元函数或三元函数，积分范围是平面区域时，这种积分就是重积分. 本章将在一元函数定积分的基础上，介绍二重积分的概念、性质、计算方法和一些应用.

本章知识结构图(图 8-1):

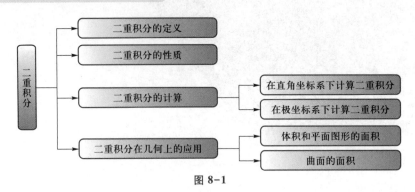

图 8-1

本章教学目标:

1. 理解二重积分的定义,掌握二重积分的性质,能用二重积分的概念和性质求简单二重积分.

2. 掌握直角坐标系下二重积分的计算方法.

3. 掌握极坐标系下二重积分的计算方法.

4. 了解二重积分在几何上的应用.

本章重点:

二重积分的定义和性质,直角坐标系和极坐标系下二重积分的计算.

本章难点:

直角坐标系下和极坐标系下二重积分的计算.

学习建议:

二重积分解决问题的基本思想与定积分是一致的,并且计算可以归结为定积分的计算. 在学习中要善于比较,抓住二重积分与定积分之间的密切联系,注意比较它们的共同点与不同点.

8.2　二重积分与生活

8.2.1　无处不在的二重积分

一、曲面面积的计算

在实际生活中,有时要制作一些表面是曲面的模型,如制作球面模型(图 8-2). 制作前往往要计算所需材料的面积,这时就可以用二重积分来计算.

二、空间立体体积的计算

在实际生活中,有时需要计算一些空间立体的体积,如形状为旋转抛物面的容器的容积(图 8-3). 这时就可以借助二重积分来解决.

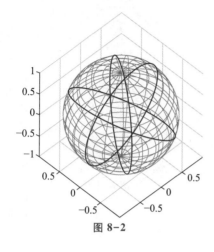

图 8-2

图 8-3

8.2.2 揭秘生活中的二重积分

（1）球面的面积:写出球面方程 $x^2+y^2+z^2=R^2$,用"元素法"可得球面面积为 $4\pi R^2$.

（2）空间立体的体积:可以根据二重积分的几何意义计算空间立体的体积.

8.3 知识纵横——二重积分之旅

8.3.1 二重积分的概念与性质

一、两个实例

1. 曲顶柱体的体积

设有一个立体,它的底是 xOy 平面上的有界闭区域 D,它的侧面是以 D 的边界曲线为准线,而母线平行于 z 轴的柱面,它的顶部是定义在 D 上的二元函数 $z=f(x,y)$ 所表示的连续曲面,并设 $f(x,y)\geq0$. 这种柱体称为**曲顶柱体**,如图 8-4 所示.

那么如何计算曲顶柱体的体积呢?

如果曲顶柱体的上表面是平行于 xOy 坐标平面的平面,即二元函数 $z=f(x,y)=h$(h 为常数),则曲顶柱体实际上就是一个平顶柱体了,如果区域 D 的面积为 A,则此平顶柱体的体积为 $V=Ah$. 但一般来说,曲顶柱体的上表面是一张不规则的曲面,即二元函数 $z=f(x,y)$ 在

区域 D 上是变化的,因此就不能用上述平顶柱体体积的计算方法来计算曲顶柱体的体积了,但我们可以采用和计算曲边梯形面积类似的方法来计算曲顶柱体的体积,即采用分割、取近似、求和、取极限的方法,也就是我们常说的"以直代曲"的思想方法,使"曲顶"问题转化为"平顶"问题来解决,如图 8-5 所示.

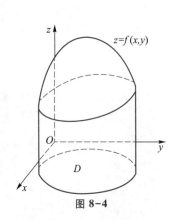 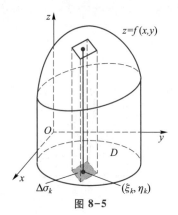

图 8-4　　　　　　　　　图 8-5

(1)分割:把闭区域 D 任意分成 n 个小闭区域 $\sigma_1,\sigma_2,\cdots,\sigma_n$,它们的面积分别记作 $\Delta\sigma_k$ $(k=1,2,\cdots,n)$,分别以这些小闭区域的边界曲线为准线,作母线平行于 z 轴的柱面,这些柱面把原来的曲顶柱体分成 n 个小曲顶柱体.

(2)取近似:在每个 σ_k 中任意取一点 $P_k(\xi_k,\eta_k)$,则以 $\Delta\sigma_k$ 为底,$f(\xi_k,\eta_k)$ 为高的小曲顶柱体的体积近似值为 $\Delta V_k\approx\Delta\sigma_k f(\xi_k,\eta_k)(k=1,2,\cdots,n)$.

(3)求和:n 个小曲顶柱体体积近似值的累加等于大曲顶柱体体积的近似值,即

$$V=\sum_{k=1}^{n}\Delta V_k\approx\sum_{k=1}^{n}\Delta\sigma_k f(\xi_k,\eta_k).$$

(4)取极限:当各个小闭区域直径(有界闭区域的直径是指区域中任意两点间距离的最大值)的最大值 $\lambda\to0$ 时,如果和式的极限存在,则此极限值就是所求曲顶柱体的体积,即 $V=\lim\limits_{\lambda\to0}\sum\limits_{k=1}^{n}f(\xi_k,\eta_k)\Delta\sigma_k$.

2. 平面薄板的质量

设质量非均匀分布的平面薄板(图 8-6),在 xOy 面上所占的区域为 D,它的面密度为 $\rho(x,y)$,其中 $\rho(x,y)$ 在区域 D 上连续,求薄板的质量.

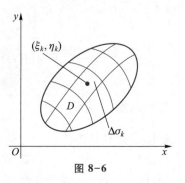

图 8-6

(1)分割:将区域 D 任意分成 n 个小闭区域 $\sigma_1,\sigma_2,\cdots,$ σ_n,它们的面积分别记作 $\Delta\sigma_k(k=1,2,\cdots,n)$.

(2)取近似:在 σ_k 上任意取一点 $P_k(\xi_k,\eta_k)$,该小闭区域对应的质量 $\Delta m_k\approx\rho(\xi_k,\eta_k)\Delta\sigma_k$.

(3)求和:n 个小闭区域质量近似值的累加等于薄板质量的近似值 $m\approx\sum\limits_{k=1}^{n}\Delta\sigma_k\rho(\xi_k,\eta_k)$.

(4)取极限:当各小闭区域直径中的最大值 $\lambda\to0$ 时,如果和式的极限存在,则此极限值就是所求平面薄板的质量,即 $m=\lim\limits_{\lambda\to0}\sum\limits_{k=1}^{n}\Delta\sigma_k\rho(\xi_k,\eta_k)$.

从上面两个例子可以看出,虽然二者的实际意义不同,但解决问题的方法及运算结构是完全一样的,最后都归结为求二元函数的同一形式的和式的极限.

把上述问题及许多类似问题的实际意义抛开,抽象出处理问题的一般数学方法,就形成了二重积分的概念.

二、二重积分的定义

定义 1 设 $z=f(x,y)$ 为有界闭区域 D 上的函数. 把闭区域 D 任意分成 n 个小闭区域 σ_k, 它们的面积分别记作 $\Delta\sigma_k(k=1,2,\cdots,n)$. 在每个小闭区域 σ_k 中,任意取一点 $P_k(\xi_k,\eta_k)$,作乘积 $f(\xi_k,\eta_k)\Delta\sigma_k$,并作和式 $\sum_{k=1}^{n}f(\xi_k,\eta_k)\Delta\sigma_k$. 无论 σ_k 怎样划分,$P_k(\xi_k,\eta_k)$ 怎样取,当各小闭区域直径中的最大值 $\lambda\to0$ 时,若和式的极限存在,则此极限值为函数 $f(x,y)$ 在区域 D 上的**二重积分**,记作 $\iint\limits_{D}f(x,y)\mathrm{d}\sigma$,即

$$\iint\limits_{D}f(x,y)\mathrm{d}\sigma = \lim_{\lambda\to0}\sum_{k=1}^{n}f(\xi_k,\eta_k)\Delta\sigma_k .$$

其中,x 与 y 称为**积分变量**,$f(x,y)$ 称为**被积函数**,$f(x,y)\mathrm{d}\sigma$ 称为**被积表达式**,$\mathrm{d}\sigma$ 称为**面积元素**,D 称为**积分区域**.

关于二重积分的几点说明:

(1) 如果被积函数 $f(x,y)$ 在闭区域 D 上的二重积分存在,则称 $f(x,y)$ 在 D 上可积. 当 $f(x,y)$ 在闭区域 D 上连续时,其在 D 上一定可积. 以后总假定 $f(x,y)$ 在 D 上连续.

(2) 二重积分只与被积函数、积分区域有关,与积分变量的记号无关,即

$$\iint\limits_{D}f(x,y)\mathrm{d}x\mathrm{d}y = \iint\limits_{D}f(u,v)\mathrm{d}u\mathrm{d}v .$$

(3) 二重积分的几何意义:若 $f(x,y)\geq0$,二重积分表示以 $f(x,y)$ 为曲顶,以 D 为底的曲顶柱体的体积;若 $f(x,y)\leq0$,二重积分表示曲顶柱体体积的相反数;若 $f(x,y)$ 有正有负,二重积分就等于 xOy 面上方的柱体体积减去 xOy 面下方的柱体体积所得之差.

三、二重积分的性质

二重积分具有与定积分类似的性质. 设 $f(x,y),g(x,y)$ 在有界闭区域 D 上均可积,则有如下性质:

性质 1 $$\iint\limits_{D}kf(x,y)\mathrm{d}\sigma = k\iint\limits_{D}f(x,y)\mathrm{d}\sigma(k \text{ 为常数}).$$

性质 2 $$\iint\limits_{D}[f_1(x,y) \pm f_2(x,y)]\mathrm{d}\sigma = \iint\limits_{D}f_1(x,y)\mathrm{d}\sigma \pm \iint\limits_{D}f_2(x,y)\mathrm{d}\sigma .$$

性质 3 若区域 D 分为两个部分区域 D_1 与 D_2,则

$$\iint\limits_{D}f(x,y)\mathrm{d}\sigma = \iint\limits_{D_1}f(x,y)\mathrm{d}\sigma + \iint\limits_{D_2}f(x,y)\mathrm{d}\sigma .$$

性质 4 若在 D 上,$f(x,y)\equiv1$,σ 为区域 D 的面积,则

$$\sigma = \iint\limits_{D}1\mathrm{d}\sigma = \iint\limits_{D}\mathrm{d}\sigma .$$

性质 5　若在 D 上，$f(x,y) \leqslant \varphi(x,y)$，则有不等式

$$\iint\limits_{D} f(x,y)\,\mathrm{d}\sigma \leqslant \iint\limits_{D} \varphi(x,y)\,\mathrm{d}\sigma .$$

推论　由于 $-|f(x,y)| \leqslant f(x,y) \leqslant |f(x,y)|$，则

$$\left| \iint\limits_{D} f(x,y)\,\mathrm{d}\sigma \right| \leqslant \iint\limits_{D} |f(x,y)|\,\mathrm{d}\sigma .$$

性质 6　设 M 与 m 分别是 $f(x,y)$ 在闭区域 D 上的最大值和最小值，σ 是 D 的面积，则

$$m\sigma \leqslant \iint\limits_{D} f(x,y)\,\mathrm{d}\sigma \leqslant M\sigma .$$

性质 7（二重积分的中值定理）　设函数 $f(x,y)$ 在闭区域 D 上连续，σ 是 D 的面积，则在 D 上至少存在一点 (ξ,η)，使得

$$\iint\limits_{D} f(x,y)\,\mathrm{d}\sigma = f(\xi,\eta)\sigma .$$

活动操练–1

1. 利用二重积分的几何意义证明 $\iint\limits_{D} \sqrt{R^2 - x^2 - y^2}\,\mathrm{d}\sigma = \dfrac{2}{3}\pi R^3$，其中 D 是以原点为中心、R 为半径的圆形区域.

2. 利用二重积分的几何意义，计算下列二重积分的值.

(1) $D = \{(x,y) \mid 1 \leqslant x^2 + y^2 \leqslant 4\}$，求 $\iint\limits_{D} \mathrm{d}x\mathrm{d}y$.

(2) D 是由 $y = x$，$y = \dfrac{1}{2}x$，$y = 2$ 所围成的闭区域，求 $\iint\limits_{D} \mathrm{d}x\mathrm{d}y$.

攻略驿站

1. 二重积分的定义也是从实践中抽象出来的，是定积分的推广，其中蕴含的数学思想与定积分一样，也是一种和式的极限.

2. 二重积分的被积函数是二元函数，积分范围是平面上的一个区域.

3. 比较二重积分和定积分的定义可知，二重积分具有与定积分类似的性质. 要特别注意 $\sigma = \iint\limits_{D} 1\mathrm{d}\sigma = \iint\limits_{D} \mathrm{d}\sigma$，即当被积函数为 1 时，二重积分的值是以区域 D 为底、高为 1 的平顶柱体的体积，在数值上等于柱体的底面积.

8.3.2　二重积分的计算

二重积分的定义本身给出了二重积分的计算方法，但在实际计算中如果用这种方法计算往往极其繁琐，并且按照定义计算二重积分也有很大的局限性，因此本节将给出一种在直角坐标系下计算二重积分的方法，就是在一定条件下，将二重积分的计算问题转化成两次一元函数的定积分的计算问题，也称为二次积分或累次积分.

一、在直角坐标系下计算二重积分

由二重积分的定义可知,当 $f(x,y)$ 在区域 D 上可积时,其积分值与区域 D 的分割方法无关,因此可以采取特殊的分割方法来计算二重积分,以简化计算. 在直角坐标系中,用分别平行于 x 轴和 y 轴的直线将区域 D 分成许多小矩形,如图 8-7,这时面积元素 $\mathrm{d}\sigma = \mathrm{d}x\mathrm{d}y$,二重积分也可记为

$$\iint\limits_{D} f(u,v)\,\mathrm{d}\sigma = \iint\limits_{D} f(x,y)\,\mathrm{d}x\mathrm{d}y.$$

下面分三种情况来讨论直角坐标系下二重积分的计算:

（1）积分区域 D 可以用不等式表示为

$$a \leqslant x \leqslant b, \quad c \leqslant y \leqslant d.$$

即区域 D 是由直线 $x=a, x=b$ 及 $y=c, y=d$ 围成的矩形.

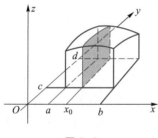

图 8-7

为了计算二重积分 $\iint\limits_{D} f(x,y)\,\mathrm{d}\sigma$,可以将它理解为曲顶柱体的体积 V（图 8-8）,在区间 $[a,b]$ 上任取一点 x_0,作垂直于 x 轴的平面,这个平面与曲顶柱体相交所得的截面是一个以区间 $[c,d]$ 为底,以 $z=f(x_0,y)$ 为曲边的曲边梯形,其面积为

$$A(x_0) = \int_{c}^{d} f(x_0,y)\,\mathrm{d}y.$$

将曲顶柱体用垂直于 x 轴的平面切成多个小薄片,任取一个对应于区间 $[x, x+\mathrm{d}x]$ 的薄片,当这个薄片的厚度 $\mathrm{d}x$ 充分小时,这个薄片可以近似看成是以截面 $A(x)$ 为底面积,以 $\mathrm{d}x$ 为高的薄柱体,如图 8-9 所示,故该薄片体积的近似值为

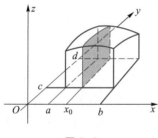
图 8-8

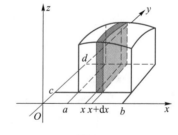
图 8-9

$$\mathrm{d}V = A(x)\,\mathrm{d}x,$$

所以曲顶柱体的体积为

$$V = \iint\limits_{D} f(x,y)\,\mathrm{d}\sigma = \int_{a}^{b} \mathrm{d}V = \int_{a}^{b} A(x)\,\mathrm{d}x = \int_{a}^{b}\left[\int_{c}^{d} f(x,y)\,\mathrm{d}y\right]\mathrm{d}x.$$

等式右边的积分 $\int_{c}^{d} f(x,y)\,\mathrm{d}y$ 是将 x 看成常数,对于积分变量 y 在区间 $[c,d]$ 上求定积分,积分结果是不含 y 只含 x 的函数,所以再把它作为被积函数在 $[a,b]$ 上求定积分即可.

这样二重积分的计算就化成了先对 y 后对 x 的两次定积分的计算了. 另外,上式右端的二次积分也可以写成

$$\int_{a}^{b}\mathrm{d}x\int_{c}^{d} f(x,y)\,\mathrm{d}y.$$

同样,这个二重积分也可以化为先对 x 后对 y 的二次积分

$$\int_c^d \left[\int_a^b f(x,y)\,\mathrm{d}x \right]\mathrm{d}y \quad \text{或} \quad \int_c^d \mathrm{d}y \int_a^b f(x,y)\,\mathrm{d}x .$$

（2）积分区域 D 可以用不等式表示为

$$\varphi_1(x) \leqslant y \leqslant \varphi_2(x), a \leqslant x \leqslant b.$$

即区域 D 是由曲线 $y=\varphi_1(x), y=\varphi_2(x)$ 及直线 $x=a, x=b$ 所围成的闭区域. 此时,称 D 为 X 型区域（图 8-10）.

用类似于（1）中的方法可以证明,二重积分

$$\iint\limits_D f(x,y)\,\mathrm{d}\sigma = \int_a^b \mathrm{d}x \int_{\varphi_1(x)}^{\varphi_2(x)} f(x,y)\,\mathrm{d}y .$$

（3）积分区域 D 可以用不等式表示为

$$\psi_1(y) \leqslant x \leqslant \psi_2(y), c \leqslant y \leqslant d.$$

即区域 D 是由曲线 $x=\psi_1(y), x=\psi_2(y)$ 及直线 $y=c, y=d$ 所围成的闭区域. 此时,称 D 为 Y 型区域（图 8-11）.

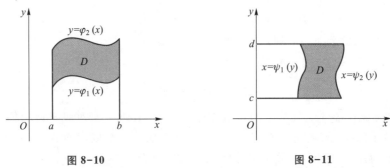

图 8-10　　　　　　　　　　图 8-11

用类似于（1）中的方法可以证明,二重积分

$$\iint\limits_D f(x,y)\,\mathrm{d}\sigma = \int_c^d \mathrm{d}y \int_{\psi_1(y)}^{\psi_2(y)} f(x,y)\,\mathrm{d}x .$$

在二重积分的计算中,常常既要考虑有界闭区域 D 的边界,又要兼顾被积函数的情况,以确定积分次序. 如果 D 的边界比较复杂,可以把 D 分成若干个小闭区域,使得在每个小闭区域上可以用上述方法计算二重积分,然后利用二重积分对积分区域的可加性求出区域 D 上的二重积分的值.

例 1　计算二重积分 $\iint\limits_D x\mathrm{e}^{xy}\mathrm{d}x\mathrm{d}y$,其中 D 是由直线 $x=0$, $x=1, y=0, y=1$ 围成的闭区域.

解　积分区域 D 如图 8-12 中阴影部分所示,于是

$$\iint\limits_D x\mathrm{e}^{xy}\mathrm{d}x\mathrm{d}y = \int_0^1 \mathrm{d}x \int_0^1 x\mathrm{e}^{xy}\mathrm{d}y$$

$$= \int_0^1 \mathrm{d}x \int_0^1 \mathrm{e}^{xy}\mathrm{d}(xy) = \int_0^1 (\mathrm{e}^x - 1)\mathrm{d}x$$

$$= (\mathrm{e}^x - x)\Big|_0^1 = \mathrm{e} - 2.$$

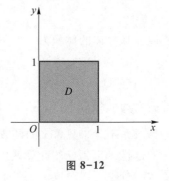

图 8-12

注意:此题如果选用以下积分次序积分

$$\iint_D x\mathrm{e}^{xy}\mathrm{d}x\mathrm{d}y = \int_0^1 \mathrm{d}y \int_0^1 x\mathrm{e}^{xy}\mathrm{d}x \,,$$

那么为了计算 $\int_0^1 x\mathrm{e}^{xy}\mathrm{d}x$ 就要用到分部积分法,计算起来就会比上面的方法繁琐.

例2 计算 $\iint_D \mathrm{e}^{-y^2}\mathrm{d}\sigma$,其中 D 为由 $y=x$, $y=1$ 及 y 轴所围成的区域.

解 积分区域 D 如图8-13中所示, $\iint_D \mathrm{e}^{-y^2}\mathrm{d}\sigma = \int_0^1 \mathrm{d}y \int_0^y \mathrm{e}^{-y^2}\mathrm{d}x = \int_0^1 \mathrm{e}^{-y^2}y\mathrm{d}y = -\dfrac{1}{2}\mathrm{e}^{-y^2}\Big|_0^1 = \dfrac{1}{2}(1-\mathrm{e}^{-1})$.

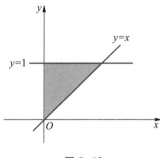

图8-13

若选用以下积分次序

$$\iint_D \mathrm{e}^{-y^2}\mathrm{d}\sigma = \int_0^1 \mathrm{d}x \int_x^1 \mathrm{e}^{-y^2}\mathrm{d}y \,,$$

则由于 $\int_x^1 \mathrm{e}^{-y^2}\mathrm{d}y$ "积不出来",导致二重积分无法计算.

例3 计算 $\iint_D xy\mathrm{d}x\mathrm{d}y$,其中区域 D 是由直线 $y=x-4$ 和抛物线 $y^2=2x$ 所围成的闭区域.

解 积分区域 D 如图8-14中阴影部分所示,解方程组 $\begin{cases} y=x-4, \\ y^2=2x, \end{cases}$ 得交点 $A(8,4)$, $B(2,-2)$,于是

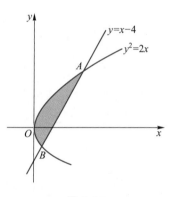

图8-14

$$\iint_D xy\mathrm{d}x\mathrm{d}y = \int_{-2}^4 \mathrm{d}y \int_{\frac{y^2}{2}}^{y+4} xy\mathrm{d}x = \frac{1}{2}\int_{-2}^4 \left(y^3 + 8y^2 + 16y - \frac{y^5}{4}\right)\mathrm{d}y = 90 \,.$$

若改换积分次序做此题,就会发现选择不同的积分次序,解题的繁易程度是不一样的.

二、在极坐标系下计算二重积分

某些积分区域的边界曲线方程用极坐标方程表示比较方便,或被积函数用极坐标变量来表示比较简单,这时可以考虑在极坐标系下来计算,从而简化二重积分的计算.下面介绍极坐标系下二重积分的计算方法.

首先要把二重积分 $\iint_D f(x,y)\mathrm{d}x\mathrm{d}y$ 转化为极坐标系下的二重积分.在极坐标系中,我们可以用以极点为圆心的同心圆族 $\rho=c$ 与以极点为端点的射线族 $\theta=k$ 分割区域 D ,如图8-15所

示. 当 $\Delta\rho\to0,\Delta\theta\to0$ 时,任意一块小区域 $\Delta\sigma$ 可近似看作一个两边分别为 $\Delta\rho$ 和 $\rho\Delta\theta$ 的小矩形. 所以 $\mathrm{d}\sigma=\rho\mathrm{d}\rho\mathrm{d}\theta=\mathrm{d}x\mathrm{d}y$,再由极坐标与直角坐标之间的关系:$x=\rho\cos\theta,y=\rho\sin\theta$ 可知,直角坐标系下的二重积分可以转化为如下极坐标系下的二重积分:

$$\iint\limits_{D}f(x,y)\mathrm{d}x\mathrm{d}y=\iint\limits_{D}f(\rho\cos\theta,\rho\sin\theta)\rho\mathrm{d}\rho\mathrm{d}\theta.$$

一般而言,极坐标系中二重积分的积分次序是"先 ρ 后 θ".

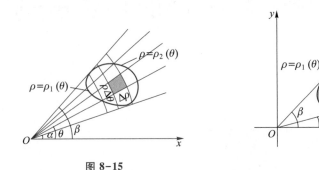

图 8-15　　　　　　　　　图 8-16

下面分三种情况来讨论极坐标系下二重积分的计算:

(1) 当极点 O 在区域 D 的边界外时(图 8-16),则有

$$\iint\limits_{D}f(x,y)\mathrm{d}x\mathrm{d}y=\iint\limits_{D}f(\rho\cos\theta,\rho\sin\theta)\rho\mathrm{d}\rho\mathrm{d}\theta=\int_{\alpha}^{\beta}\mathrm{d}\theta\int_{\rho_1(\theta)}^{\rho_2(\theta)}f(\rho\cos\theta,\rho\sin\theta)\rho\mathrm{d}\rho.$$

(2) 当极点 O 在区域 D 的边界上时(图 8-17),则有

$$\iint\limits_{D}f(x,y)\mathrm{d}x\mathrm{d}y=\iint\limits_{D}f(\rho\cos\theta,\rho\sin\theta)\rho\mathrm{d}\rho\mathrm{d}\theta=\int_{\alpha}^{\beta}\mathrm{d}\theta\int_{0}^{\rho(\theta)}f(\rho\cos\theta,\rho\sin\theta)\rho\mathrm{d}\rho.$$

(3) 当极点 O 在区域 D 的边界内时(图 8-18),则有

$$\iint\limits_{D}f(x,y)\mathrm{d}x\mathrm{d}y=\iint\limits_{D}f(\rho\cos\theta,\rho\sin\theta)\rho\mathrm{d}\rho\mathrm{d}\theta=\int_{0}^{2\pi}\mathrm{d}\theta\int_{0}^{\rho(\theta)}f(\rho\cos\theta,\rho\sin\theta)\rho\mathrm{d}\rho,$$

或

$$\iint\limits_{D}f(x,y)\mathrm{d}x\mathrm{d}y=\iint\limits_{D}f(\rho\cos\theta,\rho\sin\theta)\rho\mathrm{d}\rho\mathrm{d}\theta=\int_{0}^{2\pi}\mathrm{d}\theta\int_{\rho_1(\theta)}^{\rho_2(\theta)}f(\rho\cos\theta,\rho\sin\theta)\rho\mathrm{d}\rho.$$

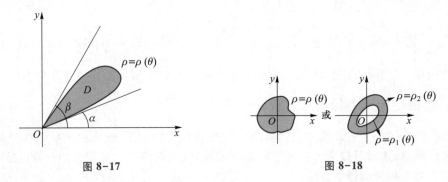

图 8-17　　　　　　　　　图 8-18

例 4　计算二重积分 $\iint\limits_{D}\mathrm{e}^{-x^2-y^2}\mathrm{d}x\mathrm{d}y$,其中 D 是由圆 $x^2+y^2=4$ 所围成的闭区域.

解　区域 D 的形状如图 8-19 所示. 因为 $x=\rho\cos\theta,y=\rho\sin\theta$,所以圆的极坐标方程为

$\rho = 2$,在极坐标系下,区域 D 可以表示为 $0 \leqslant \theta \leqslant 2\pi, 0 \leqslant \rho \leqslant 2$. 于是

$$\iint\limits_{D} \mathrm{e}^{-x^2-y^2} \mathrm{d}x\mathrm{d}y = \iint\limits_{D} \mathrm{e}^{-\rho^2} \rho \mathrm{d}\rho \mathrm{d}\theta = \int_0^{2\pi} \mathrm{d}\theta \int_0^2 \mathrm{e}^{-\rho^2} \rho \mathrm{d}\rho = \pi(1 - \mathrm{e}^{-4}).$$

例 5 计算二重积分 $\iint\limits_{D} y\mathrm{d}x\mathrm{d}y$,其中区域 D 是由圆 $x^2+y^2=2x$ 所围成的闭区域.

解 区域 D 的形状如图 8-20 所示. 因为 $x=\rho\cos\theta, y=\rho\sin\theta$,所以圆的极坐标方程为 $\rho = 2\cos\theta$,且由图 8-20 不难看出 $-\dfrac{\pi}{2} \leqslant \theta \leqslant \dfrac{\pi}{2}, 0 \leqslant \rho \leqslant 2\cos\theta$,于是

$$\iint\limits_{D} y\mathrm{d}x\mathrm{d}y = \int_{-\frac{\pi}{2}}^{\frac{\pi}{2}} \mathrm{d}\theta \int_0^{2\cos\theta} \rho^2\sin\theta \mathrm{d}\rho = \int_{-\frac{\pi}{2}}^{\frac{\pi}{2}} \frac{8}{3}\cos^3\theta\sin\theta \mathrm{d}\theta = 0.$$

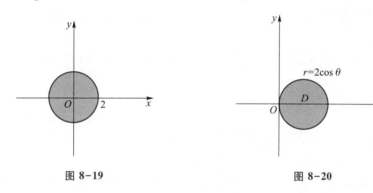

图 8-19　　　　　　　　　　　图 8-20

一般情况下,当二重积分的被积函数中自变量以 $x^2+y^2, x^2-y^2, xy, \dfrac{x}{y}$ 等形式出现,以及积分区域为以原点为中心的圆域、扇形或环形域时,利用极坐标来计算往往会比较简单.

活动操练-2

1. 把二重积分 $\iint\limits_{D} f(x,y)\mathrm{d}x\mathrm{d}y$ 化为二次积分(两种次序),其中 D 为由直线 $x+y=2, y=x$ 与 $y=0$ 所围成的平面区域.

2. 交换积分的次序 $I = \int_1^2 \mathrm{d}x \int_{\frac{1}{x}}^x f(x,y)\, \mathrm{d}y$.

3. 利用直角坐标计算下列二重积分.

(1) $\iint\limits_{D} x\mathrm{d}x\mathrm{d}y$,其中 D 是由直线 $y=x, y=x-3, y=0, y=1$ 所围成的平行四边形.

(2) $\iint\limits_{D} (x+6y)\mathrm{d}x\mathrm{d}y$,其中 D 是由直线 $y=x, y=5x, x=1$ 所围成的闭区域.

(3) $\iint\limits_{D} y\mathrm{d}\sigma$,其中 D 是曲线 $x=y^2+1$,直线 $x=0, y=0$ 与 $y=1$ 所围成的闭区域.

(4) $\iint\limits_{D} \mathrm{e}^{x+y}\mathrm{d}x\mathrm{d}y$,其中 D 是由直线 $x=0, x=2, y=1, y=2$ 所围成的闭区域.

（5）$\iint\limits_{D} x^2 y \mathrm{d}\sigma$ ，其中 D 是抛物线 $y=x^2$ ，直线 $y=2x$ 所围成的区域.

4. 利用极坐标计算下列二重积分.

（1）$\iint\limits_{D} y \mathrm{d}\sigma$ ，其中 D 为 $x^2+y^2=2ax$ 与 x 轴所围成的上半圆.

（2）$\iint\limits_{D} (1 - 2x - 3y) \mathrm{d}x\mathrm{d}y$ ，其中 D 是由圆 $x^2+y^2=1$ 所围成的闭区域.

（3）$\iint\limits_{D} \mathrm{e}^{x^2+y^2} \mathrm{d}\sigma$ ，其中 D 是由 $x^2+y^2 \leqslant 9$ 所围成的闭区域.

（4）$\iint\limits_{D} \sin\sqrt{x^2 + y^2} \mathrm{d}x\mathrm{d}y$ ，其中 D 是由 $\pi^2 \leqslant x^2+y^2 \leqslant 4\pi^2$ 所围成的圆环.

（5）计算二重积分 $\iint\limits_{D} xy\mathrm{d}x\mathrm{d}y$ ，其中 D 是由直线 $y=x$ ，$x=0$ 及两个圆 $x^2+(y-b)^2=b^2$ ，$x^2+(y-a)^2=a^2(0<a<b)$ 所围成的闭区域.

攻略驿站

1. 无论采用直角坐标还是极坐标计算二重积分，都是化为二次定积分进行的，确定积分的上下限是化二重积分为二次定积分的关键. 在选择坐标系和积分次序时，不仅要考虑积分区域的形状，还要考虑被积函数的特点.

2. 计算二重积分的一般步骤

（1）画出积分区域 D 的图形.

（2）根据被积分函数的形式和积分区域 D 的形状选择适当的坐标系.

（3）选择适当的积分次序（有时需将 D 分成几个部分区域）.选择积分次序的原则是：尽量使 D 不分块，若必须分块，则划分的小块越少越好，使积分易于计算. 选择积分次序的经验方法是：从区域 D 来看，边界曲线中变量次幂高的一般先定其变化范围，后积分；从被积函数来看，哪个变量的函数关系复杂（特别只含某一变量），就先定哪个变量的变化范围，后积分.

（4）写出 D 的不等式组表示式，从而确定内、外层积分的积分限. 外层的积分限与两个积分变量无关，是常数；内层的积分限一般是外层积分变量的函数.

（5）计算二次积分. 先算内层积分，其结果作为外层积分的被积函数，再算外层积分.

8.3.3   二重积分在几何上的应用

由前面的讨论可知，二重积分可以用来计算曲顶柱体的体积和平面图形的面积. 此外，二重积分也可用来计算一些平面图形的面积.

一、空间几何体的体积和平面图形的面积

例 6   求平面 $2x+y+z=4$ 和三个坐标平面所围成的四面体体积.

解　平面 $2x+y+z=4$ 与三条坐标轴的交点为 $P(2,0,0)$, $Q(0,4,0)$, $R(0,0,4)$. 据此画出该四面体的图形,如图 8-21 所示. 这个四面体可视为曲面 $z=4-2x-y$ 相应于区域 D 的曲顶柱体,这里 D 是该四面体在 xOy 平面上的投影区域,即 $\triangle POQ$. 直线 PQ 的方程是 $4-2x-y=0$. 所以,四面体的体积为

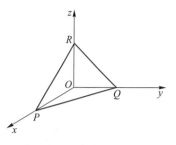

图 8-21

$$V = \iint\limits_{D} z\,\mathrm{d}\sigma = \int_0^2 \mathrm{d}x \int_0^{4-2x} (4-2x-y)\,\mathrm{d}y$$

$$= \int_0^2 \left(4y - 2xy - \frac{1}{2}y^2\right)\bigg|_0^{4-2x} \mathrm{d}x = \int_0^2 \frac{1}{2}(4-2x)^2 \mathrm{d}x = \frac{16}{3}.$$

例 7　求曲线 $r=2\sin\theta$ 与直线 $\theta=\dfrac{\pi}{6}$, $\theta=\dfrac{\pi}{3}$ 围成的平面图形的面积.

解　设所求图形的面积为 S,所占区域为 D,则

$$S = \iint\limits_{D} \mathrm{d}\sigma .$$

若采用极坐标,D 可表示为 $\begin{cases} \dfrac{\pi}{6} \leq \theta \leq \dfrac{\pi}{3}, \\ 0 \leq r \leq 2\sin\theta. \end{cases}$ 于是

$$S = \iint\limits_{D} \mathrm{d}\sigma = \int_{\frac{\pi}{6}}^{\frac{\pi}{3}} \mathrm{d}\theta \int_0^{2\sin\theta} r\,\mathrm{d}r = \frac{1}{2}\int_{\frac{\pi}{6}}^{\frac{\pi}{3}} r^2\bigg|_0^{2\sin\theta} \mathrm{d}\theta$$

$$= \int_{\frac{\pi}{6}}^{\frac{\pi}{3}} 2\sin^2\theta\,\mathrm{d}\theta = \int_{\frac{\pi}{6}}^{\frac{\pi}{3}} (1-\cos 2\theta)\,\mathrm{d}\theta = \frac{\pi}{6} .$$

二、曲面的面积

设曲面 S 由方程 $z=f(x,y)$, $(x,y)\in D$ 给出,D 为曲面 S 在 xOy 面上的投影区域,函数 $f(x,y)$ 在 D 上具有连续偏导数 $f'_x(x,y)$ 和 $f'_y(x,y)$,现计算曲面 S 的面积 A.

如图 8-22 所示,在闭区域 D 上任取一直径很小的闭区域 $\mathrm{d}\sigma$(它的面积也记作 $\mathrm{d}\sigma$),在 $\mathrm{d}\sigma$ 内取一点 $P(x,y)$,对应着曲面 S 上一点 $M(x,y,f(x,y))$,曲面 S 在点 M 处的切平面设为 T,以小闭区域 $\mathrm{d}\sigma$ 的边界为准线作母线平行于 z 轴的柱面,该柱面在曲面 S 上截下一小片曲面,在切平面 T 上截下一小片平面,由于 $\mathrm{d}\sigma$ 的直径很小,故那一小片平面面积 $\mathrm{d}A$ 近似等于那一小片曲面面积.

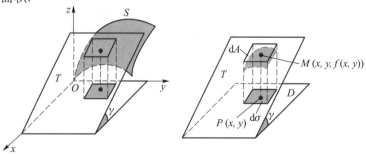

图 8-22

曲面 S 在点 M 处的法向量（指向朝上）为

$$\boldsymbol{n} = (-f'_x(x,y), -f'_y(x,y), 1).$$

它与 z 轴正向所成夹角 γ 的方向余弦为 $\cos\gamma = \dfrac{1}{\sqrt{1+f'^2_x(x,y)+f'^2_y(x,y)}}$，又因为 $\mathrm{d}A = \dfrac{\mathrm{d}\sigma}{\cos\gamma}$，所以 $\mathrm{d}A = \sqrt{1+f'^2_x(x,y)+f'^2_y(x,y)}\,\mathrm{d}\sigma$.

这是曲面 S 的面积元素，故

$$A = \iint\limits_{D} \sqrt{1+\left(\frac{\partial z}{\partial x}\right)^2+\left(\frac{\partial z}{\partial y}\right)^2}\ \mathrm{d}x\mathrm{d}y.$$

设曲面的方程为 $x=g(y,z)$ 或 $y=h(z,x)$，可分别把曲面投影到 yOz 面上或 zOx 面上，类似可得

$$A = \iint\limits_{D} \sqrt{1+\left(\frac{\partial x}{\partial y}\right)^2+\left(\frac{\partial x}{\partial z}\right)^2}\ \mathrm{d}y\mathrm{d}z \ 或\ A = \iint\limits_{D} \sqrt{1+\left(\frac{\partial y}{\partial x}\right)^2+\left(\frac{\partial y}{\partial z}\right)^2}\ \mathrm{d}x\mathrm{d}z.$$

例 8　求球面 $x^2+y^2+z^2=a^2$ 的面积.

解　根据对称性，只考虑上半球面 $z=\sqrt{a^2-x^2-y^2}$，

$$\frac{\partial z}{\partial x} = -\frac{x}{\sqrt{a^2-x^2-y^2}}\ , \frac{\partial z}{\partial y} = -\frac{y}{\sqrt{a^2-x^2-y^2}}\ ,$$

则

$$\sqrt{1+\left(\frac{\partial z}{\partial x}\right)^2+\left(\frac{\partial z}{\partial y}\right)^2} = \frac{a}{\sqrt{a^2-x^2-y^2}}.$$

$$S = 2\iint\limits_{D} \sqrt{1+\left(\frac{\partial z}{\partial x}\right)^2+\left(\frac{\partial z}{\partial y}\right)^2}\ \mathrm{d}\sigma = 2\iint\limits_{D} \frac{a}{\sqrt{a^2-x^2-y^2}}\ \mathrm{d}\sigma = 4\pi a^2.$$

活动操练-3

1. 计算由抛物线 $y^2=2x$ 和直线 $y=x$ 所围成的平面图形的面积.
2. 求由曲面 $z=1-x^2-y^2, z=0$ 所围成的立体的体积.
3. 求由曲面 $z=\sqrt{x^2+y^2}$ 及 $z=x^2+y^2$ 所围成的立体的体积.

攻略驿站

1. 二重积分除了可以用来计算曲顶柱体的体积外，还可用来计算一些平面图形的面积.
2. 定积分的元素法可以推广到二重积分的应用中，曲面的面积就是由元素法得到的.

8.4 学力训练

8.4.1 基础过关检测

一、单项选择题

(1) 设区域 $D=\{(x,y)\mid x^2+y^2\le 1\}$，则 $\iint\limits_D 3\mathrm{d}\sigma=$（　　）.

A. π B. 2π C. 3π D. 4π

(2) 设区域 $D=\{(x,y)\mid 0\le x\le 1,0\le y\le 2\}$，则 $\iint\limits_D xy\mathrm{d}x\mathrm{d}y=$（　　）.

A. 1 B. 2 C. $\dfrac{1}{2}$ D. $\dfrac{1}{4}$

(3) 设 D 是由 $|x|=2,|y|=1$ 所围成的闭区域，则 $\iint\limits_D xy^2\mathrm{d}x\mathrm{d}y=$（　　）.

A. $\dfrac{4}{3}$ B. $\dfrac{8}{3}$ C. $\dfrac{16}{3}$ D. 0

(4) 二次积分 $\int_0^1\mathrm{d}x\int_0^{1-x}f(x,y)\,\mathrm{d}y=$（　　）.

A. $\int_0^1\mathrm{d}y\int_0^{1-x}f(x,y)\,\mathrm{d}x$ B. $\int_0^1\mathrm{d}y\int_0^{1-y}f(x,y)\,\mathrm{d}x$

C. $\int_0^{1-x}\mathrm{d}x\int_0^1 f(x,y)\,\mathrm{d}y$ D. $\int_0^1\mathrm{d}y\int_0^1 f(x,y)\,\mathrm{d}x$

(5) 设 $D=\{(x,y)\mid x^2+y^2=4,y\ge 0\}$，在极坐标下，二重积分 $\iint\limits_D(x^2+y^2)\mathrm{d}x\mathrm{d}y$ 可以表示为（　　）.

A. $\int_0^\pi\mathrm{d}\theta\int_0^2\rho^3\mathrm{d}\rho$ B. $\int_0^\pi\mathrm{d}\theta\int_0^2\rho^2\mathrm{d}\rho$ C. $\int_{-\frac{\pi}{2}}^{\frac{\pi}{2}}\mathrm{d}\theta\int_0^2\rho^3\mathrm{d}\rho$ D. $\int_{-\frac{\pi}{2}}^{\frac{\pi}{2}}\mathrm{d}\theta\int_0^2\rho^2\mathrm{d}\rho$

二、选择适当坐标系计算下列二重积分

(1) $\iint\limits_D x\mathrm{d}x\mathrm{d}y$，其中 D 是由 $y=x^2$ 与 $y=0,x=1$ 所围成的闭区域.

(2) $\iint\limits_D xy^2\,\mathrm{d}x\mathrm{d}y$，其中 D 是由直线 $y=1,x=0$ 与 $y=x$ 所围成的闭区域.

(3) $\iint\limits_D xy\mathrm{d}x\mathrm{d}y$，其中 D 是由直线 $y^2=x$ 与 $y=x-2$ 所围成的闭区域.

(4) $\iint\limits_D \mathrm{e}^{x^2+y^2}\mathrm{d}\sigma$，其中 D 是由圆周 $x^2+y^2=4$ 所围成的闭区域.

(5) $\iint\limits_{D}\sqrt{x^2 + y^2}\,\mathrm{d}\sigma$,其中 $D = \{(x,y) \mid a^2 \leqslant x^2 + y^2 \leqslant b^2\}$ $(a,b>0)$.

8.4.2 拓展探究练习

一、交换下列二次积分的积分次序

(1) $\int_0^2 \mathrm{d}x \int_{x^2}^{2x} f(x,y)\,\mathrm{d}y$.

(2) $\int_0^2 \mathrm{d}x \int_{x}^{2x} f(x,y)\,\mathrm{d}y$.

二、在直角坐标系下计算下列二重积分

(1) $\iint\limits_{D}(3x + 2y)\,\mathrm{d}\sigma$,其中 D 是由两坐标轴及直线 $x+y = 2$ 所围成的闭区域.

(2) $\iint\limits_{D}(x + 6y)\,\mathrm{d}x\mathrm{d}y$,其中 D 是由直线 $y=x$, $y=5x$, $x=1$ 所围成的闭区域.

(3) $\iint\limits_{D}xy\,\mathrm{d}x\mathrm{d}y$,其中 D 是由曲线 $y^2=8x$ 和 $y=x^2$ 所围成的闭区域.

(4) $\iint\limits_{D}x^2 y\,\mathrm{d}\sigma$,其中 D 是由抛物线 $y=x^2$ 、直线 $y=2x$ 所围成的区域.

三、利用极坐标计算下列二重积分

(1) 计算 $\iint\limits_{D}x^2 y\,\mathrm{d}\sigma$,其中 D 是圆环 $1 \leqslant x^2 + y^2 \leqslant 4$ 的第一象限部分.

(2) 计算 $\iint\limits_{D}\mathrm{e}^{-(x^2+y^2)}\,\mathrm{d}\sigma$,其中区域 $D = \{(x,y) \mid x^2 + y^2 \leqslant 4\}$.

8.5 服务驿站

8.5.1 软件服务

一、实验目的

掌握在 MATLAB 环境下二重积分的计算.

二、实验过程

1. int 函数

对于二元函数的积分,可以先转化为逐次积分形式,利用 int 函数进行计算. int 函数调用格式如下.

Int(S,a,b):表示对符号表达式 S 中关于默认变量在区间[a,b]求定积分;

Int(S,v,a,b):表示对符号表达式 S 中关于指定变量 v 在区间[a,b]求定积分,若出现无穷区间情形用 inf 代替.

例 9 计算二重积分 $\iint\limits_{D}(xy + e^x)\mathrm{d}x\mathrm{d}y$,$D = \{(x,y) \mid 0 \leqslant x \leqslant 1, 0 \leqslant y \leqslant 2\}$.

解 在 MATLAB 命令窗口中输入:

```
>>syms x y
>>ff=x*y+exp(x);              % 注意乘号*不能省略
>>int(int(ff,x,0,1),y,0,2)
>>ans=
  -1+2*exp(1)
```

例 10 计算二重积分 $\iint\limits_{D}xy\mathrm{d}x\mathrm{d}y$,$D = \{(x,y) \mid 0 \leqslant y \leqslant 2, y \leqslant x \leqslant 2y\}$.

解 在 MATLAB 命令窗口中输入:

```
>>syms x y
>>ff=x*y;                     % 注意乘号*不能省略
>>int(int(ff,x,y,2y),y,0,2)
>>ans=
  90
```

2. dblquad 函数

当二重积分的积分域为矩形时,也可以考虑利用 dblquad 函数进行求解. 调用格式如下.

dblquad(fun, xmin, xmax, ymin, ymax, tol, method):表示函数 fun 在 xmin ≤ x ≤ xmax,ymin ≤ y ≤ ymax 范围内求定积分,tol 为误差,默认时,默认值为 1. 0e-6;method 指求函数值积分方法,例如 quadl 函数等,默认时,默认 quad 函数.

例 11 计算二重积分 $\iint\limits_{D}(xe^y + y\sin x)\mathrm{d}x\mathrm{d}y$,$D = \{(x,y) \mid 0 \leqslant x \leqslant \pi, 0 \leqslant y \leqslant 1\}$.

解 编制函数文件:

```
function f=fun3_13(x,y);
F=x.*exp(y)+y.*sin(x);
```

在 MATLAB 命令窗口中输入:

```
>>q=dblquad(@ fun3_13,0,pi,0,1,1e-8)
  q=
  9.479380948204494
>>q=dblquad(@ fun3_13,0,pi,0,1,1e-8,@ quadl)
q=
9.479380946608845
```

三、实验任务

1. 用 MATLAB 计算 $\iint\limits_{D}(xy+\mathrm{e}^{x})\mathrm{d}x\mathrm{d}y$, 其中 $D=\{(x,y)\,|\,0\leqslant y\leqslant 2,y\leqslant x\leqslant 2y\}$.

2. 用 MATLAB 计算 $\iint\limits_{D}(x\sin y+\mathrm{e}^{x})\mathrm{d}x\mathrm{d}y$, 其中 $D=\{(x,y)\,|\,0\leqslant x\leqslant 1,x^{2}\leqslant y\leqslant 3x\}$.

8.5.2　建模体验

一个形状为旋转抛物面 $z=x^{2}+y^{2}$ 的容器, 已经盛有 8π cm^{3} 的酒精溶液, 现又加入 120π cm^{3} 的相同溶液, 问液面比原来升高多少? 如果该酒精溶液的浓度为 95% , 密度为 $\mu=0.82$ g/cm^{3} , 求此时溶液中含有酒精的质量.

解　设液面高度为 h , 体积为 V , 则由二重积分的几何意义可得

$$V=\iint\limits_{D}[\,h-(x^{2}+y^{2})\,]\,\mathrm{d}x\mathrm{d}y\,,$$

其中 $D=\{(x,y)\,|\,x^{2}+y^{2}\leqslant h\}$.

又因为在极坐标系下区域 D 可表示为 $\{(\rho,\theta)\,|\,0\leqslant\theta\leqslant 2\pi,0\leqslant\rho\leqslant\sqrt{h}\}$, 所以

$$V=\iint\limits_{D}[\,h-(x^{2}+y^{2})\,]\,\mathrm{d}x\mathrm{d}y=\int_{0}^{2\pi}\mathrm{d}\theta\int_{0}^{\sqrt{h}}(h-\rho^{2})\,\rho\mathrm{d}\rho=\frac{\pi h^{2}}{2}\,.$$

由上式可知, 当 $V_{1}=8\pi$ 时, $h_{1}=4$, 而当 $V_{2}=128\pi$ 时, $h_{2}=16$. 由此可知, 液面比原来升高了 $h_{2}-h_{1}=12$ cm.

另一方面, 设所求酒精的质量为 M , 则由于此时溶液的体积为 $V_{2}=128\pi$ cm^{3} , 故所求的质量为

$$M=\mu V_{2}95\%=0.82\times 128\pi\times 0.95\approx 313.10(\text{g})\,.$$

8.5.3　重要技能备忘录

1. 二重积分的概念

函数 $f(x,y)$ 在区域 D 上的二重积分记作 $\iint\limits_{D}f(x,y)\mathrm{d}\sigma$, 即

$$\iint\limits_{D}f(x,y)\mathrm{d}\sigma=\lim_{\lambda\to 0}\sum_{k=1}^{n}f(\xi_{k},\eta_{k})\Delta\sigma_{k}\,.$$

2. 二重积分的性质

(1) $\iint\limits_{D}kf(x,y)\mathrm{d}\sigma=k\iint\limits_{D}f(x,y)\mathrm{d}\sigma$ (k 为常数).

(2) $\iint\limits_{D}[\,f_{1}(x,y)\pm f_{2}(x,y)\,]\mathrm{d}\sigma=\iint\limits_{D}f_{1}(x,y)\mathrm{d}\sigma\pm\iint\limits_{D}f_{2}(x,y)\mathrm{d}\sigma$.

(3) (区域可加性)若区域 D 分为两个部分区域 D_{1},D_{2} , 则

$$\iint\limits_{D}f(x,y)\mathrm{d}\sigma=\iint\limits_{D_{1}}f(x,y)\mathrm{d}\sigma+\iint\limits_{D_{2}}f(x,y)\mathrm{d}\sigma\,.$$

（4）$\iint\limits_{D}1\mathrm{d}\sigma = \iint\limits_{D}\mathrm{d}\sigma = \sigma$，其中 σ 为区域 D 的面积.

（5）若在 D 上，$f(x,y)\le\varphi(x,y)$，则有不等式

$$\iint\limits_{D}f(x,y)\mathrm{d}\sigma \le \iint\limits_{D}\varphi(x,y)\mathrm{d}\sigma .$$

（6）设 M 与 m 分别是 $f(x,y)$ 在闭区域 D 上的最大值和最小值，σ 是 D 的面积，则

$$m\sigma \le \iint\limits_{D}f(x,y)\mathrm{d}\sigma \le M\sigma .$$

（7）设函数 $f(x,y)$ 在闭区域 D 上连续，σ 是 D 的面积，则在 D 上至少存在一点 (ξ,η)，使 $\iint\limits_{D}f(x,y)\mathrm{d}\sigma = f(\xi,\eta)\sigma$.

3. 二重积分的计算

（1）直角坐标系下计算二重积分

① 画出积分区域的图形；

② 根据积分区域的形状及被积函数的表达式确定积分顺序；

③ 确定内、外层积分的积分限. 外层的积分限与两个积分变量无关，是常数；内层的积分限一般是外层积分变量的函数.

④ 计算二次积分. 先算内层积分，其结果作为外层积分的被积函数，再算外层积分.

（2）极坐标系下计算二重积分

当被积函数中含有 x^2+y^2，x^2-y^2，xy，$\dfrac{x}{y}$ 等形式，以及积分区域为以原点为中心的圆域、扇形或环形域时，常采用极坐标下计算二重积分. 直角坐标系下的二重积分可以转化为如下极坐标系下的二重积分：

$$\iint\limits_{D}f(x,y)\mathrm{d}x\mathrm{d}y = \iint\limits_{D}f(\rho\cos\theta,\rho\sin\theta)\rho\mathrm{d}\rho\mathrm{d}\theta .$$

4. 二重积分的应用

设曲面 S 由方程 $z=f(x,y)$ 给出，D 为曲面 S 在 xOy 面上的投影区域，函数 $f(x,y)$ 在 D 上具有连续偏导数 $f'_x(x,y)$ 和 $f'_y(x,y)$，则曲面 S 的面积

$$A = \iint\limits_{D}\sqrt{1 + \left(\frac{\partial z}{\partial x}\right)^2 + \left(\frac{\partial z}{\partial y}\right)^2}\ \mathrm{d}x\mathrm{d}y .$$

8.5.4　"E"随行

自 主 检 测

一、单项选择题

（1）$I_1 = \iint\limits_{D_1}f(x,y)\mathrm{d}x\mathrm{d}y$，$I_2 = \iint\limits_{D_2}f(x,y)\mathrm{d}x\mathrm{d}y$，其中闭区域 $D_1 \subseteq D_2$ 且 $f(x,y)\ge 0$，则有（　）.

A. $I_1 \ge I_2$　　　　B. $I_1 \le I_2$　　　　C. $I_1 = I_2$　　　　D. 无法确定

（2）设 $D = \{(x,y) \mid 1 \leqslant x^2 + y^2 \leqslant 4\}$，则 $\iint\limits_{D} \mathrm{d}x\mathrm{d}y = ($　　$)$.

A. π　　　　　　　　B. 2π　　　　　　　　C. 3π　　　　　　　　D. 4π

（3）设 $\iint\limits_{D} f(x,y)\,\mathrm{d}x\mathrm{d}y = \int_{1}^{2}\mathrm{d}y\int_{y}^{2} f(x,y)\,\mathrm{d}x$，则积分区域 D 可表示成（　　）.

A. $\begin{cases} 1 \leqslant x \leqslant 2, \\ 1 \leqslant y \leqslant 2 \end{cases}$　　　　B. $\begin{cases} 1 \leqslant x \leqslant 2, \\ x \leqslant y \leqslant 2 \end{cases}$　　　　C. $\begin{cases} 1 \leqslant x \leqslant 2, \\ 1 \leqslant y \leqslant x \end{cases}$　　　　D. $\begin{cases} 1 \leqslant y \leqslant 2, \\ 1 \leqslant x \leqslant y \end{cases}$

（4）二次积分 $\int_{0}^{a}\mathrm{d}x\int_{0}^{x} f(x,y)\,\mathrm{d}y = ($　　$)$.

A. $\int_{0}^{a}\mathrm{d}y\int_{0}^{y} f(x,y)\,\mathrm{d}x$　　B. $\int_{0}^{a}\mathrm{d}y\int_{a}^{y} f(x,y)\,\mathrm{d}x$　　C. $\int_{0}^{a}\mathrm{d}y\int_{y}^{0} f(x,y)\,\mathrm{d}x$　　D. $\int_{0}^{a}\mathrm{d}y\int_{y}^{a} f(x,y)\,\mathrm{d}x$

（5）设 D 是由 $y = x^2$ 与 $y = x$ 所围成的闭区域，则 $\iint\limits_{D} x\mathrm{d}x\mathrm{d}y = ($　　$)$.

A. $\dfrac{1}{12}$　　　　　　　B. $\dfrac{1}{6}$　　　　　　　C. $\dfrac{1}{4}$　　　　　　　D. $\dfrac{1}{3}$

二、填空题

（1）当函数 $f(x,y)$ 在有界闭区域 D 上_____时，$f(x,y)$ 在 D 上的二重积分必存在；

（2）D 是以 $(0,0)$，$(1,0)$，$(1,1)$ 为顶点的三角形区域，则 $\iint\limits_{D} \mathrm{d}\sigma = $_____；

（3）D 为圆形区域 $x^2 + y^2 \leqslant 9$，则 $\iint\limits_{D} \mathrm{d}\sigma = $_____；

（4）$D = \{(x,y) \mid x^2 + y^2 \leqslant R^2\}$，则由二重积分的几何意义，得 $\iint\limits_{D} \sqrt{R^2 - x^2 - y^2}\,\mathrm{d}\sigma = $____；

（5）$\int_{0}^{2}\mathrm{d}y\int_{0}^{1}(x^2 + 2y)\,\mathrm{d}x = $_____.

三、选择恰当的坐标系计算下列二重积分

（1）$\iint\limits_{D} y\mathrm{d}x\mathrm{d}y$，其中 D 是由 $y = x$ 与 $y = 0$，$x = 1$ 所围成的闭区域.

（2）$\iint\limits_{D}(x^2 + y^2)\,\mathrm{d}x\mathrm{d}y$，其中 $D = \{(x,y) \mid |x| \leqslant 1, |y| \leqslant 1\}$.

（3）$\iint\limits_{D} x\mathrm{e}^{xy}\,\mathrm{d}x\mathrm{d}y$，其中 D 是由直线 $x = 0$，$x = 1$，$y = 0$，$y = 1$ 所围成的闭区域.

（4）$\iint\limits_{D}(1 - x^2 - y^2)\,\mathrm{d}x\mathrm{d}y$，其中 D 是由圆 $x^2 + y^2 = 1$ 所围成的闭区域.

（5）$\iint\limits_{D} \sqrt{x^2 + y^2}\,\mathrm{d}x\mathrm{d}y$，其中 D 是由圆 $x^2 + y^2 = 2x$ 所围成的闭区域.

8.6　数学文化

伟大的数学王子——高斯

高斯(1777—1855)，德国著名数学家、物理学家、天文学家、大地测量学家，近代数学奠基者之一. 高斯是世界上最伟大的数学家之一，并享有"数学王子"之称.

小小年纪聪明过人

据说，高斯大约在十岁时，老师在算数课上出了一道难题：把 1 到 100 的整数写下来，然后把它们加起来. 然而就在老师刚刚把这道题写在黑板上时，小高斯就给出了正确的答案：5 050. 老师吃了一惊，高斯在老师吃惊的问话中，说出了他是如何找到答案的：

$1+100=101, 2+99=101, 3+98=101, \cdots, 49+52=101,$
$50+51=101$，一共有 50 对和为 101 的数字，所以答案是$50\times 101=5\ 050$.

小小年纪的高斯就让老师和同学们刮目相看了.

成功是勤奋加毅力

高斯从 23 岁起就开始系统地研究天文学了. 他每天坚持不懈地观察彗星的位置，测算日月食的有关数据. 为了进行有关木星摄动智神星的计算，他需要用到 337 000 个数据，并对它们进行大量繁琐的数学运算. 我们知道，天文计算是离不开对数的，对数能使计算化繁为简. 正因为他日以继夜、反复不断地使用对数表，表中数据背得滚瓜烂熟，以致他能背出表中对数的前几位小数. 勤奋，正是高斯取得伟大成绩的秘诀.

高斯有一句名言："数学中的一些美丽定理具有这样的特性，它们极易从事实中归纳出来，但证明却隐藏得极深."对于数学家来说，推导出方程式或定理，如同看到宏伟的雕像、美丽的风景，听到优美的音乐一样让人快乐. 我们在数学的学习中，也应当培养探究意识，把握核心问题，探究数学本质，不仅要善于观察和总结，更要善于分析和证明潜在的规律. 如果真正钻研进去，哪怕定理不是自己证明的，也能够在欣赏别人的证明过程中，感受到数学的美.

8.7　专题："微"入人心，"积"行千里

用多元函数积分学解密"通信卫星的覆盖面积"

2022 年 11 月 5 日 19 时 50 分，我国在西昌卫星发射中心用长征三号乙运载火箭，成功将中星 19 号卫星发射升空，卫星顺利进入预定轨道，发射任务获得圆满成功.

中星 19 号卫星是一颗高通量通信卫星,具有传输速率快、覆盖范围广等特点.该卫星采用我国自主研发的东方红四号增强型卫星平台,主要提供通信和互联网接入等服务,覆盖了中国东部国土、东南亚以及包括北美航线在内的大部分太平洋区域,可以更好地服务于远洋运输通信、航线互联网等业务.

通信卫星系统是一个国家居民正常生活的保障,同时对军事以及其他领域的帮助也极大.中星 19 号卫星的发射也代表着我国的通信系统和网络系统变得更加安全可靠.

我们知道一颗通信卫星的轨道是位于地球的赤道平面内的,且可近似认为是圆轨道.通信卫星运行的角速率与地球自转的角速率相同.若地球半径取为 $R = 6\ 400$ km,那么卫星距地面的高度 h 应为多少呢? 通信卫星的覆盖面积又是多少呢? 请结合本章的内容,搜索相关资料,试试解答.

第 9 章

无穷级数

9.1 单元导读

 **本章简介：** ▶▶

  无穷级数是高等数学中的重要内容之一,它既是研究无限个离散量之和的数学模型,又是研究函数的性质与进行数值计算的工具,也是对已知函数表示逼近的有效方法,在电学、力学及计算机辅助设计等方面有着十分广泛的作用.

  本章首先介绍无穷级数的概念和性质,然后介绍判断数项级数敛散性的方法,认识幂级数,最后介绍级数相关的简单模型及软件求解.

本章知识结构图(图 9-1): ▶

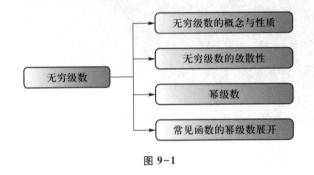

图 9-1

本章教学目标: ▶

1. 了解无穷级数的概念和基本性质,理解无穷级数敛散性的概念,掌握级数收敛的必要条件.

2. 了解正项级数、交错级数的特点,并掌握其敛散性的判别方法.

3. 了解函数项级数的基本概念,掌握幂级数的概念及性质.

4. 会将简单函数展开成幂级数.

5. 会建立级数的数学模型.

6. 会用 MATLAB 软件解决级数问题.

 本章重点: ▶

无穷级数收敛与发散的概念,正项级数、交错级数的敛散性判别,幂级数的和函数求法,简单函数的幂级数展开.

 本章难点: ▶

无穷级数的敛散性判别,幂函数的和函数求法,简单函数的幂级数展开.

学习建议: ▶

同学们在学习无穷级数时,要掌握好级数敛散性的判别方法,掌握幂级数的概念及形式,掌握函数展开成幂级数的方法,能够做到举一反三.

9.2　无穷级数与生活

9.2.1　无处不在的无穷级数

在电子技术和工程技术中,经常会出现无穷多个数相加问题,这就是无穷级数模型,在现代科学技术领域中有着广泛的实际应用.

（1）信鸽传送路程问题

甲乙各骑一辆自行车,相距 a 千米相向而行,骑行速度均为 10 km/h. 起步开始,甲自行车上的信鸽以 40 km/h 的速度出发开始向乙车飞行,到达乙车后立即返回,飞向甲车,这只信鸽如此往返,在两辆自行车间来回飞行,直到两辆车相遇为止. 请问信鸽总共飞行了多少千米?

（2）基金的最低金额问题

某公司计划今年筹设永久性荣誉奖,从明年开始准备每年发奖金一次,奖金金额为 a 元,奖金来源为基金的存款利息. 若银行规定年复利为 r,每年结算一次,试问基金的最低金额 P 应为多少?

（3）木棍长度求和

《庄子·天下篇》中说:"一尺之棰,日取其半,万世不竭."此话大意是:一尺长的木棍,每天取其一半,永远也取不完,若用极限思想将其表示成数学式子,即为

$$1 = \frac{1}{2} + \frac{1}{2^2} + \frac{1}{2^3} + \cdots + \frac{1}{2^n} + \cdots.$$

上式中的式子是否相等?

（4）小球运动的总路程

一只球从 100 m 的高空落下,每次弹回的高度为上次高度的 $\frac{2}{3}$,这样运动下去,小球运动的总路程为多少?

9.2.2　揭秘生活中的无穷级数

上面的四个实例所对应的函数关系式就是无穷级数,判断其敛散性是我们本章重点研究内容.

在引例【信鸽传送路程问题】中,由题意可知,信鸽飞行的总路程为

$$S = a \times \frac{4}{5} + \frac{3}{5} a \times \frac{4}{5} + \left(\frac{3}{5}\right)^2 a \times \frac{4}{5} + \cdots + \left(\frac{3}{5}\right)^n a \times \frac{4}{5} + \cdots.$$

这种式子就是无穷级数.

无穷多项的和如何求? 我们要先求其前 n 项和,即

$$S_n = a \times \frac{4}{5} + \frac{3}{5} a \times \frac{4}{5} + \left(\frac{3}{5}\right)^2 a \times \frac{4}{5} + \cdots + \left(\frac{3}{5}\right)^n a \times \frac{4}{5}$$

$$= \frac{\frac{4}{5}a\left[1-\left(\frac{3}{5}\right)^n\right]}{1-\frac{3}{5}}.$$

当 n 无限增大时，S_n 就无限趋近于 $2a$，说明信鸽飞行的总路程为 $2a$.

在引例【基金的最低金额问题】中，依题意第 1 年投入金额为 $\frac{A}{1+r}$，第 2 年投入金额为 $\frac{A}{(1+r)^2}$，以此类推，第 n 年投入金额为 $\frac{A}{(1+r)^n}$.

当 n 无限增大时，就出现了下面无穷多个数依次相加的数学式子：

$$\frac{A}{1+r}+\frac{A}{(1+r)^2}+\frac{A}{(1+r)^3}+\cdots+\frac{A}{(1+r)^n}+\cdots.$$

上述式子就是无穷级数.

在引例【木棍长度求和】中，对于数列 $\{u_n\}$ 中的前 n 项和为 S_n，即

$$S_n = \frac{1}{2}+\frac{1}{2^2}+\frac{1}{2^3}+\cdots+\frac{1}{2^n}$$

$$= \frac{\frac{1}{2}\left[1-\left(\frac{1}{2}\right)^n\right]}{1-\frac{1}{2}}$$

$$= 1-\left(\frac{1}{2}\right)^n.$$

从上式中我们可以发现，当 n 无限增大时，S_n 就无限趋近于 1，即此级数的和为 1，也可理解为 1 可以展开为无穷级数.

在引例【小球运动的总路程】中，得小球运动的总路程为

$$S = \left(100+100\times\frac{2}{3}\right) + \left[100\times\frac{2}{3}+100\times\left(\frac{2}{3}\right)^2\right] + \cdots + \left[100\times\left(\frac{2}{3}\right)^{n-1}+100\times\left(\frac{2}{3}\right)^n\right] + \cdots.$$

整理，得

$$S = 100+200\left[\frac{2}{3}+\left(\frac{2}{3}\right)^2+\left(\frac{2}{3}\right)^3+\cdots+\left(\frac{2}{3}\right)^n+\cdots\right].$$

当 n 无限增大时，上式无限趋于 500，所以小球运动的总路程为 500 m.

生活中遇到的许多实际问题都可以通过数学建模知识建立级数模型，利用极限思想求出结果.

在本章中，我们主要学习无穷级数的概念及性质，无穷级数敛散性的判别方法，幂级数及常见函数的幂级数展开.

9.3　知识纵横——无穷级数之旅

9.3.1　无穷级数的概念与性质

一、无穷级数的定义

一般地,若给定一个数列

$$u_1, u_2, u_3, \cdots, u_n, \cdots.$$

则这个数列的所有项和的表达式

$$u_1 + u_2 + \cdots + u_n + \cdots$$

称为(常数项)**无穷级数或数项级数**,简称**级数**,记作 $\sum\limits_{n=1}^{\infty} u_n$,即

$$\sum_{n=1}^{\infty} u_n = u_1 + u_2 + u_3 + \cdots + u_n + \cdots,$$

其中第 n 项 u_n 叫做级数的**一般项**或**通项**.

例如

$$\sum_{n=1}^{\infty} n = 1 + 2 + 3 + \cdots + n + \cdots,$$

$$\sum_{n=1}^{\infty} \frac{1}{3^n} = \frac{1}{3} + \frac{1}{9} + \cdots + \frac{1}{3^n} + \cdots$$

都是常数项级数.

如果级数的各项都是函数,则该级数叫做**函数项级数**. 例如

$$\sum_{n=1}^{\infty} \cos nx = \cos x + \cos 2x + \cdots + \cos nx + \cdots,$$

$$\sum_{n=1}^{\infty} x^n = x + x^2 + x^3 \cdots + x^n + \cdots.$$

二、无穷级数的收敛与发散

对于无穷级数,按照通常的加法规则来求和是不可能的,这是因为它有无穷多项,那么应如何求这无穷多项的和呢?

我们可以从有限项的和出发,运用极限的方法来讨论无穷多项累加的问题.

定义 1　如果当 $n \to \infty$ 时,级数的部分和 $s_n = u_1 + u_2 + u_3 + \cdots + u_n$ 的极限存在,即 $\lim\limits_{n \to \infty} s_n = s$,则称级数 $\sum\limits_{n=1}^{\infty} u_n$ 是**收敛的**,并称 s 为该级数的**和**,记作 $s = \sum\limits_{n=1}^{\infty} u_n$;如果当 $n \to \infty$ 时,s_n 没有极限,则称级数 $\sum\limits_{n=1}^{\infty} u_n$ **发散**.级数的收敛性与发散性统称为**敛散性**.

例 1 讨论级数 $1+\dfrac{1}{2}+\dfrac{1}{4}+\cdots+\dfrac{1}{2^n}+\cdots$ 的和.

解 这是以 $\dfrac{1}{2}$ 为公比的无穷等比级数,它的部分和为

$$s_n = 1+\frac{1}{2}+\frac{1}{4}+\cdots+\frac{1}{2^{n-1}}$$

$$= \frac{1-\left(\dfrac{1}{2}\right)^n}{1-\dfrac{1}{2}} = 2\left[1-\left(\frac{1}{2}\right)^n\right].$$

当 $n\to\infty$ 时,$s_n\to 2$,即

$$\lim_{n\to\infty} s_n = \lim_{n\to\infty} 2\left[1-\left(\frac{1}{2}\right)^n\right] = 2.$$

于是

$$1+\frac{1}{2}+\frac{1}{4}+\cdots+\frac{1}{2^n}+\cdots = \lim_{n\to\infty} s_n = 2.$$

例 2 讨论等比级数

$$\sum_{n=1}^{\infty} aq^{n-1} = a + aq + aq^2 + \cdots + aq^{n-1} + \cdots (a \neq 0)$$

的敛散性. 若收敛,求它的和.

解 该等比级数的公比为 q,首项 $a\neq 0$,部分和

$$s_n = a+aq+aq^2+\cdots+aq^{n-1} = \frac{a(1-q^n)}{1-q}$$

$$= \frac{a}{1-q} - \frac{aq^n}{1-q}(q\neq 1).$$

(1)当 $|q|<1$ 时,由于 $\lim\limits_{n\to\infty} q^n = 0$,从而

$$\lim_{n\to\infty} s_n = \frac{a}{1-q},$$

故级数收敛,其和为 $$s = \frac{a}{1-q}.$$

(2)当 $|q|>1$ 时,由于 $\lim\limits_{n\to\infty} q^n$ 不存在,从而 $\lim\limits_{n\to\infty} s_n$ 也不存在,故级数发散.

(3)当 $q=1$ 时,由于 $n\to\infty$,有 $s_n=na\to\infty$,因此级数发散;当 $q=-1$ 时,级数成为

$$a-a+a-a+\cdots.$$

显然

$$s_n = \begin{cases} a, & n \text{ 为奇数}, \\ 0, & n \text{ 为偶数}, \end{cases}$$

从而 s_n 的极限不存在,级数也发散.

归纳以上可知:当 $|q|<1$ 时,等比级数 $\sum\limits_{n=1}^{\infty} aq^{n-1}$ 收敛,其和为 $\dfrac{a}{1-q}$;当 $|q|\geq 1$ 时,等比级

数 $\sum\limits_{n=1}^{\infty} aq^{n-1}$ 发散.

三、收敛级数的基本性质

性质 1　若级数 $\sum\limits_{n=1}^{\infty} u_n$ 收敛,其和为 t,k 是任意实数,则级数 $\sum\limits_{n=1}^{\infty} ku_n$ 也收敛,其和为 kt.

性质 2　若级数 $\sum\limits_{n=1}^{\infty} u_n$ 和 $\sum\limits_{n=1}^{\infty} v_n$ 都收敛,其和分别为 t_1 和 t_2,则级数 $\sum\limits_{n=1}^{\infty} (u_n \pm v_n)$ 也收敛,且其和为 $t_1 \pm t_2$.

性质 3　在级数 $\sum\limits_{n=1}^{\infty} u_n$ 中去掉、增加或改变有限项,不会改变级数的敛散性.

例如,级数 $1 + \dfrac{1}{2} + \dfrac{1}{4} + \cdots + \dfrac{1}{2^n} + \cdots$ 收敛于 2;若该级数去掉前 2 项,新的级数将收敛于 $\dfrac{1}{2}$.

注意:在一个级数中去掉、增加或改变有限项,虽然不会改变级数的敛散性,但收敛级数的和一般将会改变.

性质 4　如果级数 $\sum\limits_{n=1}^{\infty} u_n$ 收敛,则对此级数的项任意加括号所得到的新级数仍收敛,且其和不变.

推论　如果加括号后所成的级数发散,则原来的级数发散.

性质 5　级数 $\sum\limits_{n=1}^{\infty} u_n$ 收敛的必要条件是

$$\lim_{n\to\infty} u_n = 0.$$

由性质 5 可知,如果 $\lim\limits_{n\to\infty} u_n \neq 0$,则级数一定发散. 例如级数

$$\frac{1}{2} - \frac{2}{3} + \frac{3}{4} - \cdots + (-1)^{n-1} \frac{n}{n+1} + \cdots$$

它的一般项 $u_n = (-1)^{n-1} \dfrac{n}{n+1}$. 当 $n \to \infty$ 时,u_n 不趋于零,因此该级数是发散的.

注意:性质 5 中 $\lim\limits_{n\to\infty} u_n = 0$ 只是级数收敛的必要条件而非充分条件.

例 3　判断级数 $\sum\limits_{n=1}^{\infty} (-1)^n \dfrac{n}{2n+1}$ 是否收敛,如果收敛,求其和.

解　因为 $u_n = (-1)^n \dfrac{n}{2n+1}$,故

$$\lim_{n\to\infty} |u_n| = \lim_{n\to\infty} \frac{n}{2n+1} = \frac{1}{2},$$

所以该级数发散.

例 4　讨论调和级数 $1 + \dfrac{1}{2} + \dfrac{1}{3} + \cdots + \dfrac{1}{n} + \cdots$ 的敛散性.

解　假若调和级数 $1 + \dfrac{1}{2} + \dfrac{1}{3} + \cdots + \dfrac{1}{n} + \cdots$ 收敛,设它的部分和为 s_n,且 $s_n \to s (n \to \infty)$. 显然,对调和级数的部分和 s_{2n},也有 $s_{2n} \to s (n \to \infty)$. 于是

$$s_{2n} - s_n \rightarrow s - s = 0 \, (n \rightarrow \infty).$$

但另一方面

$$s_{2n} - s_n = \frac{1}{n+1} + \frac{1}{n+2} + \cdots + \frac{1}{2n} > \overbrace{\frac{1}{2n} + \frac{1}{2n} + \cdots + \frac{1}{2n}}^{n\text{项}} = \frac{1}{2},$$

故

$$s_{2n} - s_n \nrightarrow 0 \, (n \rightarrow \infty),$$

与假设矛盾,所以调和级数发散.

活动操练-1

根据级数收敛的定义,判定下列级数的敛散性.

(1) $\displaystyle\sum_{n=1}^{\infty} \frac{1}{(2n-1)(2n+1)}$; (2) $\displaystyle\sum_{n=1}^{\infty} \frac{1}{(n+1)^2}$;(3) $\displaystyle\sum_{n=1}^{\infty} \frac{1}{\sqrt{1+n^2}}$;

(4) $\displaystyle\sum_{n=1}^{\infty} \frac{1}{\sqrt{n(n+1)}}$;   (5) $\displaystyle\sum_{n=1}^{\infty} \frac{1}{n(n+1)}$;(6) $\displaystyle\sum_{n=1}^{\infty} (\sqrt{n+2} - \sqrt{n+1})$.

攻略驿站

1. 会利用极限求出级数的和.
2. 会用级数的性质判断级数的敛散性.

9.3.2　判断数项级数的敛散性

由于部分和的极限有时是很难求的,因此需要建立判断级数收敛性的有效方法. 下面,介绍数项级数的审敛法.

一、正项级数审敛法

定义 2　若级数的任一项都大于等于 0,即 $u_n \geq 0 \, (n = 1, 2, 3, \cdots)$,则称级数 $\displaystyle\sum_{n=1}^{\infty} u_n$ 为**正项级数**.

定理 1　设 $\displaystyle\sum_{n=1}^{\infty} u_n$, $\displaystyle\sum_{n=1}^{\infty} v_n$ 均为正项级数,且 $u_n \leq v_n (n = 1, 2, 3 \cdots)$,则

(1) 当 $\displaystyle\sum_{n=1}^{\infty} v_n$ 收敛时, $\displaystyle\sum_{n=1}^{\infty} u_n$ 也收敛;

(2) 当 $\displaystyle\sum_{n=1}^{\infty} u_n$ 发散时, $\displaystyle\sum_{n=1}^{\infty} v_n$ 也发散.

此定理也称为比较审敛法. 运用此定理判定一个正项级数的敛散性,归根结底就是把它和一个敛散性已知的正项级数作比较,从而得出结论.

例 5　判定下列级数的敛散性.

(1) $\displaystyle\sum_{n=1}^{\infty} \frac{1}{n \cdot 2^n}$;   (2) $\displaystyle\sum_{n=1}^{\infty} \frac{1}{n^p} \, (p > 0)$.

解 （1）因为 $\dfrac{1}{n\cdot 2^n}\leqslant\dfrac{1}{2^n}$，而级数 $\sum\limits_{n=1}^{\infty}\dfrac{1}{2^n}$ 是以 $\dfrac{1}{2}$ 为公比的等比级数，它是收敛的，由定理 1 知，$\sum\limits_{n=1}^{\infty}\dfrac{1}{n\cdot 2^n}$ 也收敛.

（2）通常称 $\sum\limits_{n=1}^{\infty}\dfrac{1}{n^p}$ 为 **p 级数**.

已知调和级数 $\sum\limits_{n=1}^{\infty}\dfrac{1}{n}$ 是发散的，当 $0<p\leqslant 1$ 时，有 $\dfrac{1}{n^p}\geqslant\dfrac{1}{n}$，由定理 1 知，当 $0<p\leqslant 1$ 时，级数 $\sum\limits_{n=1}^{\infty}\dfrac{1}{n^p}$ 发散.

当 $p>1$ 时，因为 $k-1\leqslant x\leqslant k$ 时，有 $\dfrac{1}{k^p}\leqslant\dfrac{1}{x^p}$，所以

$$\frac{1}{k^p}=\int_{k-1}^{k}\frac{1}{k^p}\mathrm{d}x\leqslant\int_{k-1}^{k}\frac{1}{x^p}\mathrm{d}x\quad(k=2,3,\cdots),$$

从而 p 级数的部分和

$$
\begin{aligned}
s_n&=1+\sum_{k=2}^{n}\frac{1}{k^p}\leqslant 1+\sum_{k=2}^{n}\int_{k-1}^{k}\frac{1}{x^p}\mathrm{d}x\\
&=1+\int_{1}^{n}\frac{1}{x^p}\mathrm{d}x\\
&=1+\frac{1}{p-1}\left(1-\frac{1}{n^{p-1}}\right)\\
&<1+\frac{1}{p-1}\,(n=2,3,\cdots),
\end{aligned}
$$

这说明数列 $\{s_n\}$ 有界，因此 p 级数收敛. 综上所述，p 级数当 $p>1$ 时收敛，当 $0<p\leqslant 1$ 时发散.

推论 设 $\sum\limits_{n=1}^{\infty}u_n$，$\sum\limits_{n=1}^{\infty}v_n$ 均为正项级数，如果 $\lim\limits_{n\to\infty}\dfrac{u_n}{v_n}=l\,(0<l<+\infty)$，则级数 $\sum\limits_{n=1}^{\infty}u_n$ 和 $\sum\limits_{n=1}^{\infty}v_n$ 同时收敛或同时发散.

例 6 判别级数 $\sum\limits_{n=1}^{\infty}\sin\dfrac{1}{n}$ 的敛散性.

解 因为 $\lim\limits_{n\to\infty}\dfrac{\sin\dfrac{1}{n}}{\dfrac{1}{n}}=1$，且 $\sum\limits_{n=1}^{\infty}\dfrac{1}{n}$ 发散，由推论可知级数 $\sum\limits_{n=1}^{\infty}\sin\dfrac{1}{n}$ 发散.

定理 2 设 $\sum\limits_{n=1}^{\infty}u_n$ 为正项级数，且 $\lim\limits_{n\to\infty}\dfrac{u_{n+1}}{u_n}=\rho$（或 $+\infty$），则

（1）当 $\rho<1$ 时，级数 $\sum\limits_{n=1}^{\infty}u_n$ 收敛；

（2）当 $\rho>1$（包括 $\rho=+\infty$）时，级数 $\sum\limits_{n=1}^{\infty}u_n$ 发散；

（3）当 $\rho=1$ 时，级数 $\sum\limits_{n=1}^{\infty}u_n$ 可能收敛也可能发散.

此定理也称为比值审敛法,只需通过级数本身就可进行,无需像比较审敛法那样找敛散性已知的级数作比较. 当 $\rho=1$ 时该定理失效,就要用其他方法判断.

例7 判断下列级数的敛散性:

(1) $\sum\limits_{n=1}^{\infty} \dfrac{a^n}{n!}$ $(a>0)$;　　　　(2) $\sum\limits_{n=1}^{\infty} \dfrac{x^n}{n}$ $(x>0)$.

解 (1) $\lim\limits_{n\to\infty} \dfrac{u_{n+1}}{u_n} = \lim\limits_{n\to\infty}\left[\dfrac{a^{n+1}}{(n+1)!} \cdot \dfrac{n!}{a^n}\right] = \lim\limits_{n\to\infty} \dfrac{a}{n+1} = 0 < 1$,所以级数收敛.

(2) $\lim\limits_{n\to\infty} \dfrac{u_{n+1}}{u_n} = \lim\limits_{n\to\infty}\left(\dfrac{x^{n+1}}{n+1} \cdot \dfrac{n}{x^n}\right) = \lim\limits_{n\to\infty}\left(\dfrac{n}{n+1} \cdot x\right) = x$.

所以,当 $0<x<1$ 时收敛. 当 $x>1$ 时发散. 而 $x=1$ 时,原级数就成为调和级数,它是发散的.

二、交错级数审敛法

形如
$$\sum_{n=1}^{\infty}\left[(-1)^{n-1} u_n\right] = u_1 - u_2 + u_3 - u_4 + \cdots + (-1)^{n-1} u_n + \cdots \ (u_n>0, n=1,2,\cdots)$$
的级数称为**交错级数**.

定理3 如果交错级数 $\sum\limits_{n=1}^{\infty}(-1)^{n-1} u_n (u_n>0, n=1,2,\cdots)$ 满足

(1) $u_n \geqslant u_{n+1}$;

(2) $\lim\limits_{n\to\infty} u_n = 0$,

则级数收敛,且其和 $s \leqslant u_1$.

例8 判别下列级数的敛散性:

(1) $\sum\limits_{n=1}^{\infty}(-1)^{n-1} \dfrac{n}{2^n}$;　　　　　　(2) $\sum\limits_{n=1}^{\infty}(-1)^{n-1} \dfrac{2n-1}{n^2}$.

解 (1) 因为 $\dfrac{n}{2^n} - \dfrac{n+1}{2^{n+1}} = \dfrac{n-1}{2^{n+1}} \geqslant 0 (n=1,2,\cdots)$. 所以 $\dfrac{n}{2^n} \geqslant \dfrac{n+1}{2^{n+1}} (n=1,2,\cdots)$. 又因为 $\lim\limits_{n\to\infty} \dfrac{n}{2^n} =$

0. 故交错级数 $\sum\limits_{n=1}^{\infty}(-1)^{n-1} \dfrac{n}{2^n}$ 收敛.

(2) 在用交错级数审敛法时,条件(2)往往比较容易判断,所以先求
$$\lim_{n\to\infty} \dfrac{2n-1}{n^2} = 0.$$

对于条件(1),有时可利用导数来判断,设函数 $f(x) = \dfrac{2x-1}{x^2}$,因为
$$f'(x) = \dfrac{2(1-x)}{x^3},$$

所以当 $x \geqslant 1$ 时,$f'(x) \leqslant 0$,即函数 $f(x) = \dfrac{2x-1}{x^2}$ 单调减少. 由此可知
$$\dfrac{2n-1}{n^2} \geqslant \dfrac{2(n+1)-1}{(n+1)^2} (n=1,2,\cdots),$$

因此交错级数 $\sum\limits_{n=1}^{\infty}(-1)^{n-1}\dfrac{2n-1}{n^2}$ 收敛.

三、绝对收敛与条件收敛

数项级数 $\sum\limits_{n=1}^{\infty}u_n$ 和将其各项 u_n 取绝对值后得到的正项级数 $\sum\limits_{n=1}^{\infty}|u_n|$ 间的敛散性有下面的关系：

定理 4 如果级数 $\sum\limits_{n=1}^{\infty}|u_n|$ 收敛，则级数 $\sum\limits_{n=1}^{\infty}u_n$ 也收敛.

需要指出的是本定理的逆命题不成立，不能由级数 $\sum\limits_{n=1}^{\infty}u_n$ 收敛断言级数 $\sum\limits_{n=1}^{\infty}|u_n|$ 是收敛的. 例如，级数 $\sum\limits_{n=1}^{\infty}(-1)^{n-1}\dfrac{1}{n}$ 是收敛的，而各项取绝对值后的级数 $\sum\limits_{n=1}^{\infty}\dfrac{1}{n}$ 是发散的. 由定理 4 可知，我们可以将许多级数的收敛性判别问题转化为正项级数的收敛性判别问题. 即当一个级数所对应的绝对值级数收敛时，这个级数必收敛. 对于级数的这种收敛性，给出以下定义.

定义 3 设级数 $\sum\limits_{n=1}^{\infty}u_n$ 为数项级数，则

（1）当级数 $\sum\limits_{n=1}^{\infty}|u_n|$ 收敛时，称级数 $\sum\limits_{n=1}^{\infty}u_n$ **绝对收敛**；

（2）当级数 $\sum\limits_{n=1}^{\infty}|u_n|$ 发散时，但级数 $\sum\limits_{n=1}^{\infty}u_n$ 收敛时，称级数 $\sum\limits_{n=1}^{\infty}u_n$ **条件收敛**.

对于一个级数，应当判别它绝对收敛、条件收敛，还是发散. 而判别级数的绝对收敛时，可以借助正项级数的判别法来讨论.

例 9 判别下列级数的敛散性：

（1）$\sum\limits_{n=1}^{\infty}\dfrac{\sin n}{n^2}$； （2）$\sum\limits_{n=1}^{\infty}\dfrac{(-1)^{n+1}}{\sqrt{n}}$.

解 （1）因为 $\left|\dfrac{\sin n}{n^2}\right|\leqslant\dfrac{1}{n^2}$，而级数 $\sum\limits_{n=1}^{\infty}\dfrac{1}{n^2}$ 是收敛的 p 级数，故级数 $\sum\limits_{n=1}^{\infty}\left|\dfrac{\sin n}{n^2}\right|$ 收敛，从而原级数绝对收敛.

（2）因为 $\sum\limits_{n=1}^{\infty}\left|\dfrac{(-1)^{n+1}}{\sqrt{n}}\right|=\sum\limits_{n=1}^{\infty}\dfrac{1}{\sqrt{n}}$ 是 $p=\dfrac{1}{2}<1$ 的 p 级数，是发散的，所以原级数不绝对收敛. 注意到它是交错级数，且

$$\frac{1}{\sqrt{n}}>\frac{1}{\sqrt{n+1}},\lim_{n\to\infty}\frac{1}{\sqrt{n}}=0,$$

由定理 3 知该级数收敛，即该级数条件收敛.

活动操练-2

判断下列级数是否收敛？若收敛，是条件收敛还是绝对收敛？

（1）$\sum\limits_{n=1}^{\infty}(-1)^n\dfrac{1}{\sqrt{n}}$；

（2）$\displaystyle\sum_{n=2}^{\infty}(-1)^{n}\frac{1}{\ln n}$;

（3）$\displaystyle\sum_{n=1}^{\infty}\frac{\sin(nx)}{n^{2}}$;

（4）$\displaystyle\sum_{n=1}^{\infty}(-1)^{n}\frac{1}{2^{n}}\left(1+\frac{1}{n}\right)^{n}$;

（5）$\displaystyle\sum_{n=1}^{\infty}(-1)^{n+1}\frac{2^{n^{2}}}{n!}$;

（6）$\displaystyle\sum_{n=1}^{\infty}(-1)^{n-1}\frac{n}{3^{n-1}}$.

攻略驿站

判别级数 $\displaystyle\sum_{n=1}^{\infty}u_{n}$ 的敛散性步骤：

（1）先考察 $\displaystyle\sum_{n=1}^{\infty}|u_{n}|$，若收敛，则 $\displaystyle\sum_{n=1}^{\infty}u_{n}$ 收敛；

（2）若 $\displaystyle\sum_{n=1}^{\infty}|u_{n}|$ 发散，则再考察 $\displaystyle\sum_{n=1}^{\infty}u_{n}$ 的敛散性.

9.3.3　幂级数

幂级数是函数项级数的重要组成部分，本节我们将学习幂级数的概念，幂级数敛散性的判定方法.

一、幂级数的概念

一般地，形如

$$\sum_{n=0}^{\infty}a_{n}x^{n}=a_{0}+a_{1}x+a_{2}x^{2}+\cdots+a_{n}x^{n}+\cdots$$

的函数项级数叫做**幂级数**，其中 $a_{0},a_{1},a_{2},\cdots,a_{n},\cdots$ 均为常数.

对于幂级数，它的每一项在区间 $(-\infty,+\infty)$ 内都有定义，因此，对于每一个给定的实数值 x_{0}，此时的幂级数就变成一个数项级数

$$\sum_{n=0}^{\infty}a_{n}x_{0}^{n}=a_{0}+a_{1}x_{0}+a_{2}x_{0}^{2}+\cdots+a_{n}x_{0}^{n}+\cdots.$$

该级数可能收敛也可能发散. 如果 $\displaystyle\sum_{n=0}^{\infty}a_{n}x_{0}^{n}$ 收敛，则称点 x_{0} 为幂级数 $\displaystyle\sum_{n=0}^{\infty}a_{n}x^{n}$ 的**收敛点**，或者称幂级数在点 x_{0} 处收敛；如果 $\displaystyle\sum_{n=0}^{\infty}a_{n}x_{0}^{n}$ 发散，则称点 x_{0} 为幂级数 $\displaystyle\sum_{n=0}^{\infty}a_{n}x^{n}$ 的**发散点**，或者称幂级数在点 x_{0} 处发散. 所有收敛点的集合称为幂级数的**收敛域**，收敛域上幂级数的和

是 x 的函数,记作 $s(x)$,称为幂级数 $\sum\limits_{n=0}^{\infty} a_n x^n$ 的**和函数**.

例 10 讨论幂级数 $1+x+x^2+\cdots+x^n+\cdots$ 的收敛性,若收敛,求出收敛域.

解
$$\sum_{n=0}^{\infty} x^n = 1+x+x^2+\cdots+x^n+\cdots.$$

当 $|x|<1$ 时,该幂级数收敛于 $\dfrac{1}{1-x}$;当 $|x|\geq 1$ 时,该幂级数发散.

因此幂级数的收敛域是开区间 $(-1,1)$.

二、幂级数的敛散性

定理 5 若幂级数 $\sum\limits_{n=0}^{\infty} a_n x^n$,满足

$$\lim_{n\to\infty}\left|\frac{a_n}{a_{n+1}}\right|=R.$$

（1）如果 $0<R<+\infty$,则当 $|x|<R$ 时,幂级数收敛,而当 $|x|>R$ 时,幂级数发散;

（2）如果 $R=+\infty$,则幂级数在 $(-\infty,+\infty)$ 内收敛;

（3）如果 $R=0$,则幂级数仅在 $x=0$ 处收敛.

由定理 5 可知,当 $R=0$ 时,幂级数的收敛域只含有 $x=0$ 一个点;当 $R\neq 0$ 时,幂级数在区间 $(-R,R)$ 内收敛,区间 $(-R,R)$ 称为幂级数的**收敛区间**,R 称为这个幂级数的**收敛半径**. 但对于 $x=\pm R$ 时,幂级数可能收敛也可能发散,这时可将 $x=R$ 和 $x=-R$ 代入幂级数,然后按数项级数的审敛法来判定其敛散性,从而决定它的收敛域.

例 11 求幂级数 $\sum\limits_{n=1}^{\infty} n!\, x^n$ 的收敛域.

解
$$R=\lim_{n\to\infty}\left|\frac{a_n}{a_{n+1}}\right|=\lim_{n\to\infty}\frac{1}{n+1}=0,$$

所以幂级数的收敛域为 $\{0\}$.

例 12 求幂级数 $\sum\limits_{n=0}^{\infty} \dfrac{nx^n}{2^n}$ 的收敛半径.

解
$$R=\lim_{n\to\infty}\left|\frac{a_n}{a_{n+1}}\right|=\lim_{n\to\infty}\left|\frac{\dfrac{n}{2^n}}{\dfrac{n+1}{2^{n+1}}}\right|=\lim_{n\to\infty}\frac{2n}{n+1}=2,$$

所以幂级数的收敛半径为 2.

例 13 求幂级数 $1+2x+(3x)^2+\cdots+(nx)^{n-1}+\cdots$ 的收敛域.

解
$$R=\lim_{n\to\infty}\left|\frac{a_n}{a_{n+1}}\right|=\lim_{n\to\infty}\left|\frac{n^{n-1}}{(n+1)^n}\right|$$

$$=\lim_{n\to\infty}\frac{\dfrac{1}{n}}{\left(\dfrac{n+1}{n}\right)^n}=\frac{\lim\limits_{n\to\infty}\dfrac{1}{n}}{\lim\limits_{n\to\infty}\left(1+\dfrac{1}{n}\right)^n}=\frac{0}{\mathrm{e}}=0,$$

即幂级数 $\displaystyle\sum_{n=1}^{\infty} (nx)^{n-1}$ 的收敛域为 $\{0\}$.

三、幂级数的运算

幂级数有以下几个常用的运算性质.

性质 1　幂级数 $\displaystyle\sum_{n=0}^{\infty} a_n x^n$ 的和函数 $s(x)$ 在收敛区间 $(-R,R)$ 内是连续的.

性质 2　幂级数 $\displaystyle\sum_{n=0}^{\infty} a_n x^n$ 的和函数 $s(x)$ 在收敛区间 $(-R,R)$ 内是可导的,且

$$s'(x) = \left(\sum_{n=0}^{\infty} a_n x^n \right)' = \sum_{n=0}^{\infty} (a_n x^n)' = \sum_{n=1}^{\infty} n a_n x^{n-1} ,$$

即幂级数在其收敛区间内可逐项求导,且求导后所得的幂级数的收敛半径与原级数的收敛半径相同.

性质 3　对于幂级数 $\displaystyle\sum_{n=0}^{\infty} a_n x^n$ 在收敛区间 $(-R,R)$ 内任意一点 x 处,有

$$\int_0^x s(x)\,\mathrm{d}x = \int_0^x \left(\sum_{n=0}^{\infty} a_n x^n \right) \mathrm{d}x = \sum_{n=0}^{\infty} \int_0^x a_n x^n \mathrm{d}x = \sum_{n=0}^{\infty} \frac{a_n}{n+1} x^{n+1} \quad (-R<x<R) .$$

即幂级数在其收敛区间内可以逐项积分,且积分后所得的幂级数的收敛半径与原级数的收敛半径相同.

活动操练-3

求下列幂级数的收敛半径和收敛区间:

(1) $\displaystyle\sum_{n=1}^{\infty} \frac{3^n}{\sqrt{n}} x^n$;　　　　　(2) $\displaystyle\sum_{n=1}^{\infty} (-1)^n \frac{x^n}{n^n}$;

(3) $\displaystyle\sum_{n=1}^{\infty} \frac{1}{2^{n-1}} x^{2n+1}$;　　　　(4) $\displaystyle\sum_{n=1}^{\infty} \frac{n^2}{3^n} x^n$.

攻略驿站

幂级数 $\displaystyle\sum_{n=0}^{\infty} a_n x^n$ 收敛域的求法:

(1) 求收敛半径 R;

(2) 写出收敛区间 $(-R,R)$;

(3) 讨论幂级数在 $x = \pm R$ 处的敛散性,并写出收敛域.

9.3.4　常见函数的幂级数展开

一、泰勒级数

定义 4　若函数 $f(x)$ 在点 x_0 的某邻域内具有任意阶导数,称幂级数

$$f(x_0)+f'(x_0)(x-x_0)+\frac{f''(x_0)}{2!}(x-x_0)^2+\cdots+\frac{f^{(n)}(x_0)}{n!}(x-x_0)^n+\cdots$$

为 $f(x)$ 在 x_0 处的泰勒级数.

二、麦克劳林级数

当 $x_0=0$ 时,泰勒级数成为

$$f(0)+f'(0)x+\frac{f''(0)}{2!}x^2+\cdots+\frac{f^{(n)}(0)}{n!}x^n+\cdots.$$

把此级数称为 $f(x)$ 的麦克劳林级数.

三、幂级数展开方法

1. 直接展开法

将函数 $f(x)$ 展开成 $x-x_0$ 的幂级数

$$f(x)=f(x_0)+f'(x_0)(x-x_0)+\frac{1}{2!}f''(x_0)(x-x_0)^2+\cdots+\frac{1}{n!}f^{(n)}(x_0)(x-x_0)^n+\cdots$$

的步骤:

第一步 求出函数 $f(x)$ 各阶导数值;

第二步 求出系数 $a_n=\dfrac{f^{(n)}(x_0)}{n!}$;

第三步 考察在收敛区间内当 $n\to\infty$ 时,余项 $R_n(x)=f(x)-[f(x_0)+f'(x_0)(x-x_0)+$ $\dfrac{1}{2!}f''(x_0)(x-x_0)^2+\cdots+\dfrac{1}{n!}f^n(x_0)(x-x_0)^n]$ 的极限.

(1)若极限为 0,则幂级数的和函数在此收敛区间上等于函数 $f(x)$;

(2)若极限不为 0,则函数 $f(x)$ 不能展开为 $x-x_0$ 的幂级数.

第四步 写出展开式.

例 14 将函数 $f(x)=\mathrm{e}^x$ 展开成 x 的幂级数.

解 $f(x)=\mathrm{e}^x$ 显然有各阶连续导数 $f^{(n)}(x)=\mathrm{e}^x$,且 $f^{(n)}(0)=1$,于是

$$\mathrm{e}^x=1+x+\frac{x^2}{2!}+\cdots+\frac{x^n}{n!}+\cdots,$$

它的收敛半径为

$$R=\lim_{n\to\infty}\left|\frac{a_n}{a_{n+1}}\right|=\lim_{n\to\infty}\frac{\dfrac{1}{n!}}{\dfrac{1}{(n+1)!}}=+\infty,$$

收敛区间为 $(-\infty,+\infty)$.

可以证明 $\lim\limits_{n\to\infty}R_n(x)=0$. 于是,对任何实数 x,都有 $\mathrm{e}^x=\sum\limits_{n=0}^{\infty}\dfrac{x^n}{n!}$.

将 $x=1$ 代入上式得

$$e = 1 + 1 + \frac{1}{2!} + \cdots + \frac{1}{n!} + \cdots.$$

例 15　将函数 $f(x) = \sin x$ 展开成 x 的幂级数.

解　因为 $f(x) = \sin x$，它的 n 阶导数为 $f^{(n)}(x) = \sin\left(x + n \cdot \frac{\pi}{2}\right)(n = 1, 2, \cdots)$. 所以

$$f(0) = 0, f'(0) = 1, f''(0) = 0, f'''(0) = -1, \cdots, f^{(2n)}(0) = 0, f^{(2n+1)}(0) = (-1)^n.$$

由此可得幂级数

$$x - \frac{x^3}{3!} + \frac{x^5}{5!} - \frac{x^7}{7!} + \cdots + (-1)^n \frac{x^{2n+1}}{(2n+1)!} + \cdots.$$

可以求得该级数的收敛半径 $R = +\infty$，可以证明在 $(-\infty, +\infty)$ 内有

$$\sin x = x - \frac{x^3}{3!} + \frac{x^5}{5!} - \cdots + (-1)^n \frac{x^{2n+1}}{(2n+1)!} + \cdots.$$

2. 间接展开法

间接展开法是利用已知函数的幂级数展开式，通过使用

（1）级数的加减法及乘法运算；

（2）逐项求导、逐项积分；

（3）变量代换，

将函数展开成幂级数.

例 16　将余弦函数 $f(x) = \cos x$ 展开成 x 的幂级数.

解　将例 15 中的 $\sin x$ 展开式逐项求导，得

$$\cos x = 1 - \frac{x^2}{2!} + \frac{x^4}{4!} - \cdots + (-1)^n \frac{x^{2n}}{(2n)!} + \cdots \quad (-\infty < x < -\infty).$$

例 17　将函数 $f(x) = \arctan x$ 展开成 x 的幂级数.

解　因为 $(\arctan x)' = \frac{1}{1+x^2}$，而 $\frac{1}{1+x^2}$ 的展开式可以将 $\frac{1}{1-x}$ 的幂级数展开式中的 x 换成 $-x^2$，即

$$\frac{1}{1+x^2} = 1 - x^2 + x^4 - \cdots + (-1)^n x^{2n} + \cdots \quad (-1 < x < 1).$$

对上式两端积分，得

$$\arctan x = x - \frac{1}{3}x^3 + \frac{1}{5}x^5 - \frac{1}{7}x^7 + \cdots + (-1)^n \frac{1}{2n+1}x^{2n+1} + \cdots (-1 \leqslant x \leqslant 1).$$

活动操练-4

1. 将 $\dfrac{1}{x^2 + 4x + 3}$ 展开成 $(x-1)$ 的幂级数.

2. 将 $y = \sin^2 x$ 展开成 x 的幂级数.

3. 将函数 $f(x) = \arctan \dfrac{1+x}{1-x}$ 展开成 x 的幂级数.

4. 将 $f(x) = \ln(2 + x - 3x^2)$ 在 $x = 0$ 处展开为幂级数.

攻略驿站

常用函数的幂级数展开式

$$e^x = 1 + x + \frac{1}{2!}x^2 + \cdots + \frac{1}{n!}x^n + \cdots, x \in (-\infty, +\infty)$$

$$\ln(1+x) = x - \frac{1}{2}x^2 + \frac{1}{3}x^3 - \frac{1}{4}x^4 + \cdots + \frac{(-1)^n}{n+1}x^{n+1} + \cdots, x \in (-1, 1]$$

$$\sin x = x - \frac{x^3}{3!} + \frac{x^5}{5!} - \frac{x^7}{7!} + \cdots + (-1)^n \frac{x^{2n+1}}{(2n+1)!} + \cdots, x \in (-\infty, +\infty)$$

$$\cos x = 1 - \frac{x^2}{2!} + \frac{x^4}{4!} - \frac{x^6}{6!} + \cdots + (-1)^n \frac{x^{2n}}{(2n)!} + \cdots, x \in (-\infty, +\infty)$$

$$(1+x)^m = 1 + mx + \frac{m(m-1)}{2!}x^2 + \cdots + \frac{m(m-1)\cdots(m-n+1)}{n!}x^n + \cdots, x \in (-1, 1)$$

特别地,当 $m = -1$ 时,

$$\frac{1}{1+x} = 1 - x + x^2 - x^3 + \cdots + (-1)^n x^n + \cdots, x \in (-1, 1)$$

9.4 学力训练

9.4.1 基础过关检测

一、判断题

1. 如果 $\lim\limits_{n \to \infty} a_n = 0$,则级数 $\sum\limits_{n=1}^{\infty} a_n$ 收敛.   ( )

2. 如果级数 $\sum\limits_{n=1}^{\infty} a_n$ 发散,则对任意常数 k,级数 $\sum\limits_{n=1}^{\infty} ka_n$ 都发散.   ( )

3. 如果级数 $\sum\limits_{n=1}^{\infty} a_n$ 收敛,且 $a_n \neq 0$,则级数 $\sum\limits_{n=1}^{\infty} \frac{1}{a_n}$ 必发散.   ( )

4. 级数的敛散性不因增加或减少有限项而改变.   ( )

5. 若级数 $\sum\limits_{n=1}^{\infty} a_n$ 绝对收敛,则 $\sum\limits_{n=1}^{\infty} a_n$ 必为正项级数.   ( )

二、填空题

1. 等比级数 $\sum\limits_{n=1}^{\infty} aq^{n-1}$(常数 $a \neq 0$)当_____时收敛,当_____时发散.

2. $\sum\limits_{n=1}^{\infty} \frac{1}{n^p}$ 当_____时收敛,当_____时发散.

3. 设 $0 \leqslant u_n \leqslant v_n$，若 $\sum\limits_{n=1}^{\infty} v_n$ 收敛，则 $\sum\limits_{n=1}^{\infty} u_n$ 必_____；若 $\sum\limits_{n=1}^{\infty} u_n$ 发散，则 $\sum\limits_{n=1}^{\infty} v_n$ 必_____；

而若 $\sum\limits_{n=1}^{\infty} u_n$ 收敛，则 $\sum\limits_{n=1}^{\infty} v_n$ _____；若 $\sum\limits_{n=1}^{\infty} v_n$ 发散，则 $\sum\limits_{n=1}^{\infty} u_n$ _____.

4. 设 $\sum\limits_{n=1}^{\infty} u_n$ 是正项级数，$\rho = \lim\limits_{n \to \infty} \dfrac{u_{n+1}}{u_n}$. 则当 $\rho < 1$ 时，级数_____；$\rho > 1$ 时，级数_____；

$\rho = 1$ 时，级数_____.

5. 如果级数 $\sum\limits_{n=1}^{\infty} u_n$ 收敛，而级数 $\sum\limits_{n=1}^{\infty} |u_n|$ 发散，则称级数 $\sum\limits_{n=1}^{\infty} u_n$ _____；如果级数 $\sum\limits_{n=1}^{\infty} u_n$ 收敛，而级数 $\sum\limits_{n=1}^{\infty} |u_n|$ 也收敛，则称级数 $\sum\limits_{n=1}^{\infty} u_n$ _____.

6. 如果 $x_0 \neq 0$ 是幂级数 $\sum\limits_{n=0}^{\infty} a_n x^n$ 的收敛点，则对一切满足 $|x| < |x_0|$ 的点 x，幂级数 $\sum\limits_{n=0}^{\infty} a_n x^n$ 都_____. 如果 x_0 是幂级数 $\sum\limits_{n=0}^{\infty} a_n x^n$ 的发散点，则对一切满足 $|x| > |x_0|$ 的点 x，幂级数 $\sum\limits_{n=0}^{\infty} a_n x^n$ 都_____.

7. 设幂级数 $\sum\limits_{n=0}^{\infty} a_n x^n = s(x)$ 的收敛半径为 R，则在 $(-R, R)$ 内，幂级数可以逐项微分或逐项积分，且收敛半径_____. 但当 R 为一非零常数时，端点 $x = \pm R$ 处的敛散性可能发生_____.

8. $\sin x$ 的麦克劳林级数展开式为 _____.

9. $\cos x$ 的麦克劳林级数展开式为 _____.

10. 当 $|x| < 1$ 时，幂级数 $1 - x^2 + x^3 - x^4 + \cdots$ 的和函数为_____.

三、单项选择题

1. 若级数 $\sum\limits_{n=1}^{\infty} a_n$ 收敛，则（　　）.

A. $\lim\limits_{n \to \infty} a_n = \infty$ 　　　B. $\lim\limits_{n \to \infty} a_n = 1$ 　　　C. $\lim\limits_{n \to \infty} a_n = 0$ 　　　D. $\lim\limits_{n \to \infty} a_n \neq 0$

2. 若 $\lim\limits_{n \to \infty} u_n = 0$，则无穷级数 $\sum\limits_{n=1}^{\infty} u_n$（　　）.

A. 条件收敛 　　　　　　　　　　　　B. 绝对收敛

C. 发散 　　　　　　　　　　　　　　D. 不能确定是否收敛

3. 级数 $\sum\limits_{n=1}^{\infty} \dfrac{n}{1+n}$（　　）.

A. 收敛 　　　　　　　　　　　　　　B. 绝对收敛

C. 敛散性无法判断 　　　　　　　　　D. 发散

4. 下列级数中发散的是（　　）.

A. $\sum\limits_{n=1}^{\infty} \dfrac{(-1)^n}{\sqrt{n(n-1)}}$ 　　　　　　　　B. $\sum\limits_{n=1}^{\infty} \dfrac{(-1)^n}{r^n}$（$|r| > 1$）

C. $\displaystyle\sum_{n=1}^{\infty} \frac{1}{\ln(n+1)}$ D. $\displaystyle\sum_{n=1}^{\infty} \frac{1}{3^{n-1}}$

5. 级数 $\displaystyle\sum_{n=1}^{\infty} (\ln x)^n$ 的收敛域是( ).

A. $(0,e)$ B. $\left(\dfrac{1}{e},+\infty\right)$ C. $\left[\dfrac{1}{e},e\right]$ D. $\left(\dfrac{1}{e},e\right)$

6. 下列级数中收敛的是( ).

A. $\displaystyle\sum_{n=1}^{\infty} \frac{n}{n+1}$ B. $\displaystyle\sum_{n=1}^{\infty} \frac{1}{n\sqrt{n+1}}$ C. $\displaystyle\sum_{n=1}^{\infty} \frac{1}{2(n+1)}$ D. $\displaystyle\sum_{n=1}^{\infty} \frac{1}{(n+1)^{\frac{1}{2}}}$

7. 下列级数中发散的是( ).

A. $\displaystyle\sum_{n=1}^{\infty} \frac{2}{3^n}$ B. $\displaystyle\sum_{n=1}^{\infty} \frac{(-1)^{n-1}}{\sqrt{n}}$ C. $\displaystyle\sum_{n=1}^{\infty} \frac{n^2}{3n^4+1}$ D. $\displaystyle\sum_{n=1}^{\infty} \frac{1}{\sqrt[3]{n(n+1)}}$

8. 级数 $\displaystyle\sum_{n=1}^{\infty} (\lg x)^n$ 的收敛区间是 ( ).

A. $(-1,1)$ B. $(-10,10)$ C. $\left(-\dfrac{1}{10},\dfrac{1}{10}\right)$ D. $\left(\dfrac{1}{10},10\right)$

9.4.2 拓展探究练习

一、单项选择题

1. 设幂级数 $\displaystyle\sum_{n=1}^{\infty} c_n(x-3)^n$ 在 $x=0$ 处收敛,则该幂级数在 $x=5$ 处( ).

A. 绝对收敛 B. 条件收敛
C. 发散 D. 敛散性不能确定

2. 设 $\displaystyle\sum_{n=1}^{\infty} a_n(x-2)^n$ 在 $x=-2$ 处收敛,则该幂级数在 $x=5$ 处( ).

A. 发散 B. 条件收敛
C. 绝对收敛 D. 敛散性不能确定

3. 幂级数 $\displaystyle\sum_{n=0}^{\infty} \frac{n!}{2^n}x^n$ 的收敛半径 $R=($).

A. $\dfrac{1}{2}$ B. 2 C. 0 D. $+\infty$

4. 幂级数 $\displaystyle\sum_{n=2}^{\infty} \frac{(x-3)^n}{n-n^3}$ 的收敛区间是( ).

A. $[2,4]$ B. $[2,-4]$ C. $(-2,4)$ D. $[-2,4]$.

5. 函数 $f(x)=x^2 e^{x^2}$ 展开成 x 的幂级数是( ).

A. $\displaystyle\sum_{n=1}^{\infty} (-1)^n \frac{x^{2n-1}}{(2n-1)!}(-\infty<x<+\infty)$ B. $\displaystyle\sum_{n=0}^{\infty} \frac{x^{n+2}}{n!} \ (-\infty<x<+\infty)$

C. $\displaystyle\sum_{n=0}^{\infty} \frac{x^{2n}}{n!}$ $(-\infty < x < +\infty)$ 　　　　D. $\displaystyle\sum_{n=0}^{\infty} \frac{x^{2(n+1)}}{n!}$ $(-\infty < x < +\infty)$

6. 函数 $f(x) = \dfrac{1}{3+x}$ 关于 x 的幂级数展开式是(　　).

A. $\dfrac{1}{3} \displaystyle\sum_{n=0}^{\infty} (-1)^n x^n$, $(-1 < x < 1)$ 　　　　B. $\displaystyle\sum_{n=0}^{\infty} (-1)^n \left(\dfrac{x}{3}\right)^n$, $(-3 \leqslant x \leqslant 3)$

C. $\dfrac{1}{3} \displaystyle\sum_{n=0}^{\infty} (-1)^n \left(\dfrac{x}{3}\right)^n$, $(-3 < x < 3)$ 　　　　D. $\dfrac{1}{3} \displaystyle\sum_{n=0}^{\infty} \left(\dfrac{x}{3}\right)^n$, $(-3 < x < 3)$

二、计算题

1. 求幂级数 $\displaystyle\sum_{n=1}^{\infty} (-1)^{n-1} \dfrac{x^n}{n}$ 的收敛区间.

2. 求幂级数 $\displaystyle\sum_{n=0}^{\infty} \dfrac{x^n}{n+1}$ 的收敛区间.

3. 将函数 $y = \dfrac{1}{3-x}$ 展开为 $(x-1)$ 的幂级数.

4. 将函数 $f(x) = \dfrac{1}{x^2 - 3x + 2}$ 展开为 x 的幂级数.

三、解答题

1. (奖励基金创立问题)为了创立某奖励基金需要筹集资金,现假定该基金从创立之日起,每年需要支付 4 000 000 元作为奖励,设基金的年利率为 5%,分别以

(1) 年复利计算利息;

(2) 连续复利计算利息.

问需要筹集的资金为多少?

2. (合同订立问题)某公司与某员工签订一份合同,合同规定该公司在第 n 年末必须支付该员工 n 万元 $(n = 1, 2, \cdots)$,假定银行存款按 4% 的年复利计算利息,问该公司需要在签约当天存入银行的资金为多少?

9.5　服务驿站

9.5.1　软件服务

一、实验目的

熟练掌握在 MATLAB 环境下求级数的和的方法.

二、实验过程

求级数 $\displaystyle\sum_{n=a}^{b} u_n$ 的和的指令:symsum(u,n,a,b).

例 18 求级数 $\displaystyle\sum_{n=1}^{\infty} \dfrac{1}{2n(2n+1)}$ 的和.

解　>>syms n

　　>>symsum(1/(2n*(2n+1)),n,1,inf)

　　ans =

　　　1/2

例 19 求幂级数 $\displaystyle\sum_{n=1}^{\infty} \dfrac{x^n}{n+1}$ 的和函数.

解　>>syms x n

　　>>symsum(x^n/(n+1),n,1,inf)

　　ans =

　　　-1/x*log(1-x)

三、实验任务

1. 求级数 $\displaystyle\sum_{n=1}^{\infty} \dfrac{1}{n^2+n}$ 的和.

2. 求级数 $\displaystyle\sum_{n=1}^{\infty} \dfrac{2n+1}{2^n}$ 的和.

3. 求幂级数 $\displaystyle\sum_{n=1}^{\infty} (-1)^n \dfrac{x^n}{n}$ 的和函数.

9.5.2　建模体验

科赫曲线是一种像雪花的几何曲线,所以又称为雪花曲线.其周长和面积的计算过程中体现了级数的应用.

科赫曲线的形状如图 9-2 所示,计算科赫雪花曲线的边数、周长和面积.

(1) 边数　每生长一次,边数是原来的 4 倍.

(2) 周长　每生长一次,得到的新图形的周长是原来图形周长的 $\dfrac{4}{3}>1$.

(3) 面积　$S+3\times\dfrac{1}{9}\times S+3\times4\times\dfrac{1}{9^2}\times S+3\times4\times4\times\dfrac{1}{9^3}\times S+\cdots.$

即 $S+\dfrac{3}{4}\times\left[\dfrac{4}{9}S+\left(\dfrac{4}{9}\right)^2 S+\left(\dfrac{4}{9}\right)^3 S+\cdots+\left(\dfrac{4}{9}\right)^n S+\cdots\right]$,其中括号里是一个公比小于 1 的等比级数.第一次生长后,所形成的图形的面积是在原来正三角形面积的基础上增加了 3 个小正三角形的面积,而这 3 个小正三角形的每一个的面积是原来正三角形面积的 $\dfrac{1}{9}$;第二次生长

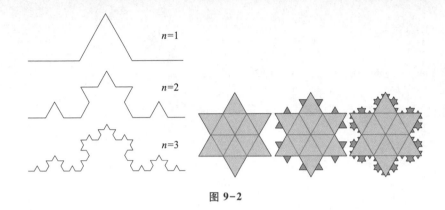

图 9-2

后,所形成的图形的面积是在第一次生长后的图形面积的基础上增加 3×4 个小正三角形的面积,而这 3×4 个小正三角形的每一个面积是原来正三角形面积的 $\dfrac{1}{9^2}$.

以此类推,显然,随着科赫雪花不断"生长",其周长趋于无穷大,而面积却趋于定值. 这就是雪花问题中蕴含的级数模型.

9.5.3　重要技能备忘录

一、数项级数

1. 数项级数的基本性质

(1) $\displaystyle\sum_{n=1}^{\infty} u_n$ 收敛 $\Leftrightarrow$ 部分和数列 $\{s_n\}$ 收敛,其中 $s_n = u_1 + u_2 + \cdots + u_n$.

(2) 若 $\displaystyle\sum_{n=1}^{\infty} u_n$ 收敛,则 $\lim\limits_{n\to\infty} u_n = 0$;反之,则不一定成立.

(3) 若 $\displaystyle\sum_{n=1}^{\infty} u_n = U$,$\displaystyle\sum_{n=1}^{\infty} v_n = V$,则 $\displaystyle\sum_{n=1}^{\infty}(au_n + bv_n) = aU + bV$($a$、$b$ 为任意常数).

(4) 收敛级数满足结合律.

注意:发散级数加括号后有可能得到收敛级数,因此不能由加括号后的级数的收敛性判断加括号前的级数的收敛性.

(5) 增加、删除或改变级数的有限项不会改变级数的收敛性.

2. 数项级数的收敛性判定

(1) 一般方法

① 级数的收敛性定义

② 级数的基本性质

③ 绝对收敛、条件收敛

(2) 正项级数审敛法

理论基础:正项级数 $\displaystyle\sum_{n=1}^{\infty} u_n$ 收敛 $\Leftrightarrow$ 部分和数列 $\{s_n\}$ 有界.

（3）交错级数审敛法

二、幂级数

1. 幂级数的收敛半径、收敛区间、收敛域.

关键：注意收敛区间与收敛域的区别；求幂级数收敛域的基本步骤.

2. 幂级数的运算性质

关键：四则运算、连续、逐项可积、逐项可导.

3. 常用函数的麦克劳林展开式

关键：求函数的麦克劳林展开式的基本步骤.

4. 求幂级数的和函数、函数展开成幂级数的间接法

通过线性运算法则、变量替换、恒等变形、逐项求导、逐项积分等方法将所给幂级数化为常用函数的幂级数展开式，利用已知的和函数求解.

9.5.4 "E"随行

自 主 检 测

一、单项选择题

1. 假设幂级数 $\sum\limits_{n=1}^{\infty} a_n (x+1)^n$ 在 $x=1$ 处收敛，那么该幂级数在 $x=-\dfrac{5}{2}$ 处（　　）.

A. 绝对收敛　　　　　　　　　　B. 条件收敛

C. 发散　　　　　　　　　　　　D. 敛散性不能确定

2. 下列级数条件收敛的是（　　）.

A. $\sum\limits_{n=1}^{\infty} \dfrac{(-1)^n n}{2n+10}$ 　　　　　　　　B. $\sum\limits_{n=1}^{\infty} \dfrac{(-1)^{n-1}}{\sqrt{n^3}}$

C. $\sum\limits_{n=1}^{\infty} (-1)^{n-1} \left(\dfrac{1}{2}\right)^n$ 　　　　　　D. $\sum\limits_{n=1}^{\infty} (-1)^{n-1} \dfrac{3}{\sqrt{n}}$

3. 假设数项级数 $\sum\limits_{n=1}^{\infty} a_n$ 收敛于 S，那么级数 $\sum\limits_{n=1}^{\infty} (a_n+a_{n+1}+a_{n+2}) = $（　　）.

A. $S+a_1$ 　　　　　B. $S+a_2$ 　　　　　C. $S+a_1-a_2$ 　　　　　D. $S+a_2-a_1$

4. 设 a 为正常数，那么级数 $\sum\limits_{n=1}^{\infty} \left(\dfrac{\sin na}{n^2} - \dfrac{3}{\sqrt{n}}\right)$（　　）.

A. 绝对收敛　　　　　　　　　　B. 条件收敛

C. 发散　　　　　　　　　　　　D. 收敛性与 a 有关

二、填空题

1. 设 $\sum\limits_{n=1}^{\infty} u_n = 4$，那么 $\sum\limits_{n=1}^{\infty} \left(\dfrac{1}{2}u_n - \dfrac{1}{2^n}\right) = $ _____.

2. 设 $\sum\limits_{n=1}^{\infty} a_n (x-1)^{n+1}$ 的收敛域为 $[-2,4)$，那么级数 $\sum\limits_{n=1}^{\infty} n a_n (x+1)^n$ 的收敛区间为_____.

3. 级数 $\sum\limits_{n=1}^{\infty}\dfrac{(-1)^n 2n}{(2n+1)!}$ 的和为 _____.

三、计算与应用题

1. 求级数 $\sum\limits_{n=1}^{\infty}\dfrac{1}{n\cdot 3^n}(x-3)^n$ 的收敛域.

2. 求 $\sum\limits_{n=1}^{\infty}\dfrac{1}{(n^2-1)\cdot 2^n}$ 的和.

3. 将函数 $f(x)=\ln(1-x-2x^2)$ 展开为 x 的幂级数, 并求 $f^{(n+1)}(0)$.

4. 求 $\sum\limits_{n=0}^{\infty}\dfrac{n^2+1}{2^n n!}x^n$ 的和函数.

5. 设有方程 $x^n+nx-1=0, n$ 为正整数, 证明此方程存在唯一正根 x_0, 并证明当 $\alpha>1$ 时, 级数 $\sum\limits_{n=1}^{\infty}x_0^{\alpha}$ 收敛.

9.6　数学文化

蠕虫问题

　　1867 年, 德国数学家施瓦茨在讲授无穷级数时最早提出了蠕虫问题: 一条蠕虫以 1 cm/s 的速度在一根长 1 m 的橡皮绳上从一端向另一端爬行, 而橡皮绳每秒伸长 1 m, 问这条虫子能否爬到橡皮绳的另一端?

　　为了增加爬行的难度, 我们把施瓦茨原问题中的橡皮绳长与绳伸长都改为 100 m, 于是得到如下问题: 一条蠕虫沿着一条长 100 m 的橡皮绳以 1 cm/s 的速度由一端向另一端爬行, 1 s 后, 橡皮绳像橡皮筋一样被拉长为 200 m, 再过 1 s, 它又被拉长为 300 m, 如此下去, 每当蠕虫爬完 1 s, 橡皮绳就被拉长 100 m.

　　假定绳子、蠕虫都是理想化的, 即橡皮绳可以被任意拉长, 而不知疲倦也不会死的蠕虫会一直往前爬. 另外, 橡皮绳的伸长是均匀的, 这意味着在绳子被拉长时, 蠕虫的位置会相应均匀地向前变化. 现在问, 如此下去, 蠕虫能否最终爬到橡皮绳的另一端?

　　很多人会认为蠕虫爬行的那点可怜的路程远远赶不上橡皮绳的不断拉长, 然而这一问题的结论却是: 蠕虫真的能爬到绳的另一端. 我们一起看看具体情况:

　　在第 1 秒中, 蠕虫爬行了 1 cm, 绳长此时是 100 m, 因此 1 s 后, 蠕虫爬到绳子的 $\dfrac{1}{10\,000}$ 处, 此时橡皮绳开始拉长 100 m. 因为绳子是被均匀拉长的, 相应地, 绳子上的蠕虫也均匀地向前挪动, 因此它的进程仍位于绳子拉长后的 $\dfrac{1}{10\,000}$ 处.

　　在第 2 秒中, 蠕虫继续爬行 1 cm, 绳长此时已是 200 m, 因此 2 s 后, 蠕虫在前面的基础上 $\left(\text{位于绳子的}\dfrac{1}{10\,000}\text{处}\right)$ 又爬行了绳长的 $\dfrac{1}{20\,000}$. 于是, 蠕虫的进程到了绳子的 $\dfrac{1}{10\,000}+$

$\dfrac{1}{20\,000}$处,此时橡皮绳又被拉长 100 m.与上面的解释相同,绳子被拉长后,蠕虫的进程仍位

于绳子的$\dfrac{1}{10\,000}+\dfrac{1}{20\,000}$处.

在第 3 秒中,蠕虫又爬行了 1 cm,绳长此时已是 300 m,因此 3 s 后,蠕虫在前面的基础

上(位于绳子的$\dfrac{1}{10\,000}+\dfrac{1}{20\,000}$处)又爬行了绳长的$\dfrac{1}{30\,000}$.于是,蠕虫的进程到了绳子的

$\dfrac{1}{10\,000}+\dfrac{1}{20\,000}+\dfrac{1}{30\,000}$处,此时橡皮绳又被拉长 100 m.同样的道理,绳子被拉长后,蠕虫的进

程仍位于绳子的$\dfrac{1}{10\,000}+\dfrac{1}{20\,000}+\dfrac{1}{30\,000}$处.

以此类推,在第 n 秒后,蠕虫的进程将位于绳子的

$$\dfrac{1}{10\,000}+\dfrac{1}{20\,000}+\dfrac{1}{30\,000}+\cdots+\dfrac{1}{10\,000n}=\dfrac{1}{10\,000}\left(1+\dfrac{1}{2}+\dfrac{1}{3}+\cdots+\dfrac{1}{n}\right)$$

处.蠕虫能否爬到绳子的另一端,就要看$\dfrac{1}{10\,000}\left(1+\dfrac{1}{2}+\dfrac{1}{3}+\cdots+\dfrac{1}{n}\right)$能否达到 1,或者说 $1+\dfrac{1}{2}+$

$\dfrac{1}{3}+\cdots+\dfrac{1}{n}$能否达到 10 000.

$1+\dfrac{1}{2}+\dfrac{1}{3}+\cdots+\dfrac{1}{n}+\cdots$正是数学中著名的发散级数,它之所以著名,其中一方面的原因就

是随着每一项的减小,发散级数看上去似乎能等于一个有限和,但数学家奥雷姆已经证明了
这个级数的和为无穷,因而发散.后来,约翰·伯努利又独立地给出了另一种证明.这个级数
的真正精彩之处在于它的发散速度极慢.例如要达到 10,就必须加到 12 367 项,而要加到
100,则必须加到 1.5×10^{43} 项;要加到 1 000,一共得加 1.1×10^{434} 项.然而,不管它增长得多么
缓慢,既然已经证明了它发散,就意味着它的和可以超过任何有限值,自然也会超过 10 000,
而此时蠕虫就能到达橡皮绳的另一端.如果算一下,可以求得蠕虫为实现自己的目标需要爬
行的秒数近似等于 $e^{10\,000}$,这个时间比已知的宇宙年龄还要远久得多!

实际上,不管这个问题的参数如何变化,即橡皮绳的长度是否更长,蠕虫爬行的速度是
否更慢及这根橡皮绳每单位时间是否被拉长得更多,都没有关系,因为调和级数发散,所以
蠕虫总是能在有限的时间内到达终点.

由此可知,解答这一问题的关键在于了解调和级数发散的性质.正是利用了这一点,才
从理论上证明了蠕虫可以爬到绳子的另一端.

9.7   专题：“微”入人心，“积”行千里

用无穷级数探密“中国天眼捕捉的宇宙脉冲”

它时强时弱、若隐若现，仿佛穿越亘古蛮荒而来；它源自茫茫宇宙深处，是名副其实的“天籁之音”．它就是根据脉冲星信号振幅转换为声音后制作的一段音乐，蕴含着等待破解的宇宙之谜，深邃而神秘．这段神秘“天籁之音”只有短短 30 秒，却是贵州平塘国际天文体验馆的“镇馆之宝”，而捕捉到脉冲星信号、探测其振幅的是“中国天眼”即 500 米口径球面射电望远镜（FAST），它就坐落在平塘一个被称作“大窝凼（dɑng 四声）”的喀斯特地貌巨型洼坑中．

近年来，FAST 不知疲倦地扫描巡天，敏锐地捕捉各类信号，取得振奋人心的发现．而脉冲信号是指在短暂时间内作用于电路的电压或电流信号．常见的脉冲信号有矩形波、锯齿波、钟形波、尖峰波、梯形波和阶梯波等波形的一些脉冲信号，其中最常见的是矩形波（如图 9-3）．

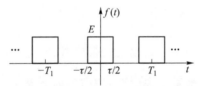

图 9-3   矩形脉冲信号

我们假设其周期为 T_1，频率为 $\omega = \dfrac{2\pi}{T_1}$，脉冲宽为 τ，高度为 E，通过查阅资料，结合本章的内容，请试着画出它的频谱图并分析其变化趋势．

参考文献

[1] 侯风波. 高等数学[M]. 6版. 北京:高等教育出版社,2022.

[2] 卢自娟,高爱民. MATLAB在工程数学中的应用[M]. 北京:石油工业出版社,2014.

[3] 卓金武. MATLAB在数学建模中的应用[M]. 北京:北京航空航天大学出版社,2014.

[4] 石山平,大上丈彦. 7天搞定微积分[M]. 李巧丽,译. 海口:南海出版公司,2014.

[5] C·亚当斯,J·哈斯,A·汤普森. 微积分之屠龙宝刀[M]. 张菽,译. 长沙:湖南科学技术出版社,2005.

[6] 李亚杰. 简明微积分[M]. 3版. 北京:高等教育出版社,2015.

[7] 黄浩,钟韬. 高等数学[M]. 上海:同济大学出版社,2014.

[8] 李敏. 工程应用数学(基础篇·拓展篇)[M]. 北京:高等教育出版社,2013.

[9] 颜文勇. 高等应用数学[M]. 2版.北京:高等教育出版社,2014.

[10] 姜启源,等. 大学数学实验[M]. 北京:清华大学出版社,2010.

[11] 陈杰. MATLAB宝典[M].4版. 北京:电子工业出版社,2013.

[12] 同济大学数学系. 高等数学[M].北京:人民邮电出版社,2016.

高等数学公式大全

郑重声明

高等教育出版社依法对本书享有专有出版权。任何未经许可的复制、销售行为均违反《中华人民共和国著作权法》,其行为人将承担相应的民事责任和行政责任;构成犯罪的,将被依法追究刑事责任。为了维护市场秩序,保护读者的合法权益,避免读者误用盗版书造成不良后果,我社将配合行政执法部门和司法机关对违法犯罪的单位和个人进行严厉打击。社会各界人士如发现上述侵权行为,希望及时举报,我社将奖励举报有功人员。

反盗版举报电话 (010)58581999 58582371

反盗版举报邮箱 dd@hep.com.cn

通信地址 北京市西城区德外大街4号 高等教育出版社法律事务部

邮政编码 100120

读者意见反馈

为收集对教材的意见建议,进一步完善教材编写并做好服务工作,读者可将对本教材的意见建议通过如下渠道反馈至我社。

咨询电话 400-810-0598

反馈邮箱 gjdzfwb@pub.hep.cn

通信地址 北京市朝阳区惠新东街4号富盛大厦1座
高等教育出版社总编辑办公室

邮政编码 100029

资源服务提示

授课教师如需获得本书配套教辅资源,请登录"高等教育出版社产品信息检索系统"(http://xuanshu.hep.com.cn)搜索本书并下载资源,首次使用本系统的用户,请先注册并进行教师资格认证。也可电邮至资源服务支持邮箱:mayzh@hep.com.cn,申请获得相关资源。

联系我们

高教社高职数学研讨群:498096900